高等职业教育测绘地理信息类规划教材

测量学基础

主　编　樊　盼

副主编　张艳华　聂新华　齐秀峰

主　审　杜玉柱

图书在版编目(CIP)数据

测量学基础 / 樊盼主编. -- 武汉 : 武汉大学出版社, 2025.4. -- 高等职业教育测绘地理信息类规划教材. -- ISBN 978-7-307-24783-3

Ⅰ.P2

中国国家版本馆 CIP 数据核字第 2024KK4802 号

责任编辑:史永霞　　　责任校对:鄢春梅　　　版式设计:马　佳

出版发行: **武汉大学出版社**　(430072　武昌　珞珈山)

(电子邮箱: cbs22@ whu.edu.cn　网址: www.wdp. com.cn)

印刷:武汉中远印务有限公司

开本:787×1092　1/16　印张:11.75　字数:290 千字　插页:1

版次:2025 年 4 月第 1 版　　2025 年 4 月第 1 次印刷

ISBN 978-7-307-24783-3　　定价:45. 00 元

前　　言

本教材秉承产教融合、校企合作的教育理念，紧扣“三教改革”的目标要求，结合高职学生的知识水平和身心发展特点编写而成。本教材以测量基础知识讲授为起点，以技能培养为核心，以提升综合能力和职业素养为目标，突出新技术、新方法及新仪器设备的应用。

本教材的特色主要体现在以下几个方面：

1. 针对性强，内容以实用为导向

（1）以知识讲授为起点，定量分析服务于定性评估，侧重定性能力培养，结合学生特点构建完整的教学设计框架。

（2）以技能培养为核心，理论知识服务于实践操作，侧重实操能力提升，实现理论简明、起点适度、内容前沿、应用广泛、学习灵活的教学目标。

（3）以综合能力提升为导向，理论教学服务于实际需求，侧重实际问题解决，通过精选案例优化“案例分析＋技能训练”教学模式。

（4）以职业素养养成为目标，娴熟技能服务于创新能力，侧重创新思维培养，贯彻“精讲多练”原则，采用“项目引导、任务驱动”教学模式。

2. 精心设计，教学内容与数字化资源深度融合

本教材配套建设了在线精品开放课程，并整合了丰富的线上数字资源，构建了线上线下混合式教学模式。这一设计不仅丰富了教材内容，体现了课程的延展性，还显著提升了学生学习的自主性和教师授课的灵活性。具体内容详见智慧树网站“测绘基础”在线精品开放课程，课程链接为 https：//coursehome. zhihuishu. com/courseHome/1000069857。

全书内容共分 7 个项目。参加编写的人员及分工如下：山西水利职业技术学院牛晓婷编写项目 1，山西水利职业技术学院张艳华编写项目 2，江西应用工程职业学院甘新辉编写项目 3，黑龙江省水利学校聂新华编写项目 4，内蒙古建筑职业技术学院齐秀峰编写项目 5，山西水利职业技术学院樊盼编写项目 6，徐州万源地质矿产研究有限公司张树刚编写项目 7。樊盼负责编写组织和统稿。本书由樊盼担任主编，张艳华、聂新华、齐秀峰担任副主编，山西水利职业技术学院杜玉柱担任主审。

由于成书时间仓促及编者水平有限，书中难免存在疏漏与不足之处，恳请广大读者批评指正，并提出宝贵意见。

编　者

2024 年 12 月

目　录

项目1　测量学初识

学习目标

（1）了解测量学的研究对象及学科分类。

（2）理解地面点位的表示方法，理解用水平面代替水准面的限度。

（3）掌握测量常用的计量单位，掌握测绘仪器的使用方法、保养操作，理解工程测量的要求。

思政目标

增强作为测绘人的自豪感，培养测绘人的工匠精神。

任务1.1　测量学知识准备

1.1.1　测量学的研究对象

测量学是研究地球的形状、大小，确定地球表面点位的学科。其研究对象包括地球及其表面上的各种物体，涵盖其几何形状、空间位置关系等。测量学的主要任务包括三个：一是确定地球的形状和大小，为地球科学提供基础数据；二是将地球表面的地物、地貌测绘成图；三是将图纸上的设计成果测设到实地。

随着科学发展和测量工具、数据处理方法的进步，测量学的研究范围已从地球扩展至太阳系。例如，20世纪60年代起，人类开始对太阳系行星及其卫星的形状、大小进行测绘研究。测量学的应用领域也从工程建设扩展至地壳形变监测、建筑物变形观测、交通事故现场重建，乃至大型粒子加速器的高精度安装等。

测量学概述

1.1.2　测量学的学科分类

测量学是一门综合性学科，根据研究对象、技术方法及应用领域的不同，主要分为大地测量学、摄影测量与遥感学、工程测量学、地图制图学等分支。

大地测量学是研究和确定地球的形状、大小、重力场、整体与局部运动，以及地球表面点位的几何位置及其变化的理论与技术的学科。其基本任务是建立国家大地控制网，测定地球的形状、大小和重力场，为地形测图和各种工程测量提供基础起算数据，并为空间科学、军事科学、地壳变形研究及地震预报等领域提供重要资料。按照测量手段的不同，大地测量学可分为常规大地测量学、卫星大地测量学和物理大地测量学。

摄影测量与遥感学是研究如何利用电磁波传感器获取目标物的影像数据，从中提取语义与非语义信息，并以图形、图像和数字形式表达的学科。其基本任务是通过对摄影图像或遥感图像进行处理、量测和解译，测定物体的形状、大小、位置，进而制作成图。根据影像获取方式及遥感平台的不同，该学科可分为地面摄影测量学、航空摄影测量学和航天摄影测量学。

工程测量学是运用测量学基本原理与方法，为工程建设服务的一门学科。具体而言，其研究内容包括工程在规划设计、施工建设及运营管理全周期中涉及的测量技术理论、方法与实践，涵盖数据采集、处理与应用等环节。工程测量学包括建筑工程测量、道路工程测量、水利工程测量等分支领域，各分支学科之间相互渗透、相互支撑并形成有机整体。作为测绘科学与技术的重要组成部分，工程测量学在国民经济建设、国防工程及社会发展中有着广泛的应用。

地图制图学（亦称地图学）是以测绘与地理信息数据为基础，研究地图设计、制图综合、可视化表达的理论与方法，并应用于地图编制、数字制图技术及空间信息可视化等领域的学科。

1.1.3 工程各阶段的测量任务

测量学的任务包括测定和测设两部分。测定是指通过测量获取数据，或将地球表面的地物、地貌测绘成各种比例尺地形图；测设是指将设计图纸上的建筑物位置标定于实地，作为施工依据。

工程项目通常经历勘测设计、施工、运营管理等阶段。勘测设计阶段需设计底图，该阶段测量工作主要为提供地形图。例如河道水库建设时，需收集河道地形资料及地质、经济、水文等数据，设计人员依据地形图选定坝址并进行初步设计。

施工前，测量人员需按设计要求将水工建筑物的空间位置在现场标定，即施工放样。此环节作为设计与施工的桥梁，精度要求较高。

运营管理阶段主要通过变形观测监测建筑物安全，验证设计理论。监测内容包括沉降、倾斜等，通常按年度周期进行。监测数据可为后续工程设计提供参考。

可见测量工作贯穿工程建设全生命周期，直接影响工程质量和进度。因此，相关工程技术人员须掌握必要的测量知识与技能。

任务 1.2 地面点位的表示方法

1.2.1 地球的形状和大小

人们对地球的认识经历了一个漫长的过程。在古代，由于受到生产力水平的限制，人们认为天是圆的，地是方的，即形成“天圆地方”的宇宙认知模型。

古希腊时期（约公元前 6 世纪），毕达哥拉斯学派学者最早提出地球是球体的假说。1522 年，麦哲伦船队的幸存者完成人类首次环球航海后，地球的球体形态得到实证。至 17 世纪末，牛顿通过研究地球自转对形态的影响，从流体力学角度推演出地球并非正球体，而是一个赤道半径较两极长约 21km 的扁球体（旋转椭球体）。

测量工作是在地球表面进行的，然而这个表面是起伏不平的。比如我国西藏与尼泊尔交界处的珠穆朗玛峰高达 8844.43m，而太平洋西部的马里亚纳海沟深达 11034m，两者高差近 20000m。尽管有这样大的高差，但相对于半径为 6371km 的地球来说还是很小的。就整个地球而言，约 71％的面积被海洋覆盖，因此人们将地球整体形状视作由静止海水面形成的近似球体。如果我们把球面设想成一个静止的海水面向陆地延伸而形成的封闭曲面，那么这个处于静止状态的海水面称为水准面，它所包围的形体叫作大地体。由于海水存在潮汐现象，测量学取平均海水面作为地球形状和大小的参照基准。这个平均海水面称为大地水准面，即测量工作的高程基准面，如图 1-1 所示。

静止的水准面受重力作用，其特性为处处与铅垂线正交。地球内部物质密度分布不均匀，导致重力方向变化，使得大地水准面成为不规则曲面。测量工作中通过悬挂垂球确定铅垂线方向，该方向即作为测量基准线。鉴于大地水准面的不规则性不便于坐标系统建立与计算，需用规则曲面替代。经长期实践验证，大地体与以椭球短轴为旋转轴的旋转椭球高度近似，后者可通过数学公式精确描述。这种与大地水准面最佳拟合的旋转椭球称为参考椭球，如图 1-2 所示。参考椭球可以作为描述地球形状与大小的数学模型。

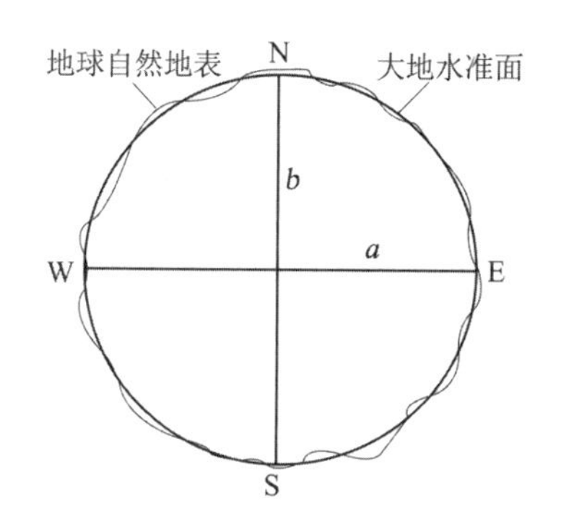

图 1-1 地球自然表面与大地水准面

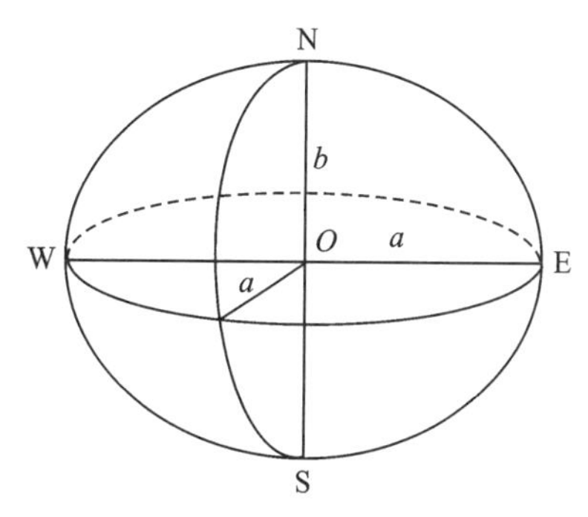

图 1-2 参考椭球

我国现行测绘基准采用 1980 西安坐标系，其参考椭球定义如下：坐标原点（国家大地原点）位于陕西省咸阳市泾阳县永乐镇，椭球基本参数为：长半轴 a＝6378140m，短半轴 b＝6356755m，扁率 c＝（a－b）/a＝1/298.257。

多个世纪以来，学者们相继测算出多种椭球体参数，表 1-1 列出了部分经典椭球体。我国 1954 北京坐标系采用克拉索夫斯基椭球体，1980 西安坐标系采用 IUGG 1975 椭球体，而全球定位系统（Global Positioning System，GPS）采用 WGS-84 椭球体。

表 1-1　部分经典的椭球体

椭球名称	长半轴 a /m	短半轴 b /m	扁率 c	计算年代和国家	备　注
贝塞尔	6377397	6356079	1∶299.152	1841 德国	
海福特	6378388	6356912	1∶297.0	1909 美国	1924 年国际第一个推荐值
克拉索夫斯基	6378245	6356863	1∶298.3	1940 苏联	中国 1954 年北京坐标系采用
IUGG1975	6378140	6356755	1∶298.257	1975 国际第三个推荐值	1980 西安坐标系
WGS-84	6378137	6356752	1∶298.257	1984 美国	美国 GPS 采用

由于参考椭球的扁率较小，在小区域普通测量中可将其局部曲面近似为球面，此时采用的等效球体平均半径 $R=6371\text{km}$。

1.2.2　测量坐标系

测量学的研究对象是地球，其核心任务是确定地面点的空间位置。地面上任一点的位置通常由其在参考椭球体上的投影坐标（平面位置）和该点至大地水准面的垂直距离（高程）共同确定。

地面点位置的表示方法

1.2.2.1　地面点的坐标系

坐标系的种类有很多，但与测量相关的有地理坐标系和平面直角坐标系。

1. 地理坐标系

如图 1-3 所示，N-S 为椭球的旋转轴，N 表示北极，S 表示南极。通过椭球旋转轴的平面称为子午面，子午面与椭球面的交线称为子午线（也称经线）。其中，通过英国格林尼治天文台的子午线称为中央子午线。通过椭球中心且与椭球旋转轴正交的平面称为赤道面。此外，与椭球旋转轴正交但不通过椭球中心的平面，其与椭球面相截形成的闭合曲线称为纬线。

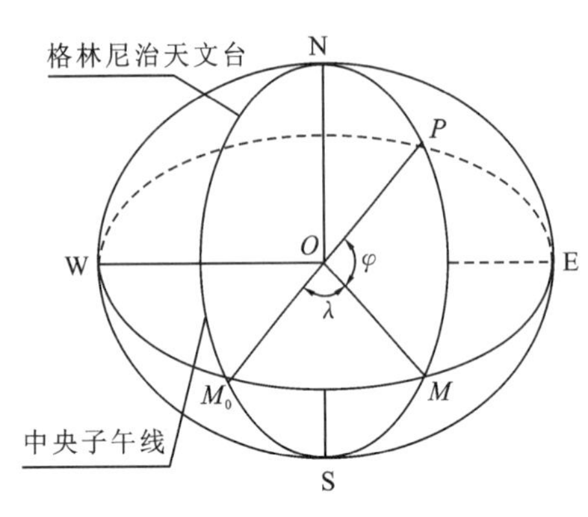

图 1-3　地理坐标系

在测量工作中，点在椭球面上的位置用大地经度和大地纬度表示。大地经度是指参考椭球面上某点的大地子午面与中央子午面之间的两面角；大地纬度是指参考椭球面上某点沿法线方向与赤道面的夹角。以大地经度和大地纬度表示点位的坐标系称为大地坐标系（亦称地理坐标系）。地理坐标系需绑定具体参考椭球（如 WGS-84 椭球），不同椭球参数对应不同大地基准。

在图 1-3 中，P 点子午面与中央子午面的夹角 λ 称为 P 点的经度，过 P 点的法线与赤道面的夹角 φ 称为 P 点的纬度。地面上任何一点都对应着一对地理坐标，例如北京的地理坐标可表示为东经 116°23′E、北纬 39°54′N。

2. 平面直角坐标系

1）独立平面直角坐标系

在小区域范围内进行测量工作时，地球曲率影响可忽略，此时若采用大地坐标表示地面点位置，会导致计算复杂且工程实用性差，因此通常改用平面直角坐标系（如高斯—克吕格投影坐标系）。

当测区范围较小时，可把球面的投影面近似看成平面。地面点直接沿铅垂线方向投影到水平面上，用平面直角坐标系确定地面点的位置十分方便。如图 1-4 所示，平面直角坐标系规定：南北方向为坐标纵轴 X 轴（向北为正），东西方向为坐标横轴 Y 轴（向东为正）。坐标原点一般选在测区西南方向外侧，以确保测区内所有点的坐标均为正值。

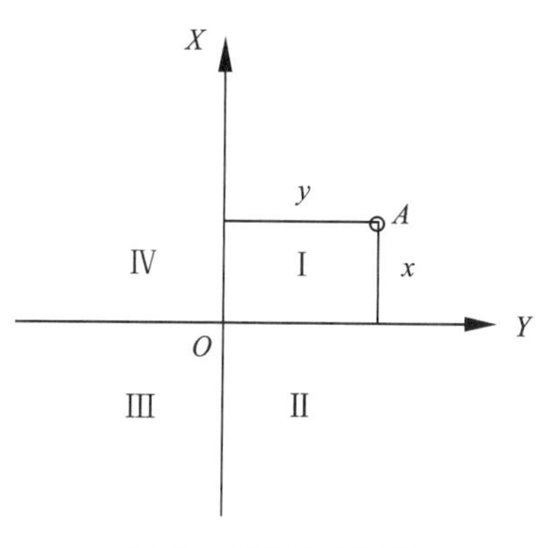

图 1-4 平面直角坐标系

与数学上的平面直角坐标系不同，测量中的坐标系以 X 轴为坐标纵轴（北方向），Y 轴为坐标横轴（东方向），且象限按顺时针方向编号。这种定义方式使方位角的计算方向与数学中的极角方向一致，从而便于直接应用数学公式进行测量计算。

高斯平面直角坐标系

2）高斯平面直角坐标系

当测区范围较大时，不能把球面的投影面看成平面，必须采用投影的方法来解决曲率影响问题。投影的方法有很多种，测量中常采用的是高斯-克吕格投影（简称高斯投影）。如图 1-5（a）所示，假想一个椭圆柱横切于地球椭球体，使其与中央经线（投影带的中轴子午线）相切，用解析法将椭球面上的经纬线投影到椭圆柱面上，然后将椭圆柱展开成平面，即获得投影后的图形，如图 1-5（b）所示。投影后的中央子午线为直线，无长度变化；其余的经线投影为凹向中央子午线的对称曲线，长度较球面上的相应经线略长。赤道的投影也为一条直线，并与中央子午线正交，其余的纬线投影为凸向赤道的对称曲线。经纬线投影后仍然保持相互垂直的关系，角度无变形。

（1）高斯平面直角坐标系的建立。中央子午线投影到椭圆柱后为一条直线，把这条直线作为平面直角坐标系的纵坐标轴，即 X 轴，表示南北方向；赤道投影为一条与中央子午线正交的直线，作为横坐标轴，即 Y 轴，表示东西方向。这两条相交的直线相当于平面直角坐标系的坐标轴，构成高斯平面直角坐标系，如图 1-5（b）所示。

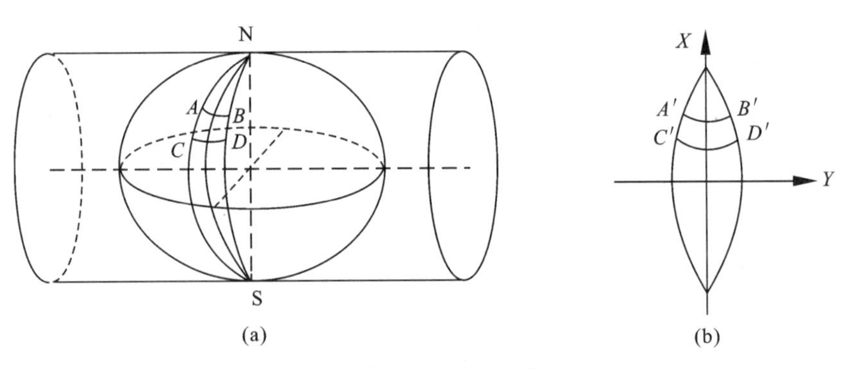

图 1-5　高斯平面直角坐标系

（2）高斯投影分带。高斯投影将地球表面按经度分成若干条带，然后将每一条带投影到平面上，以控制变形。标准分带的经度宽度一般分为 6°、3°等，简称 6°带、3°带等，如图 1-6 所示。

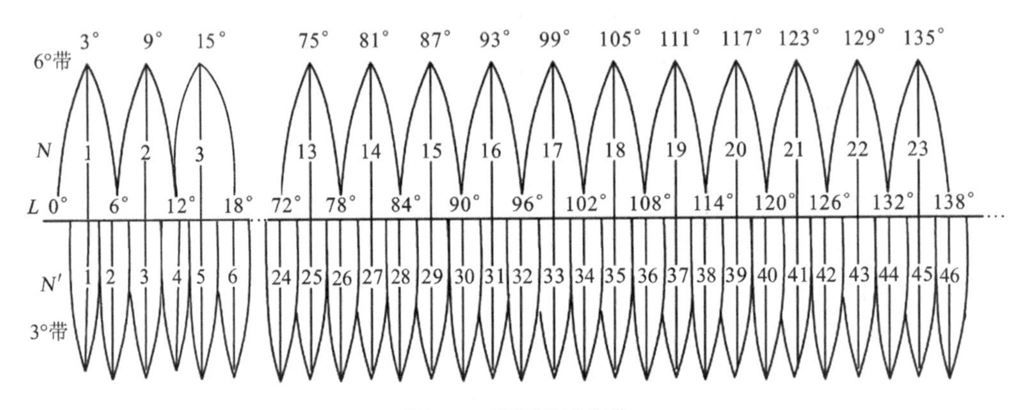

图 1-6　高斯投影分带

6°带投影是从零度子午线（本初子午线）起，由西向东，每 6°为一带，全球共分 60 带，分别用阿拉伯数字 1，2，3，…，60 连续编号。位于各带中央的子午线称为该带的中央子午线。每带的中央子午线的经度与带号有如下关系：

$$L = 6N - 3 \tag{1-1}$$

由于高斯投影的变形量在赤道处达到最大值，且变形量随距中央子午线经差的增大而增大。6°分带投影仅能满足 1∶2.5 万比例尺测图精度要求；对于 1∶1 万及更大比例尺地形图，须采用 3°分带投影以控制投影变形。

3°带投影是从 1°30′子午线起，由西向东，每 3°为一带，全球共分 120 带，分别用阿拉伯数字 1，2，3，…，120 连续编号。3°带的中央子午线的经度与带号有如下关系：

$$L = 3N' \tag{1-2}$$

反过来，根据某点的经度，也可以计算其所在的 6°带和 3°带的带号，公式为：

$$N = [L/6] + 1 \tag{1-3}$$

$$N' = [L/3 + 0.5] \tag{1-4}$$

式中：N、N'——分别表示 6°带和 3°带的带号；

[　]——表示取整。

☞ **例 1-1** 某地经度为东经 116°28′，求该地的高斯投影 6°带和 3°带的带号以及中央子午线的经度。

解 该地 6°带的带号和中央子午线的经度分别是

$$N=[116°28'/6]+1=20$$

$$L=6\times20-3=117°$$

该地 3°带的带号和中央子午线的经度分别是

$$N'=[116°28'/3]+0.5=39$$

$$L=3\times39=117°$$

我国位于北半球，高斯平面直角坐标系中 X 坐标值全为正值，而 Y 坐标值有正有负。为避免坐标值出现负值，我国规定，把所有点的横坐标值统一加 500km，这样横坐标值全部为正值。此时，中央子午线的 Y 值不是 0，而是 500km。

例如，第 20 投影带中某点的横坐标为－148478.6m，在横坐标轴向西平移 500km 后，其 Y 坐标值为－148478.6m＋500000m＝351521.4m。为避免不同投影带内出现重复坐标值，需在横坐标值前加上带号，以表示该点所在的带。如上面点的 Y 坐标值实际写为“20 351521.4”，前面的 20 即代表带号。

3. 地心坐标系

卫星大地测量是通过测定卫星轨道参数来确定地面点位置的技术。由于卫星围绕地球质心运动，所以卫星大地测量需采用地心坐标系。地心坐标系一般有两种表达式，如图 1-7 所示。

（1）地心空间直角坐标系。坐标系原点 O 与地球质心重合，Z 轴指向地球北极，X 轴指向格林尼治子午面与地球赤道的交点，Y 轴垂直于 XOZ 平面，构成右手坐标系。

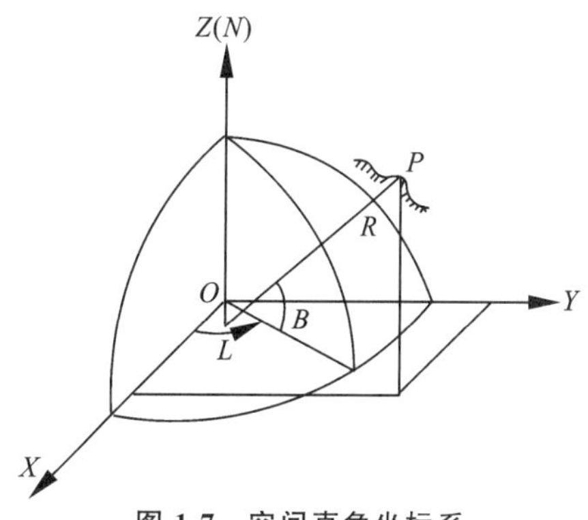

图 1-7 空间直角坐标系

（2）地心大地坐标系。椭球体中心与地球质心重合，椭球短轴与地球自转轴相合，大地经度 L 为过地面点的椭球子午面与格林尼治子午面的夹角，大地纬度 B 为过地面点的法线与椭球赤道面的夹角，大地高 H 为地面点沿法线至椭球面的距离。

于是，任一地面点 P 在地心坐标系中的坐标，可表示为（X，Y，Z）或（L，B，H），二者之间有一定的换算关系。全球定位系统（GPS）用的 WGS-84 坐标系就属于此类地心系统。

1.2.2.2 地面点的高程

1. 绝对高程

地面点到大地水准面的铅垂距离称为绝对高程，简称高程或海拔，亦称为正常高，通常用符号 H 表示。在图 1-8 中，H_A、H_B 分别为 A 点和 B 点的高程。

中华人民共和国成立前，我国没有统一的高程基准面，高程基准面有很多种标准，致使高程不统一，相互使用困难。中华人民共和国成立后，测绘事业蓬勃发展，继建立 1954 年北京坐标系后，又建立了国家统一的高程系统起算点，即水准原点。我国的绝对

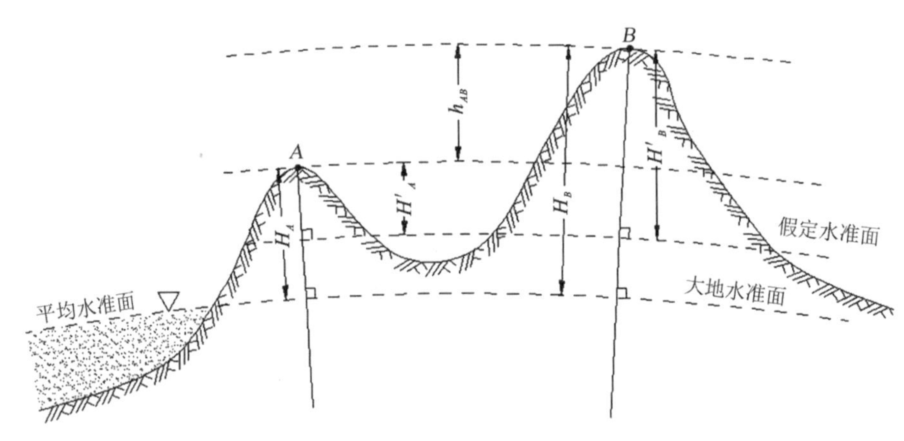

图 1-8 地面点的高程

高程是由黄海平均海水面起算的，该面上各点的高程为零。水准原点建立在青岛市观象山山洞里。根据青岛验潮站 1950—1956 年（共 7 年）的水位观测资料，确定了我国高程基准面的位置，并由此推算水准原点高程为 72.289m，以此为基准建立的高程系统称为 1956 年黄海高程系。后来根据 1952—1979 年的水位观测资料，重新确定了黄海平均海水面的位置，由此推算水准原点的高程为 72.260m。此高程基准称为 1985 国家高程基准。

2. 相对高程

在全国范围内利用水准测量的方法布设一些高程控制点（称为水准点），以保证尽可能多的地方高程能得到统一。尽管如此，仍有某些建设工程远离已知高程控制点。这时可以以假定高程基准面为准，在测区范围内指定一固定点并假设其高程。地面点到假定高程基准面的铅垂距离称为相对高程，例如 A 点的相对高程通常用 H'_A 来表示。

3. 地面点间的高差

高差是指地面两点之间高程或相对高程的差值，用 h 来表示，例如 AB 两点间的高差通常表示为 h_{AB}。

从图 1-8 可知，

$$h_{AB}=H_B-H_A=H'_B-H'_A$$

可见，地面两点之间的高差与高程的起算面无关，只与两点的位置有关。

任务 1.3 用水平面代替水准面的限度

根据任务 1.2 内容可知，在普通测量工作中，我们将大地水准面近似为圆球体。测绘成果通常以平面图件为载体，需通过两次投影实现：先将地面点投影至椭球面，再投影到平面坐标系。实际测量中，若测区面积较小（通常半径≤10km），可用水平面代替椭球面，即将球面点直接投影至平面且忽略地球曲率。本任务将讨论平面投影替代球面的面积阈值问题。

地球曲率对测量工作的影响

1.3.1 对距离的影响

如图 1-9 所示，地面两点 A、B 投影到水平面上分别为 a、b，在大地水准面上的投

影为 a、b'，则 D、D'分别为地面两点在大地水准面上与水平面上的投影距离。研究水平面代替水准面对距离的影响，即用 D'代替 D 所产生的误差用 ΔS 表示，则

$$\Delta S=D'-D \tag{1-5}$$

因 $D=R\times\theta$

在$\triangle aOb$ 中，$D'=R\times\tan\theta$，则

$$\Delta S=D'-D=R\cdot\tan\theta-R\cdot\theta=R\ (\tan\theta-\theta)$$

将 $\tan\theta$ 按级数展开为：

$$\tan\theta=\theta+\frac{1}{3}\theta^3+\frac{2}{15}\theta^5+\cdots$$

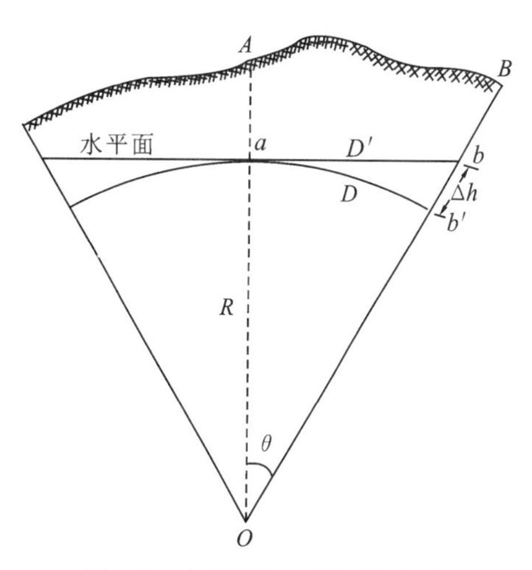

图 1-9 水平面与水准面的关系

因为面积不大，所以 D'不会太长，且 θ 角很小，故略去 θ 五次方及以上各项，并代入上式得

$$\Delta S=\frac{1}{3}R\theta^3 \tag{1-6}$$

因为 $\theta=\frac{D}{R}$，故有

$$\Delta S=\frac{D^3}{3R^2} \tag{1-7}$$

以 $R=6371\text{km}$ 和不同的 D 值代入上式，算得相应的 ΔS 及 $\Delta S/S$ 值，如表 1-2 所示。

表 1-2 地球曲率对水平距离和高程的影响

距离/m	距离误差/mm	距离相对误差	高程误差/mm
100	0.000008	1/1250000 万	0.8
1000	0.008	1/12500 万	78.5
10000	8.2	1/120 万	7850.0
25000	128.3	1/19.5 万	49050.0

从表 1-2 可以看出，当地面距离为 10km 时，用水平面代替水准面所产生的距离误差仅为 8.2mm，其相对误差为 1/1200000。实际测量距离时，大地测量中使用的精密电磁波测距仪的测距精度为 1/1000000（相对误差），地形测量中普通钢尺的量距精度约为 1/2000。所以，只有在大范围内进行精密测距时，才考虑地球曲率的影响；而在一般地形测量中测量距离，可不必考虑这种误差的影响。

1.3.2 对高程的影响

我们知道，高程的起算面是大地水准面，如果以水平面代替水准面进行高程测量，则

所测得的高程必然含有高程误差。在图1-9中，a 点和 b' 点在同一水准面上，其高程应当是相等的。当以水平面代替水准面时，b' 点升到 b 点，bb' 即 Δh 就是产生的高程误差。由于地球半径很大，距离 D 和 θ 角相对很小，所以 Δh 可以近似地用半径为 D、圆心角为 $\theta/2$ 所对应的弧长来表示，即

$$\Delta h = \frac{\theta}{2} D \tag{1-8}$$

因为 $\theta = \frac{D}{R}$，将其代入上式得

$$\Delta h = \frac{D^2}{2R} \tag{1-9}$$

将不同的距离代入上式，便得表1-2所列的结果。从表1-2可以看出，用水平面代替水准面对高程的影响是很大的。距离为1km时，就有78.5mm的高程误差，这在高程测量中是不允许的。因此，进行高程测量，即使距离很短，也应用水准面作为测量的基准面，应顾及地球曲率对高程的影响。

1.3.3 对水平角的影响

由球面三角学可知，同一空间多边形在球面上投影的各内角和比在平面上投影的各内角和大一个球面角超值 ε，即

$$\varepsilon = \rho \frac{P}{R^2} \tag{1-10}$$

式中：ε——球面角超值，单位为（″）；

P——球面多边形的面积，单位为 km^2；

R——地球半径，单位为km；

ρ——弧度的秒值，$\rho = 206265''$。

以不同的面积 P 代入式（1-10）中，可求出对应的球面角超值 ε，如表1-3所示。

表1-3　不同球面多边形面积 P 对应的球面角超值 ε

面积 P/km^2	10	50	100	300
球面角超值 ε/（″）	0.05	0.25	0.51	1.52

结论：当球面多边形的面积 P 为 $100km^2$ 时进行水平角测量，可以用水平面代替水准面，而不必考虑地球曲率对水平角的影响。

任务1.4　测量工作概述

1.4.1 测量工作的根本任务

测量工作的根本任务是确定地面点的空间位置（包括平面位置和高程）。为实现这一

目标，需开展基础测量工作，并遵循特定的测量原则，以保证成果的精度和质量。

测量工作的基本内容和原则

1.4.1.1　地面点平面位置的确定

确定地面点的平面位置即确定地面点的平面坐标，测量上一般不直接测定坐标，而是先测量水平方位角和水平距离，然后结合三角函数计算求得。如图 1-10 所示，在平面直角坐标系中，若要测定原点 O 附近点 1 的位置，只需测得水平方位角 α_1 和水平距离 D_1，再用三角函数公式即可算出点 1 的坐标：$x_1=D_1\cos\alpha_1$，$y_1=D_1\sin\alpha_1$。

若能测得角度 α_1、β_1、β_2 及距离 D_1、D_2、D_3，则利用数学中的极坐标和直角坐标的转换公式，可以推算点 2、点 3 的坐标。由此可见，测定地面点平面位置的基本原理是：由坐标原点开始，逐点测得水平方位角和水平距离，逐点递推，算出坐标。

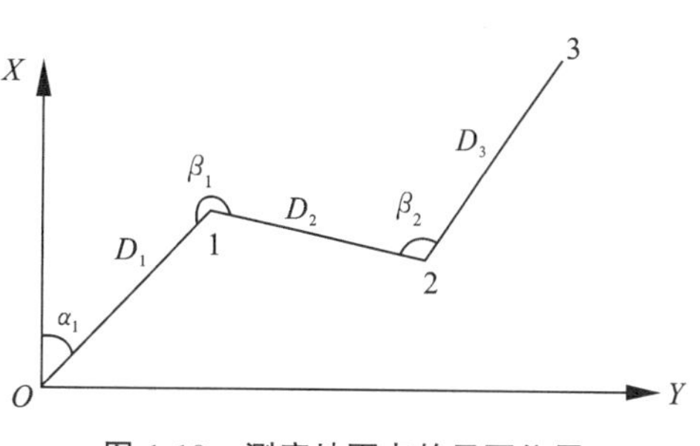

图 1-10　测定地面点的平面位置

1.4.1.2　地面点高程的确定

测定地面点高程的基本原理是：从高程基准点出发，通过逐点传递两点之间的高差，最终推算出待定点的高程。

综上所述，距离、角度和高程是确定地面点位置的三个基本要素，而距离测量、角度测量、高程测量是测量的三项基本工作。

1.4.2　测量工作的基本原则

在测量工作中，地球表面的形态分为地物和地貌两类：地面上的河流、道路、房屋等人工或自然固定物体称为地物；地面上高低起伏的形态，如山峰、沟、谷等称为地貌。地物和地貌总称为地形。测量学的主要任务是测绘地形图和施工放样。

将测区按一定比例尺缩绘成地形图时，通常无法在一张图纸上完整呈现。测图时，要求在一个测站点（布设仪器并采集数据的点位）上一次性完成全测区重要地物、地貌的测绘，显然不可行。因此，地形测图需按测站逐点施测，再将各站数据拼接为完整地形图。若单幅图无法覆盖整个测区，需先布设测站点，按图幅划分测区，分幅施测后整体拼接。

这种先在测区布设测站点，再分测地物、地貌的方法，遵循“从整体到局部”的测绘原则。测站点需先整体布设；若直接从某点连续施测，前站误差会逐站累积，导致末站位置及地物、地貌的误差超限，最终无法得到合格地形图。单幅图尚且难以保证精度，整个测区的精度控制则更加困难。因此，测站点必须通过控制测量统一布设。测站点属于控制测量的一部分，其作用是约束碎部测量的精度，因此地形测图需遵循“从控制到碎部”的原则。

为此，在地形测图中，需先选择具有控制意义的点（称为控制点），再使用高精度仪器和规范的控制测量方法测定其位置。这些点即测站点，属于地形控制点的一种，在规范中称为图根控制点。随后以图根控制点为基础，测定道路、房屋、水系等地物的轮廓点（即碎部点），此过程遵循“从高级到低级”的控制测量原则。

遵循从整体到局部、从控制到碎部、从高级到低级的原则，就可以使测量误差的分布比较均匀，保证测图精度，而且可以分幅测绘，提高测图效率，最后将各分幅图拼接，获得整个地区的地形图。

在测设工作中，同样必须遵循这样的工作原则。如图 1-11 所示，欲把图纸上设计好的建筑物 P、R、G 在实地放样，作为施工的依据，就必须先进行高精度的控制测量，然后依据控制点 A 的坐标安置仪器，进行建筑物的放样。

图 1-11 测量工作原则示意图

任务 1.5 测量工作常用的计量单位

测量常用计量单位与换算

在测量工作中，常用的计量单位有长度、面积、体积和角度四种。

1. 长度单位

测量中常用的长度单位为米（m）、厘米（cm）、毫米（mm）、千米（km）等。

$$1m=100cm=1000mm \qquad 1km=1000m$$

2. 面积单位

测量中常用的面积单位为平方米（m^2）、平方千米（km^2）、公顷（hm^2）、亩等。

$1m^2=10000cm^2$ $\qquad$ $1km^2=1000000m^2$ $\qquad$ $1hm^2=10000m^2=15$ 亩

3. 体积单位

测量中常用的体积单位为立方米（m^3）。

4. 角度单位

测量工作中常用的角度度量制有三种：60 进制、百分度制和弧度制。其中弧度制和 60 进制的度、分、秒为我国常用的平面角计量单位。

（1）60 进制（DEG）：

1 圆周 $=360°$（度） $\qquad$ $1°=60'$（分） $\qquad$ $1'=60''$（秒）

（2）百分度制（GRAD）：

1 圆周 $=400gon$ $\qquad$ $1gon=100cgon$ $\qquad$ $1cgon=100mgon$

1gon≈0.9°　　　　1cgon≈0.54′　　　　1mgon≈0.324″

（3）弧度制（RAD）：

1 圆周＝360°＝2π rad　　　　1°＝（π/180）rad

任务 1.6　测绘仪器的使用与保养

1.6.1　测绘仪器的使用

测量实训的一般要求与注意事项

1.6.1.1　仪器的取放

从仪器箱内取出仪器时，应注意仪器在箱内的放置状态，以便用完后按原位放回。拿取经纬仪时，不能用一只手将仪器提出，应一手握住仪器支架，一手托住仪器基座平稳取出。取出后，随即将仪器竖立并安放在三脚架上，旋紧中心固定螺旋，然后关上仪器箱并将其放置在不易受碰撞的安全位置。

作业完毕后，应将仪器的所有微动螺旋旋至中间位置，并用软毛刷刷去仪器表面的灰尘，然后按取出时的原位将仪器轻轻放入箱内。放好后，要稍微拧紧各制动螺旋，以免携带时仪器在箱内摇晃受损。关闭箱盖时，要缓慢小心，不可强压或用力撞击箱盖。

从野外带回的仪器不可直接存放，应及时打开箱盖，将仪器置于通风处干燥，清洁表面后再放回仪器箱内。

1.6.1.2　仪器的架设

安置经纬仪时，首先要将三脚架架头大致对中、整平并架设稳当。在架设三脚架时，不允许将经纬仪预先安装在架头上后再调整三脚架，必须先摆好三脚架后再放置经纬仪。三脚架一定要架设稳当，其关键在于三条腿张角应保持均匀，既不能分得太窄，也不能分得太宽。在山坡上架设三脚架时，必须使两条腿位于下坡方向、一条腿位于上坡方向，而决不允许与此相反。三脚架的脚尖要沿支架腿轴线方向用脚均匀地踩入地内，禁止垂直下踩，也不要用冲力猛踩。

三脚架架设稳妥后，放上经纬仪，并随即旋紧中心连接螺旋。为了检查仪器在三脚架上连接的可靠性，在旋紧螺旋的过程中，用手轻推一下仪器的基座，如基座无晃动且仪器保持稳定，则说明连接正确，可进行下一步操作。

1.6.1.3　仪器的施测

（1）在整个施测过程中，观测者不得擅自离开仪器，若因工作需要离开，应委托专人看管仪器，防止发生意外事故。

（2）在野外作业时，必须使用遮阳伞遮住仪器上方的阳光。要避开可能淋水或掉落石块的位置，以免影响观测精度，同时还可以保护仪器。

（3）禁止坐在仪器箱上。

(4) 当旋转仪器的照准部时，应用手握住仪器的支架部分，而不要握住望远镜，更不能抓住目镜转动。

(5) 仪器的任一转动部分发生旋转困难时，不可强行旋转，必须检查并找出发生旋转困难的原因，排除故障后再操作。

(6) 仪器发生故障以后，应立即停止使用，否则会使仪器的损坏程度加剧。不要在野外任意拆卸仪器，必须带回室内，由专业人员修理。

(7) 不准用手指触碰望远镜物镜或光学零件的抛光面。对于物镜外表面的尘土，可用干净的毛刷轻轻地拂去；若污渍较重，应在室内条件下处理，必要时可用专用透镜纸轻轻地擦拭。

(8) 在野外作业遇到雨雪时，应立即将仪器装入箱内。不要擦拭落在仪器表面的雨雪，以免损伤涂层。必须先将仪器搬到干燥处晾干，然后用软布擦拭，再放入箱内。

1.6.1.4 仪器的搬站

仪器在搬站时是否要装箱，可根据仪器的性质、尺寸、重量、搬站距离及周围环境等具体情况而定。在进行三角测量时，由于搬站距离较远，仪器必须装箱背运。在进行地面或井下导线测量时，若搬站距离较近，仪器可以不装箱，但必须从三脚架上卸下来，由专人抱在身上携带；当通过沟渠、围墙等障碍物时，仪器必须由一人传给另一人，不要直接携带仪器跳越，以免震坏或摔伤仪器。

水准测量搬站时，水准仪不必从三脚架上卸下，这时可将仪器连同三脚架一起夹在腋下，使仪器位于身体前上方，并用一手托住其重心部位，三脚架应尽量保持竖直，避免过度倾斜，夹稳后行走。在任何情况下，严禁将仪器横扛在肩上。

搬站时，应将仪器的所有制动螺旋适当旋紧，但不可过紧，以便仪器受到碰撞时有缓冲的余地。

1.6.2 测绘仪器的保养

测绘仪器是复杂而又精密的光学设备，在野外作业时，经常要遭受风雨、日晒和灰尘等有害环境的侵蚀。因此，正确使用和妥善保养仪器，对保证仪器的精度、延长其使用寿命具有重要意义。

1.6.2.1 仪器在室内的保存

(1) 存放仪器的房间应保持清洁、干燥、明亮且通风良好，室温应稳定，适宜的温度为10～16℃。在冬季，仪器不能放在暖气设备附近。室内应配备消防设备，但不能使用酸碱式灭火器，宜用液体二氧化碳或四氯化碳灭火器。室内不得存放具有酸碱性气味的物品，以防腐蚀仪器。

(2) 存放仪器的库房需要采取严格防潮措施，相对湿度应控制在60%以下。特别是在梅雨季节，更应采取专门的防潮措施，在有条件的库房可安装空调，以控制湿度和温度。库房一般可用氯化钙吸潮，也可用块状石灰（生石灰）吸潮。

对于存放在室内的常用仪器，必须保持仪器箱干燥，可在箱内放置1～2袋防潮剂。

防潮剂的主要成分是硅酸钠及少量氯化钴。氯化钴用作指示剂，干燥时呈蓝色，吸水后变为粉红色。防潮剂呈粉红色后会失去吸水能力，必须加热烘烤或暴晒以去除水分，恢复蓝色后才能继续使用。

（3）仪器应存放在木柜内或柜架上，不要直接放置于地面。三脚架应平放或竖直放置，禁止随意斜靠，以防变形。存放三脚架时，应先将活动腿缩回并收拢。

1.6.2.2 仪器的安全运送

仪器受震可能导致其机械零件或光学零件松动、移位或损坏，进而改变仪器轴系的几何关系，造成光学系统成像不清或像差增大，机械部分转动失灵或卡死。轻微震动可能导致使用不便，影响观测精度；严重震动可能导致仪器无法使用甚至报废。测绘仪器越精密，越要注意防震。

长途搬运仪器时，应将其装入特制木箱，箱内填充刨花、纸卷或泡沫塑料等缓冲材料，箱外标明“光学仪器，禁止倒置，小心轻放，防潮防压”等字样。

短途运送仪器时，可不使用运输箱，但需由专人护送。乘坐汽车或其他交通工具时，仪器应由专人怀抱或背负；路程较远时，应怀抱仪器并保持坐姿。严禁将仪器直接放置于机动车等交通工具上，以防震动损坏。若条件有限，仪器必须装入运输箱，并在车内铺设柔软垫子或厚层干草等减震材料，由专人护送。

运输过程中，需注意防止仪器日晒、雨淋，并确保放置位置安全、稳固、干燥且清洁。

1.6.2.3 其他注意事项

（1）当气温剧烈变化时，需采取专门措施保护仪器。此外，长时间测量可能导致霉菌繁殖，使光学零件表面长霉或起雾，严重影响观测系统的亮度和成像质量，甚至导致仪器报废。因此，必须采取适当措施保护仪器，主要包括地面保温与防潮措施。禁止将仪器放置于冰冷潮湿的环境中。保温方法需根据具体条件确定，例如可采用大木箱，箱内用木条隔开，上部放置仪器，下部安装灯泡，通过温度计监测并控制箱内温度，实践证明效果良好。在北方冬季，若室内有取暖设备，通常不需要额外保温，但仍需注意室内温度不宜过高，且仪器应远离取暖设备。

（2）三脚架的保养至关重要，需防止暴晒、雨淋和碰撞。三脚架从井下搬运至地面后，应将其表面脏污擦拭干净，并置于阴凉通风处晾干，禁止在阳光下暴晒。三脚架的伸缩滑动部分需定期涂抹白蜡，这样既可防止水分渗入木质部分导致变形，又可增加滑动部分的光滑度，便于操作。三脚架架头及其他连接部分需定期检查、调整，防止松动。

任务1.7 工程测量的基本原则与工作规范

1.7.1 工程测量的基本准则

（1）法律法规。认真学习并严格执行国家政策与测绘规范。

（2）工作程序。遵守先整体后局部、先控制后碎部、高精度控制低精度的工作程序。

（3）原始依据。严格审核测量原始依据（包括设计图纸、文件、测量起始点、数据、测绘仪器和工具的计量检定等）的正确性，坚持测量作业与计算工作步步校核的原则。

（4）工作原则。遵循测法要科学、简洁，精度要合理、相称，仪器选择要适当、使用要精细的工作原则。在满足观测需求的前提下，力争做到省工、省时、省费用。实测时要当场做好原始记录，测量后要及时保护好桩位。

（5）工作作风。紧密配合施工，发扬团结协作、不畏艰难、实事求是、认真负责的工作作风。

（6）总结经验。虚心学习，及时总结经验，努力开拓创新，以适应工程行业不断发展的需求。

1.7.2　工程测量的基本要求

1.7.2.1　测量记录的基本要求

测量手簿是外业观测成果的记录和内业数据处理的依据。在测量手簿上记录时，必须严肃认真、一丝不苟，严格遵守下列要求。

（1）记录要求。原始数据真实、数字准确、内容完整、字体工整。

（2）填写位置。记录内容要填写在表格的指定位置。

（3）测量记录。观测数据需用 2H 或 3H 铅笔填写在正式表格中。记录观测数据之前，应将表头的观测日期、天气、仪器型号、组别、观测者、记录者等信息填写完整。

（4）数据记录与核对：观测者读数后，记录者应立即在相应栏内填写数据，并向观测者复读（回报）一遍，确保数据无误。测量数据需当场填写，严禁转抄或誊写，以保证数据的原始性。

（5）书写规范：记录时字体应端正、工整、清晰，小数点对齐，上下成行，左右成列，数字齐全，不得潦草。字体的大小一般占格宽的 1/3～1/2，字脚靠近底线。表示精度或占位的“0”不能省略。记录数字的位数要反映观测精度，例如：水准读数至毫米位时，1.45m 应记为 1.450m；角度测量时，“度”最多三位、最少一位，“分”和“秒”各占两位，如读数是 0°2′4″，应记成 0°02′04″。表 1-4 为测量数据精确单位及应记录的位数。

表 1-4　测量数据精确单位及应记录的位数

测量种类	数字单位	应记录的位数
水准	毫米	四位
角度的分	分	两位
角度的秒	秒	两位

（6）观测数据的尾数不得涂改或更换。若读错或记错，则必须重测重记。例如：角度

测量时，若秒级数字出错，应重测该测站；钢尺量距时，若毫米级数字出错，应重测该尺段。测量过程中，不准更改的数据部位及应重测的范围规定如表1-5所示。

表1-5 不得更改的测量数据部位及应重测的范围

测量种类	不准更改的数据部位	应重测的范围
高程	厘米及毫米的读数	一测站
水平角	分及秒的读数	一测回
竖直角	分及秒的读数	一测回
距离	厘米及毫米的读数	一尺段

(7) 对于记错或算错的数字，应在其上画一条直线，并将正确数字写在同格错数的上方。若观测数据的前几位出错，应用细横线画出错误数字，并在原数字上方写出正确的数字。严禁涂擦已记录的数据。禁止连续更改数字，例如：水准测量中的黑面、红面读数，角度测量中的盘左、盘右读数，距离测量中的往测、返测数据等，均不得同时更改，否则要重测。

(8) 严禁连环更改数据。若已修改算术平均值，则不得再改动计算算术平均值的任何一个原始数据；若已更改某个观测值，则不得再更改其算术平均值。

(9) 记录数据修改或观测成果作废后，应在备注栏内注明原因（如测错、记错或超限等），然后重新观测，并重新记录。

(10) 现场计算。记录过程中的简单计算（如平均数、高差、角度等）应在现场及时完成并校核。

(11) 记录者应及时核对观测数据，根据观测数据或现场实际情况作出判断，及时发现并改正明显错误。测量数据大多具有保密性，应妥善保管。工作结束后，测量数据应立即上交有关部门保存。

1.7.2.2 测量成果计算的基本要求

(1) 基本要求：依据正确、方法科学、严谨有序、步步校核、结果正确。

(2) 计算规则：数据运算时，数字进位应根据所取位数，按“四舍六入五凑偶”规则进行凑整。如对1.4244m、1.4236m、1.4235m、1.4245m这几个数据，若取至毫米位，则均应记为1.424m。

(3) 测量计算时，数字的取位规定：水准测量视距应取位至0.1m，视距总和取位至0.01km，高差中数取位至0.1mm，高差总和取位至1.0mm，角度测量的秒取位至1.0″。

(4) 正负号记录：观测手簿中，对于有正、负意义的量，记录计算时，一定要带上“+”号或“—”号，即使是“+”号也不得省略。

(5) 计算：简单计算（如平均值、方向值、高差等）应边记录边计算，以便超限时能及时发现问题并立即重测；较为复杂的计算，可在观测完成后及时完成。

(6) 成果计算：必须仔细认真、保证无误。测量时，严禁因超限等更改观测记录的数据。

（7）现场计算与校核：每站观测结束后，必须在现场完成规定的计算和校核，确认无误后方可迁站。

（8）记录整洁：应保持测量记录的整洁，严禁在记录表上书写无关的内容。

（9）表格使用：一般需要在规定的表格内进行记录，严禁抄错数据，需反复校对。

1.7.3 工程测量的岗位职责

1.7.3.1 测量人员应具备的能力

工程施工中的测量人员主要负责施工放样、质检过程中的高程控制和定位检测。为做好施工测量工作，测量人员应具备以下能力。

（1）审核图纸。能读懂设计图纸，结合测量放线工作审核图纸，并能绘制放线所需的大样图或现场平面图。

（2）放线要求。掌握不同工程类型、施工方法对测量放线的具体要求。

（3）仪器使用。了解仪器的构造和原理，并能熟练地操作、检校、维修仪器。

（4）计算校核。能对各种几何形状、数据和点位进行计算与校核。

（5）误差处理。熟悉施工规范中对测量的允许偏差，能在测量中提高精度、减少误差。能运用误差理论分析误差产生的原因，并采取有效措施处理观测数据。

（6）熟悉理论。熟悉测量理论，能针对不同工程选择合适的观测方法和校核方法，按时保质保量地完成测量任务。

（7）应变能力。能针对施工现场的实际情况，综合分析并处理测量问题，提出切实可行的改进措施。

1.7.3.2 测量组长岗位职责

（1）严格要求。领导测量组严格按照施工技术规范、试验规程、测量规范和设计图纸进行测量工作。

（2）规范测量。根据施工组织设计和施工进度安排，编制项目施工测量计划，并组织全体测量人员落实执行。

（3）施工放样。负责施工放样工作，对关键部位的放样必须采用一种方法测量、多种方法复核的观测程序，并做好记录报内部监理签字确认。

（4）控制测量。负责控制测量工作，熟悉各主要控制标志的位置，并做好测量标志的保护工作。

（5）测量交付。负责向施工测量组交付现场测量标志和测量结果，实行现场测量交底签字确认制度，并对测量组的工作进行检查和指导。

（6）标志复核。定期对测量标志进行检查复核，确保测量标志位置正确。若因测量标志变动造成损失，需承担主要责任。

（7）资料保管。制定测绘仪器专人保管、定期保养等规章制度，建立仪器设备台账，妥善保管施工图纸和各种测量资料。

（8）仪器使用。指导测量人员正确使用测绘仪器，严禁无关人员和不了解仪器性能的人员操作仪器。

(9) 竣工测量。负责竣工测量工作，根据实测数据和竣工原始记录填写工程质量检查评定表格，绘制竣工图纸，并参与施工技术总结工作。

1.7.3.3 测量员岗位职责

(1) 工作作风。紧密配合施工，坚持实事求是、认真负责的工作作风。

(2) 学习图纸。测量前需了解设计意图，学习和校核图纸；了解施工部署，制订测量放线方案。

(3) 实地校测。会同建设单位对红线桩测量控制点进行实地校测。

(4) 仪器校核。负责测绘仪器的核定、校正。

(5) 密切配合。与设计、施工等部门密切配合，提前做好准备工作，制订与施工同步的测量放线方案。

(6) 放线验线。在施工各阶段和主要部位做好放线、验线工作。需加强审查测量放线方案和指导检查测量放线工作，避免返工。验线工作要主动进行，从审核测量放线方案开始，在各主要阶段施工前，对测量放线工作提出预防性要求，真正做到防患于未然。

(7) 观测记录。负责垂直观测、沉降观测，并记录整理观测结果。

(8) 基线复核。负责及时整理并完善基线复核、测量记录等资料。

1.7.3.4 测量监理岗位职责

(1) 监理细则。指导全线测量监理工作，制定测量监理实施细则。

(2) 监理工作。制定和补充各类测量施工监理表格，建立本部门数据资料、信息整理查阅体系。

(3) 督促检查。检查承包人的测绘仪器设备以及人员配置，督促承包人按规定检定测绘仪器设备。

(4) 检查复核。负责全线交接桩工作，检查复核导线点、水准点，审批承包人测量内外业成果，并按规定的频率要求进行复核，审核无误后签字确认。

(5) 复核签字。配合工程部处理技术质量问题，完成工程计量及变更工作，对工程数量复核后签字确认。

(6) 监理日志。按时填写监理日志，编写并整理监理月报和监理工作总结中的测量部分内容。

(7) 竣工验收。配合工程部参与交工及竣工验收工作。

1.7.4 工程测量技术资料的主要内容

1.7.4.1 测量原始数据

(1) 工程测量合同及任务书。

(2) 现场平面控制网与水准点成果表及验收单。

(3) 设计图纸(包括建筑总平面图、建筑场地原始地形图)。

(4) 设计变更文件及图纸。

(5) 施工放线要求及数据。

(6) 测区地形、仪器设备资料。

1.7.4.2 测量数据及资料

(1) 红线桩坐标及水准点通知单。

(2) 交接桩记录表。

(3) 工程位置、主要轴线、高程预检单。

(4) 必要的测量原始记录。

(5) 地形图、竣工验收资料、竣工图。

(6) 沉降变形观测资料。

技能训练

(1) 简述测量学的任务及其在水利工程中的作用。

(2) 什么叫水准面和大地水准面?有何区别?

(3) 什么叫参考椭球面和参考椭球体?

(4) 什么叫绝对高程和相对高程?

(5) 如何理解水平面代替水准面的限度问题?

(6) 测量的基本工作指的是哪几项?为什么说这些工作是测量的基本工作?

(7) 某地经度为东经 115°16′,试求其所在 6°带和 3°带的带号及相应带号内的中央子午线的经度。

(8) 数据运算时,数字进位应根据所取位数,按什么规则进行凑整?如对 1.3636m, 1.5962m, 1.0155m 这几个数据,若取至毫米位,则各应记为多少?

(9) 圆心角为 42.6°的角其弧度值应为多少?

科普小知识

地球到底是什么样子,人类是怎样认识它的?

在科学技术高速发展的今天,人类对自己居住的地球面貌已愈来愈清楚。但是,人们对地球到底是什么样子的认识,是经历了相当漫长的过程的。

在古代,由于科学技术不发达,对地球的样子曾流传过许多传说和神话,人类只能通过简单的观察和想象来认识地球。例如,中国的古人观察到“天似穹庐”,就提出了“天圆地方”的说法。西方的古人按照自己所居住的陆地为大海所包围,就认为“地如盘状,浮于无垠海洋之上”。大约从公元前 8 世纪开始,希腊学者们试图通过自然哲学来认识地球。到公元前 6 世纪后半叶,毕达哥拉斯提出了“地为圆球”的说法。又过了两个世纪之后,亚里士多德根据月食等自然现象也认识到大地是球形,并接受其老师柏拉图的观点,发表了“地球”的概念,但都没有得到可靠的证明。

直到公元前 3 世纪,亚历山大学者埃拉托色尼首创子午圈弧度测量法,实际测量纬度差来估测地圆半径，最早证实了“地圆说”。稍后，我国东汉时期的天文学家张衡在《浑仪图注》中对“浑天说”作了完整的阐述，也认识到大地是一个球体。但在其天文著作《灵宪》中又说“天圆地平”。这些都说明当时人们对地球形状的认识还是很不明晰的。

从公元6世纪开始，西方在宗教桎梏之下，人们不但不继续沿着认识物质世界的道路迈步前进，反而倒退了。相反，中国的科学技术却在迅速发展。公元8世纪的20年代，唐朝高僧一行派太史监南宫说在河南平原进行了弧度测量，其距离和纬差都是实地测量的，这在世界尚属首次，并由此得出地球子午线1度弧长为132.3公里，比现代精确值多21公里。之后，阿拉伯也于9世纪进行了富有成果的弧度测量，由此确认大地是球形的。但那时人类的活动范围有限，地球的真实形状都没有得到实践检验。直到1522年，航海家麦哲伦率领船队从西班牙出发，一直向西航行，经过大西洋、印度洋和太平洋，最后又回到了西班牙，才得以事实证明，地球确确实实是一个球体。

但是，人类对地球的认识并未就此结束。随着科学技术的发展和大地测量学科的形成与丰富，人们观测和认识地球形状的方法和手段越来越多。三角测量、重力测量、天文测量等都是重要手段。近代科学家牛顿曾仔细研究了地球的自转，得出地球是赤道凸起、两极扁平的椭球体，形状像个橘子。到20世纪50年代末期，人造地球卫星发射成功，通过卫星观测发现，南北两个半球是不对称的。南极离地心的距离比北极短40米。因此，又有人把地球描绘成梨形。

以上，人类对地球的认识，仍是根据局部资料和间接手段得来的。如果人们能远远地站在地球之外看地球那该多好！1969年7月20日，美国登月宇宙飞船“阿波罗”11号的宇航员登上月球的时候，就看到了带蓝色的浑圆地球，有如在地球上观月亮一样。科学家们根据以往资料和宇航员拍下的相片，认为最好把地球看作一个“不规则的球体”。

至此，人类对地球形状的认识是否完成了呢？还没有。这是因为地球实在太大了！而且时刻都在不停地运转着、变化着。

项目 2 水准测量

学习目标

(1) 理解水准测量的基本原理。

(2) 掌握 DS3 微倾式水准仪、自动安平水准仪的构造特点、水准尺和尺垫。

(3) 掌握水准仪的使用及检校方法。

(4) 掌握普通水准测量的外业实施（观测、记录和检核）及内业数据处理（高差闭合差的调整）方法。

(5) 了解水准测量的注意事项、精密水准仪和电子水准仪的构造及操作方法。

思政目标

培养精益求精的精神，培养创新和科学精神。

任务 2.1 高程测量概述

测量地面上各点高程的工作，称为高程测量。高程测量根据所使用的仪器和施测方法的不同，分为：

(1) 水准测量 (leveling)。

(2) 三角高程测量 (trigonometric leveling)。

(3) 气压高程测量 (air pressure leveling)。

(4) GPS 测量 (GPS leveling)。

在这些方法中，水准测量的精度最高，也是最基本的方法，它是高程控制测量的一种主要方法，在工程测量中也得到广泛应用。

本项目主要介绍普通水准测量的施测方法和内业计算及其他问题。

任务 2.2 水准测量原理

水准测量原理

2.2.1 水准测量的基本原理

水准测量的原理是利用水准仪提供的一条水平视线，对竖立于两观测点上的水准尺进行读数，直接测定地面上两点间的高差，然后根据其中一点的已知高程推算未知点的高程，如图 2-1 所示。

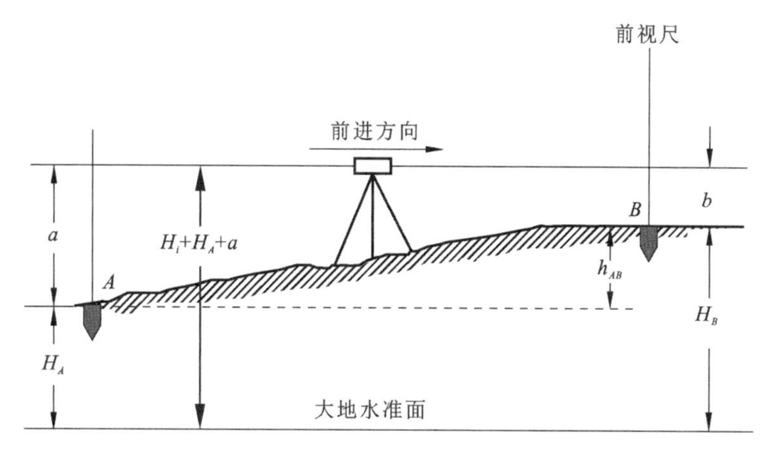

图 2-1 水准测量原理

A—— 后视点；a—— 后视读数；

B—— 前视点；b—— 前视读数。

(1) A 、B 两点间高差：

$$h_{AB}=H_B-H_A=a-b \tag{2-1}$$

(2) 测得两点间高差 h_{AB} 后，若已知 A 点高程 H_A，则可得 B 点的高程：

$$H_B=H_A+h_{AB} \tag{2-2}$$

(3) 视线高程：

$$H_i=H_A+a=H_B+b \tag{2-3}$$

(4) 转点 TP (turning point)：当地面上两点的距离较远，或两点的高差太大，放置一次仪器不能测定其高差时，就需增设若干个临时传递高程的立尺点，称为转点。

2.2.2 连续水准测量

如图 2-2 所示，在实际水准测量中，A 、B 两点间高差较大或相距较远，安置一次水准仪不能测定两点之间的高差，此时有必要沿 A 、B 的水准路线增设若干个必要的临时立尺点，即转点（用作传递高程）。

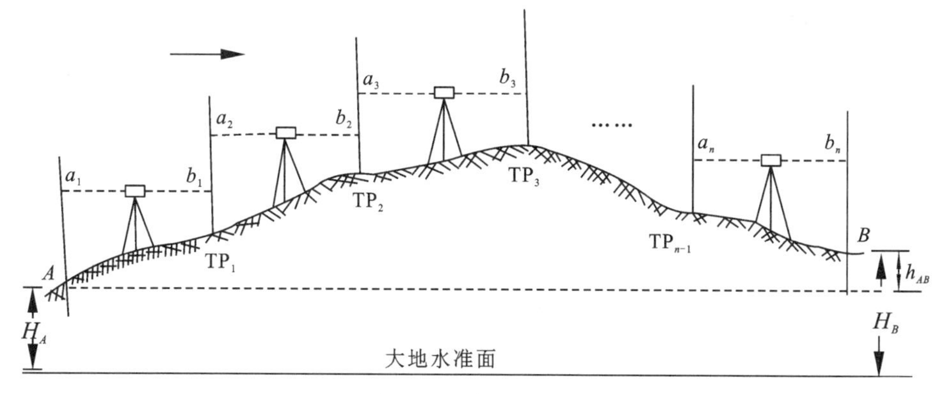

图 2-2 连续水准测量

根据水准测量的原理依次连续地在两个立尺中间安置水准仪来测定相邻各点间高差，求和得到 A 、B 两点间的高差值，有：

$$h_1=a_1-b_1$$

$$h_2=a_2-b_2$$

$$\cdots$$

则：

$$h_{AB}=h_1+h_2+\cdots+h_n=\sum h=\sum a-\sum b \tag{2-4}$$

结论：A 、B 两点间的高差 h_{AB} 等于后视读数之和减去前视读数之和。

任务 2.3 水准测量的仪器和工具

水准测量所使用的仪器为水准仪，工具为水准尺和尺垫。

水准仪的种类和型号很多。按其精度分，有 DS0.5、DS1、DS3 和 DS10 等型号。“D”和“S”分别是“大地测量”和“水准仪”的汉语拼音的第一个字母。数字“0.5”“1”“3”“10”表示该类仪器的精度，即每千米往、返测高差中数的偶然中误差（单位为 mm）。数字越小，精度越高。工程测量中一般多使用 DS3 水准仪，使用该仪器进行水准测量，每千米往、返测高差中数的偶然中误差为±3mm。本项目着重介绍此种类型的仪器。

水准仪的认识与使用

2.3.1 水准仪

如图 2-3、图 2-4 所示，水准仪由望远镜、水准器和基座三部分组成。

图 2-3 DS3 水准仪

图 2-4 自动安平水准仪

1. 望远镜（telescope）

望远镜是构成水平视线、瞄准目标并对水准尺进行读数的主要部件。图 2-5 所示为望远镜的构造图，主要由物镜、目镜、调焦透镜和十字丝分划板等组成。

物镜和目镜多采用复合透镜组。物镜的作用是和调焦透镜一起使远处的目标在十字丝分划板上形成缩小的实像。转动物镜调焦螺旋，可使不同距离目标的成像清晰地落在十字丝分划板上，称为调焦或物镜对光。目镜的作用是将物镜所成的实像与十字丝一起放大成虚像。转动目镜螺旋，可使十字丝影像清晰，即目镜对光。

十字丝分划板是一块刻有分划线的透明薄平板玻璃片。分划板上互相垂直的两条长

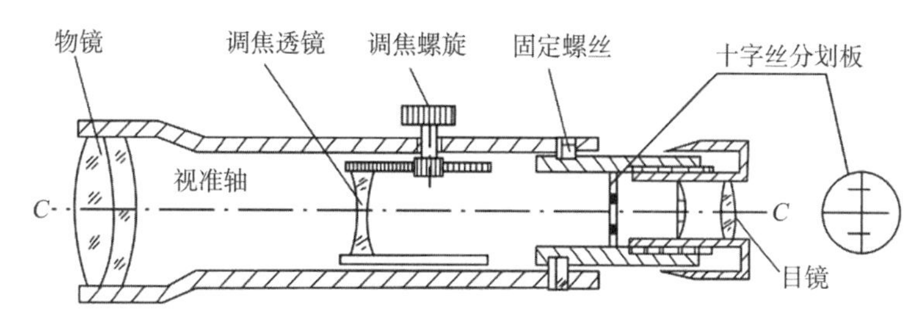

图 2-5 望远镜的构造图

丝，称为十字丝。竖直的一条称为纵丝，水平的一条称为横丝（又称中丝），与横丝平行的上、下两条对称的短丝称为视距丝，用于测定距离。水准测量时，用十字丝交叉点和中丝瞄准目标并读数。

十字丝与物镜光心的连线，称为望远镜的视准轴（图 2-5 中的 $C—C$）。水准测量是在视准轴水平时，用十字丝的中丝截取水准尺上的读数。

从望远镜内所看到目标影像的视角 β 与肉眼直接观察该目标的视角 α 之比，称为望远镜的放大率，一般用 V 表示，$V=\dfrac{\beta}{\alpha}$。DS3 水准仪望远镜的放大率一般为 28 倍。

2. 水准器（levelling instrument）

水准器是用来指示视准轴是否水平或仪器竖轴是否垂直，供操作人员判断水准仪是否置平的重要部件。水准器有圆水准器和管水准器两种。

1） 圆水准器

如图 2-6 所示，圆水准器为一密闭的玻璃圆盒。它的顶面内壁为球面，内装有乙醚溶液，密封后留有气泡。球面中心有圆形分划圈，圆圈的中心为圆水准器的零点。通过零点与球面球心的直线称为圆水准轴。当气泡居中时，该轴线处于铅垂位置；气泡偏离零点，轴线呈倾斜状态。气泡中心偏离零点 2mm，轴线所倾斜的角值，称为圆水准器的分划值。

DS3 水准仪圆水准器分划值一般为 $8'\sim10'$。圆水准器的精度较低，用于仪器的粗略整平。

2） 管水准器

管水准器又称水准管，它是一个管状玻璃管，其纵向内壁磨成一定半径的圆弧，管内装有乙醚溶液，加热、封闭后冷却，并在管内留有一个长形气泡（见图 2-7）。由于气泡较液体轻，气泡恒处于最高位置。水准管内壁圆弧的中心点（最高点）为水准管的零点。过零点与圆弧相切的切线称水准管轴（见图 2-7 中 $L—L$）。当气泡中点处于零点位置时，称气泡居中，这时水准管轴处于水平位置，否则水准管轴处于倾斜位置。水准管的两端各刻有数条间隔 2mm 的分划线，水准管上 2mm 间隔的圆弧所对的圆心角，称为水准管的分划值，用 τ 表示。

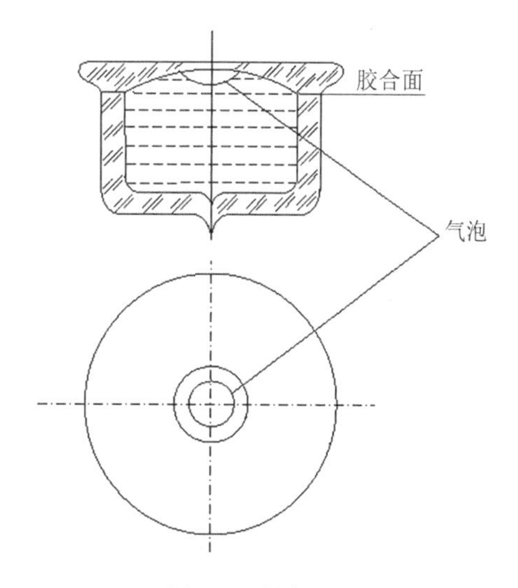

图 2-6 圆水准器

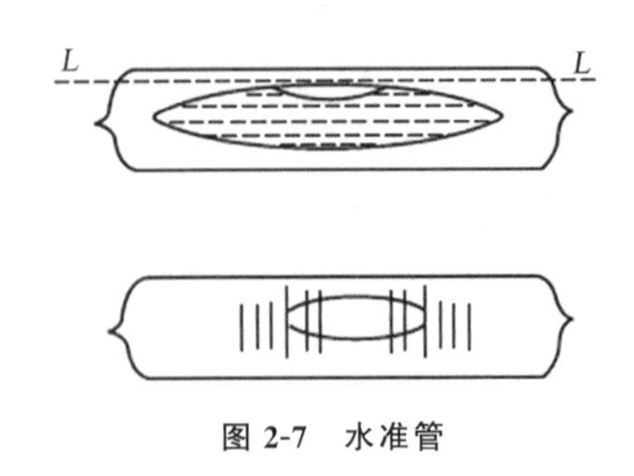

图 2-7 水准管

$$\tau=\frac{2\rho}{R} \tag{2-5}$$

式中：R——水准管圆弧半径；

ρ——1 弧度相应的秒值，$\rho=206265''$。

水准管分划值越小，水准管灵敏度越高。

DS3 水准仪水准管的分划值为 20″，记作 20″/2mm。水准管的精度较高，因而用于仪器的精确整平。

为了提高水准管气泡居中的精度，DS3 水准仪水准管的上方装有符合棱镜系统，如图 2-8（a）所示。通过棱镜组的反射折光作用，将气泡两端的像同时反映到望远镜旁的观察窗内。通过观察窗观察，当两端半边气泡的影像符合时，表明气泡居中，如图 2-8（b）所示；若两影像成错开状态，表明气泡不居中，如图 2-8（c）所示，此时应转动微倾螺旋使气泡影像符合。这种装有棱镜组的水准管，称为符合水准器。

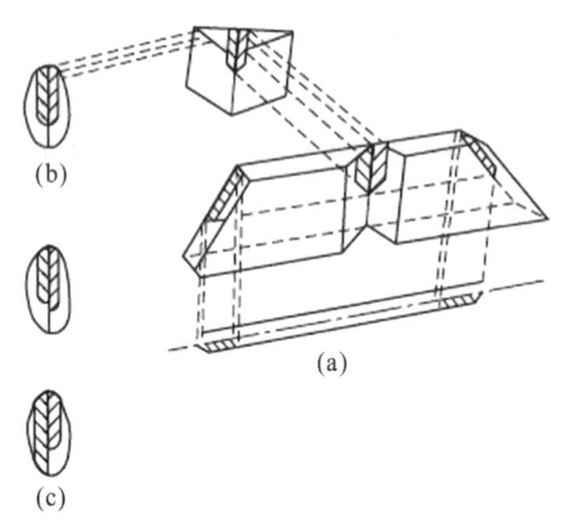

图 2-8 符合水准器

3. 基座

基座的作用是支撑仪器的上部并与三脚架连接。基座位于仪器下部，主要由轴座、脚螺旋、底板和三角压板构成。仪器上部通过竖轴插入轴座内旋转，由基座承托。脚螺旋用于调节圆水准器气泡的居中。底板通过连接螺旋与三脚架连接。

水准仪除了望远镜、水准器、基座三个主要部件外，还安装有制动螺旋、微动螺旋和微倾螺旋。制动螺旋用于固定仪器，当仪器固定不动时，转动微动螺旋可使望远镜在水平方向进行微小转动，用以精确瞄准目标。微倾螺旋可使望远镜在竖直面内微动，圆水准器气泡居中后，转动微倾螺旋使管水准器气泡影像符合，即可利用水平视线读数。

2.3.2　水准尺

水准尺是水准测量时与水准仪配套使用的必备工具。其质量直接影响水准测量的精度。因此，水准尺需用伸缩性小、不易变形的优质材料制成，如优质木材、玻璃钢、铝合金等。常用的水准尺有塔尺和双面尺两种，如图 2-9 所示。

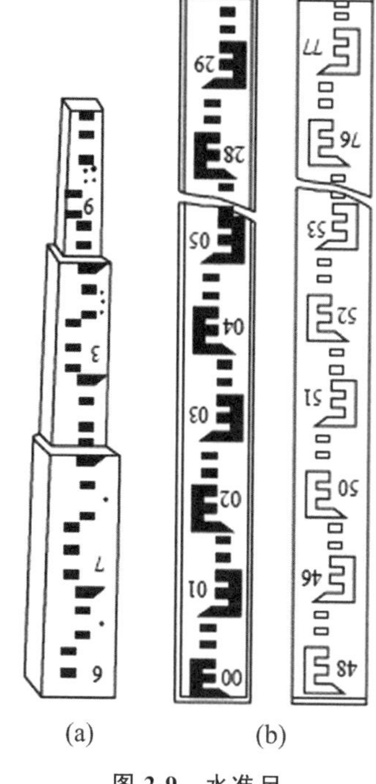

图 2-9　水准尺

塔尺（见图 2-9（a）），仅用于等外水准测量。一般由两节或三节套接而成，其长度有 3m 和 5m 两种。塔尺可以伸缩，尺的底部为零点。尺上黑白格相间，每格宽度为 1cm，有的为 0.5cm，每米和分米处皆注有数字。数字有正字和倒字两种。数字上加红点表示米数。

双面尺（见图 2-9（b））多用于三、四等水准测量，其长度为 3m，两根尺为一对。尺的两面均有刻划，一面为红白相间，称红面尺；另一面为黑白相间，称黑面尺（也称主尺），两面的刻划均为 1cm，并在分米处注字。两根尺的黑面均由零开始；而红面，一根尺由 4.687m 开始至 7.687m，另一根由 4.787m 开始至 7.787m，两根尺红面底数相差 0.1m，以供测量检核用。

2.3.3　尺垫

尺垫是在转点处放置水准尺用的。如图 2-10 所示，尺垫用生铁铸成，一般为三角形，中央有一突起的半球体，下方有三个支脚。使用时将支脚牢固地踩入土中，以防下沉。上方突起的半球形顶点作为竖立水准尺和标志转点之用。

2.3.4　水准仪的使用

操作程序：安置仪器—粗平—瞄准—精平—读数。

图 2-10　尺垫

2.3.4.1　安置仪器

在测站上松开脚架的伸缩螺旋，调节好架腿的长度，然后拧紧伸缩螺旋，再张开三脚架并使其高度适中，目估使架头大致水平，检查三脚架是否安置牢固。然后打开仪器箱取出仪器，用连接螺旋将仪器固定在三脚架上。地面松软时，要将三脚架脚尖踏实，并注意使圆水准器的气泡大致居中。

2.3.4.2 粗平

通过调节仪器的脚螺旋，使圆水准器气泡居中，以达到仪器竖轴大致铅直，视准轴粗略水平的目的。

(1) 方法：如图 2-11 所示，先对向转动脚螺旋 1、2，使气泡移至 1、2 方向的中间，再转动脚螺旋 3，使气泡居中。

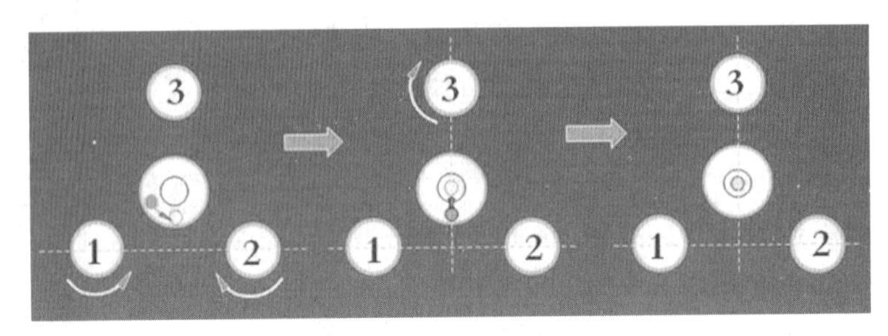

图 2-11 圆水准器整平

(2) 规律：气泡移动方向与左手大拇指运动的方向一致。

2.3.4.3 瞄准

瞄准就是使望远镜对准水准尺，清晰地看到目标和十字丝成像，以便准确地进行水准尺读数。

首先进行目镜调焦，把望远镜对向明亮的背景，转动目镜调焦螺旋，使十字丝清晰。松开制动螺旋，转动望远镜，利用镜筒上的照门和准星连线对准水准尺，再拧紧制动螺旋。然后转动物镜的调焦螺旋，使水准尺清晰成像。再转动微动螺旋，使十字丝的纵丝对准水准尺像。

瞄准时应注意消除视差。当眼睛在目镜端上下微微移动时，若发现十字丝和水准尺成像有相对移动现象，说明存在视差。所谓视差，就是当目镜、物镜对光不够精细时，目标的影像不在十字丝平面上（见图 2-12），以致两者不能被同时看清。视差会影响读数的正确性，必须加以检查并消除。消除视差的方法是仔细地进行目镜调焦和物镜调焦，直至眼睛上下移动时读数不变为止。

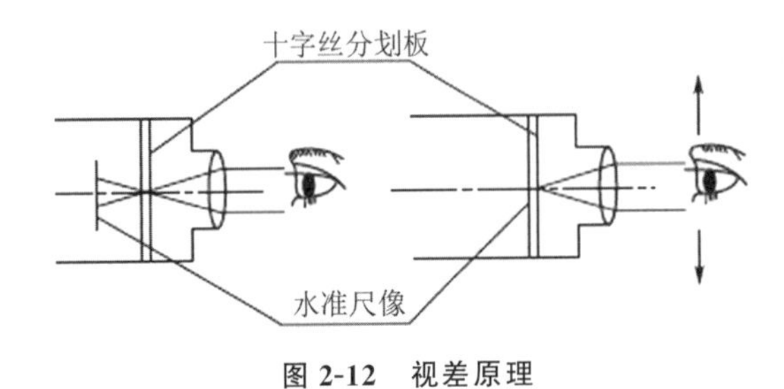

图 2-12 视差原理

2.3.4.4 精平

眼睛通过目镜左方符合气泡观察窗观察水准管气泡，右手缓慢而均匀地转动微倾螺旋，使水准管气泡居中（气泡影像符合），如图 2-13 所示。当符合水准器气泡居中时，表示水准仪的视准轴已精确水平，即可用十字丝横丝在水准尺上读数。

2.3.4.5 读数

精平后，用十字丝的中丝在水准尺上读数。

（1）方法：从小数向大数读，读四位。米位、分米位看尺面上的注记，厘米位数尺面上的格数，毫米位估读。

（2）规律：读数在尺面上由小数到大数的方向读。对于望远镜成倒像的仪器，即从上往下读，望远镜成正像的仪器，即从下往上读。如图 2-14 所示，从小向大读四位数为 0.725m。

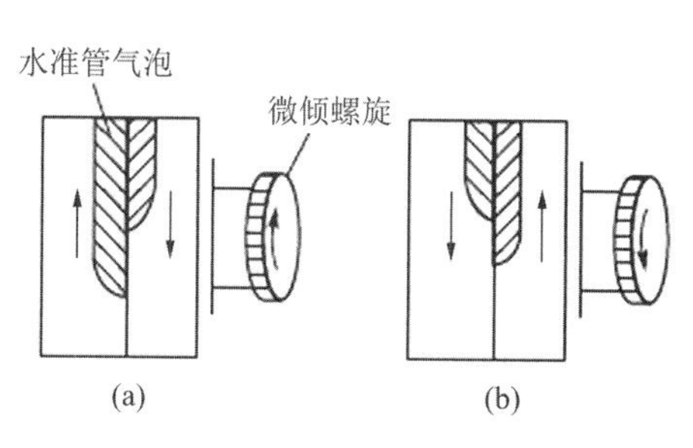

图 2-13 水准管气泡调节

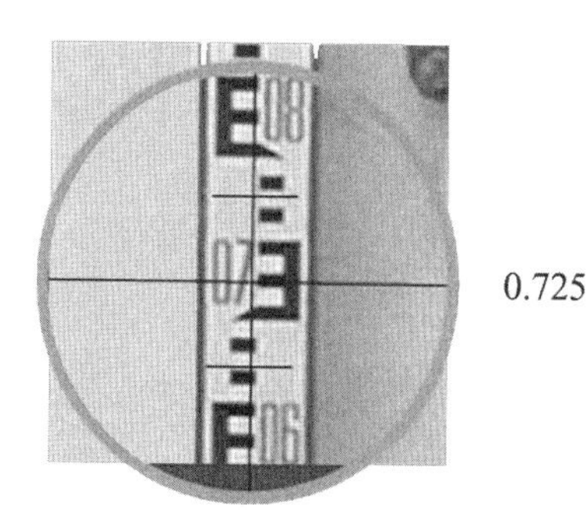

图 2-14 瞄准水准尺读数

任务 2.4 普通水准测量

2.4.1 水准点及水准路线

水准测量方法

水准测量的主要目的是测出一系列点的高程。通常称这些点为水准点（bench mark），简记为 BM。

水准点有永久性和临时性两种。国家等级水准点，如图 2-15 所示，一般用石料或钢筋混凝土制成，深埋到地面冻结线以下，在标石的顶面设有不锈钢或其他不易锈蚀的材料制成的半球状标志。半球状标志顶点表示水准点的点位。有的用金属标志埋设于基础稳固的建筑物墙脚下，称为墙上水准点，如图 2-16 所示。

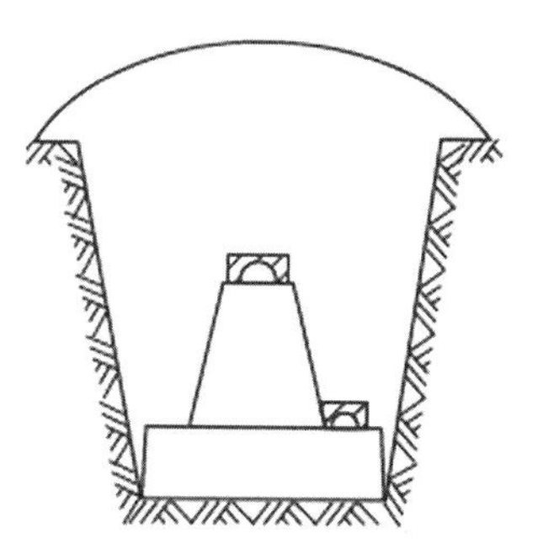

图 2-15 水准点标志

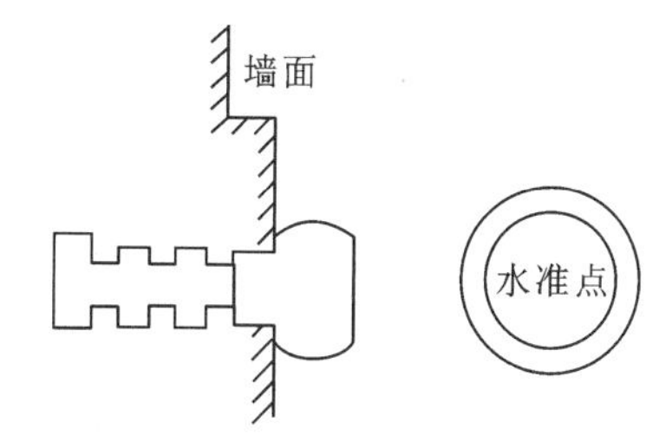

图 2-16 墙上水准点

建筑工地上的永久性水准点一般用混凝土预制而成，顶面嵌入半球形的金属标志（见图 2-17（a））表示该水准点的点位。临时性的水准点可选在地面突出的坚硬岩石或房屋勒脚、台阶上，用红漆做标记，也可用大木桩打入地下，桩顶上钉一半球形钉子作为标志（见图 2-17（b））。

在水准测量中，为了避免在观测、记录和计算中发生人为粗差，并保证测量结果能达到一定的精度要求，必须布设某种形式的水准路线，利用一定的条件来检核所测结果的正确性。

在一般的工程测量中，水准路线主要有以下三种形式。

1. 闭合水准路线

如图 2-18 所示，从水准点 BM_3 出发，沿待定高程点 1、2、3、4 进行水准测量，最后回到原始出发点 BM_3 的路线，称为闭合水准路线。从理论上讲，闭合水准路线上各点之间的高差代数和应等于零。

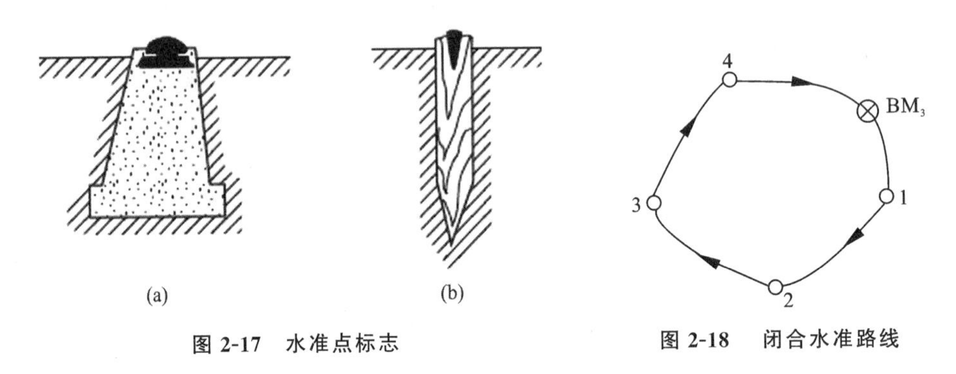

图 2-17　水准点标志

图 2-18　闭合水准路线

2. 附合水准路线

如图 2-19 所示，从水准点 BM_1 出发，沿各个待定高程点 1、2、3 进行水准测量，最后附合到另一水准点 BM_2 的路线，称为附合水准路线。从理论上讲，附合水准路线上各点间高差的代数和应等于始、终两个水准点的高程之差。

3. 支水准路线

如图 2-20 所示，从一已知水准点 BM_1 出发，沿待定高程点 1、2 进行水准测量，既不闭合又不附合，这种水准路线称为支水准路线。支水准路线要进行往、返观测，以便检核。

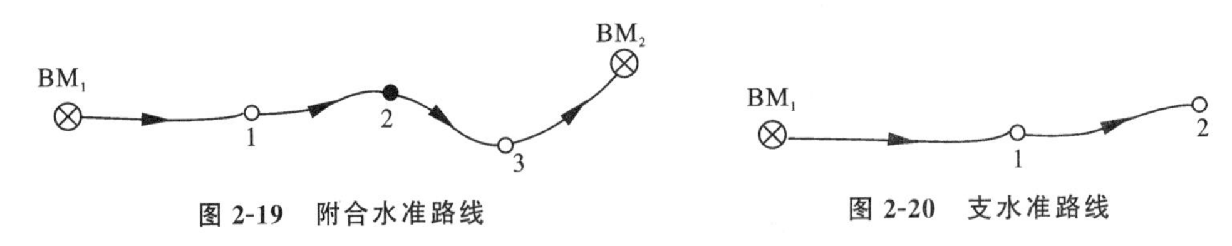

图 2-19　附合水准路线

图 2-20　支水准路线

2.4.2　普通水准测量的施测

按拟定的水准路线进行水准测量，以图 2-21 为例，介绍水准测量的具体做法。图中 BM_A 为已知高程的水准点，TP 为转点，B 为拟测量高程的水准点。

将水准尺立于已知高程的水准点上作为后视，水准仪置于施测路线附近合适的位置，在施测路线的前进方向上取仪器至后视大致相等的距离放置尺垫，在尺垫上竖立水准尺作为前视。观测者将仪器用圆水准器粗平之后瞄准后视标尺，用微倾螺旋将水准管气泡居中，用中丝读后视读数至毫米位。掉转望远镜瞄准前视标尺，此时，水准管气泡一般将会

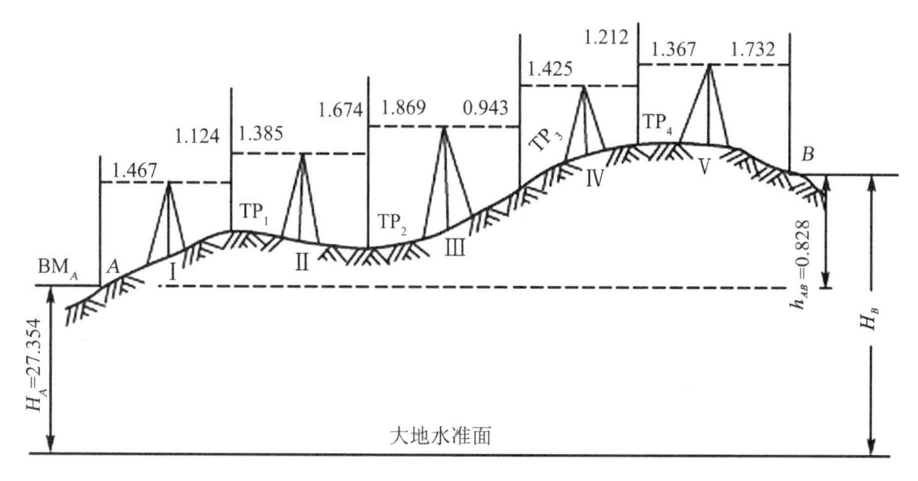

图 2-21 水准测量的施测

偏离少许，将气泡居中，用中丝读前视读数。记录者根据观测者的读数在手簿中记下相应的数字，并立即计算高差。以上为第一个测站的全部工作。

第一测站结束之后，记录者招呼后标尺者向前转移，并将仪器迁至第二测站。此时，第一测站的前视点便成为第二测站的后视点。依第一测站相同的工作程序进行第二测站的工作，依次沿水准路线方向施测直至全部路线观测完为止。观测记录与计算如表 2-1 所示。

表 2-1 水准测量手簿

日期： 仪器型号： 观测者：

天气： 组别： 记录者：

测站	点号	后视读数/m	前视读数/m	高差/m	高程/m	备注
1	BM_A	1.467		+0.343	27.354	已知
	TP_1		1.124			
2	TP_1	1.385		−0.289		
	TP_2		1.674			
3	TP_2	1.869		+0.926		
	TP_3		0.943			
4	TP_3	1.425		+0.213		
	TP_4		1.212			
5	TP_4	1.367		−0.365		
	BM_B		1.732		28.182	
计算检核		$\sum a=$ 7.513−6.685	$\sum b=6.685$	$\sum h=$ +0.828	28.182−27.354	
		+0.828			+0.828	

对于记录表中每一页所计算的高差和高程要进行计算检核。即后视读数总和减去前视读数总和、高差总和及 B 点高程与 A 点高程之差值，这三个数字应相等。否则，计算有误。例如表 2-1 中：

$$\sum a-\sum b=7.513-6.685=+0.828$$

$$\sum h=+0.828$$

$$H_B-H_A=28.182-27.354=+0.828$$

说明计算正确。

2.4.3 水准测量的测站检核方法

为了保证观测精度，必须进行检核。常用的检核方法有变动仪器高法和双面尺法。

1. 变动仪器高法

变动仪器高法是在同一测站上用两次不同的仪器高度，两次测定高差，即测得第一次高差后，改变仪器高度（大于 10cm），再次测定高差。若两次测得的高差之差不超过允许值（例如等外水准测量允许值为 6mm），则取其平均值作为该测站的观测高差。否则需重测。

2. 双面尺法

双面尺法是在一测站上，仪器高度不变，而立在前视点和后视点上的水准尺分别用黑面和红面各进行一次读数，测得两次高差，相互进行检核。若同一水准尺红面与黑面读数（加常数后）之差，不超过 3mm；且两次高差之差，又未超过 5mm，则取其平均值作为该测站观测高差。否则，需要检查原因，重新观测。

2.4.4 水准测量的注意事项

（1）在每次读数之前，应使水准管气泡严格居中，并消除视差。

（2）应使前、后视距离大致相等。

（3）在已知高程点和待定高程点上不能放置尺垫。转点用尺垫时，应将水准尺置于尺垫半圆球的顶点上。

（4）尺垫应踏入土中或置于坚固地面上，在观测过程中不得碰动仪器或尺垫，迁站时应保护前视尺垫不得移动。

任务 2.5 水准测量成果计算

水准测量成果计算时，要先检查外业观测手簿，计算各点间高差。经检核无误，则根据外业观测高差计算闭合差。若闭合差符合规定的精度要求，则调整闭合差，最后计算各点的高程。

不同等级的水准测量，对高差闭合差的限差有不同的规定。等外水准测量的高差闭合差允许值：

$$平地\ f_{h允}=\pm 40\sqrt{L}\ \text{mm} \tag{2-6}$$

$$山地\ f_{h允}=\pm 12\sqrt{n}\ \text{mm} \tag{2-7}$$

式中：L——水准路线长度，以 km 计；

n——测站数。

1. 附合水准路线成果计算

某等外水准测量如图 2-22 所示，A、B 为两个已知水准点，A 点高程为 65.376m，B 点高程为 68.623m，点 1、2、3 为待测水准点，各测段高差、测站数、距离如图 2-22 所示。现以图 2-22 为例，按高程推算顺序将各点号、测站数、测段距离、实际高差及已知高程填入表 2-2 相应栏内。

水准测量的校核与成果整理

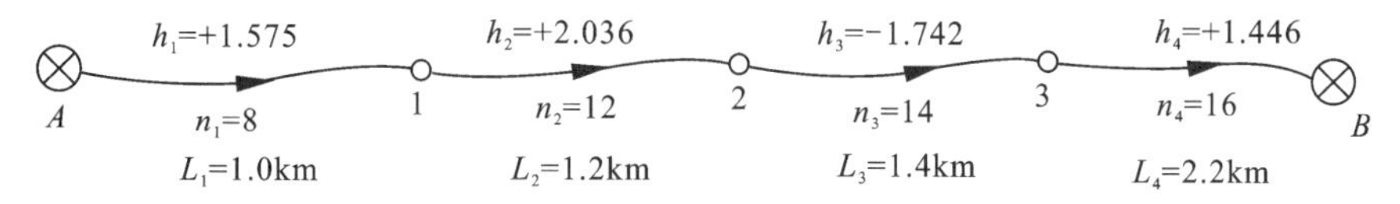

图 2-22 附合水准路线

表 2-2 附合水准测量成果计算表

日期： 仪器型号： 观测者：

天气： 组别： 记录者：

测段编号	点名	距离/km	测站数	实测高差/m	改正数/m	改正后的高差/m	高程/m	备注
1	A	1.0	8	+1.575	−0.012	+1.563	65.376	
	1						66.939	
2	1	1.2	12	+2.036	−0.014	+2.022		
	2						68.961	
3	2	1.4	14	−1.742	−0.016	−1.758		
	3						67.203	
4	3	2.2	16	+1.446	−0.026	+1.420		
	B						68.623	
$\sum$		5.8	50	+3.315	−0.068	+3.247		
辅助计算		$f_h=+68\text{mm}$ $f_{h允}=\pm 40\sqrt{5.8}\text{mm}=\pm 96\text{mm}$				$\sum L=5.8\text{km}$ $-f_h/\sum L=-12\text{mm}$		

1）计算高差闭合差

附合水准路线各测段实测高差总和应与两已知高程之差相等。若不等，其差值为高差闭合差，即

$$f_h=\sum h_{测}-(H_B-H_A) \tag{2-8}$$

例题中

$$f_h = [+3.315 - (68.623 - 65.376)]\ \text{m} = +0.068\text{m}$$

因是平地，闭合差允许值为：

$$f_{h允} = \pm 40\sqrt{L} = \pm 40\sqrt{5.8}\ \text{mm} = \pm 96\text{mm}$$

因为 $f_h < f_{h允}$，说明精度符合要求，可以调整闭合差。

2）调整高差闭合差

高差闭合差调整的原则和方法是按其与测段距离（或测站数）成正比例并反符号改正到各相应测段的高差上，得改正后高差，即：

$$\begin{cases} v_i = -\dfrac{f_h}{\sum l} l_i \\ v_i = -\dfrac{f_h}{\sum n} n_i \end{cases} \tag{2-9}$$

$$h_{i改} = h_{i测} + v_i \tag{2-10}$$

式中：v_i——第 i 测段的高差改正数；

$h_{i改}$——第 i 测段改正后高差；

f_h——高差闭合差；

$\sum l$——路线总长度；

$\sum n$——路线总测站数；

l_i——第 i 测段的长度；

n_i——第 i 测段的测站数。

例题中各测段改正数：

$$v_1 = -\frac{0.068}{5.8} \times 1.0\text{km} = -0.012\text{m}$$

$$v_2 = -\frac{0.068}{5.8} \times 1.2\text{km} = -0.014\text{m}$$

$$v_3 = -\frac{0.068}{5.8} \times 1.4\text{km} = -0.016\text{m}$$

$$v_4 = -\frac{0.068}{5.8} \times 2.2\text{km} = -0.026\text{m}$$

将各测段高差改正数分别填入相应改正数栏内，并检核：改正数的总和与所求得的高差闭合差绝对值相等、符号相反，即 $\sum v = -f_h$。

例题中

$$\sum v = -f_h = -0.068\text{m}$$

各测段改正后高差为：

$$h_{1改} = h_{1测} + v_1 = (+1.575 - 0.012)\ \text{m} = +1.563\text{m}$$

$$h_{2改} = h_{2测} + v_2 = (+2.036 - 0.014)\ \text{m} = +2.022\text{m}$$

$$h_{3改} = h_{3测} + v_3 = (-1.742 - 0.016)\ \text{m} = -1.758\text{m}$$

$$h_{4改} = h_{4测} + v_4 = (+1.446 - 0.026)\ \text{m} = +1.420\text{m}$$

将各测段改正后高差分别填入相应栏内，并检核：改正后高差总和应等于两已知高程之差，即 $\sum h_{改}=H_B-H_A=+3.247\text{m}$。

3）计算待定点高程

由水准点 BM_A 已知高程开始，逐一加各测段改正后高差，即得各待定点高程，并填入相应高程栏内。

$$H_1=H_A+h_{1改}=(65.376+1.563)\ \text{m}=66.939\text{m}$$

$$H_2=H_1+h_{2改}=(66.939+2.022)\ \text{m}=68.961\text{m}$$

$$H_3=H_2+h_{3改}=(68.961-1.758)\ \text{m}=67.203\text{m}$$

$$H_{B算}=H_3+h_{4改}=(67.203+1.420)\ \text{m}=68.623\text{m}$$

推算的 H_B 应等于该点的已知高程，以此作为计算的检核。

2. 闭合水准路线成果计算

如图 2-23 所示某等外闭合水准路线，水准点 BM_A 高程为 44.856m，1、2、3 点为待定高程点。各测段高差及测站数均注于图中。图中箭头表示水准测量进行方向。

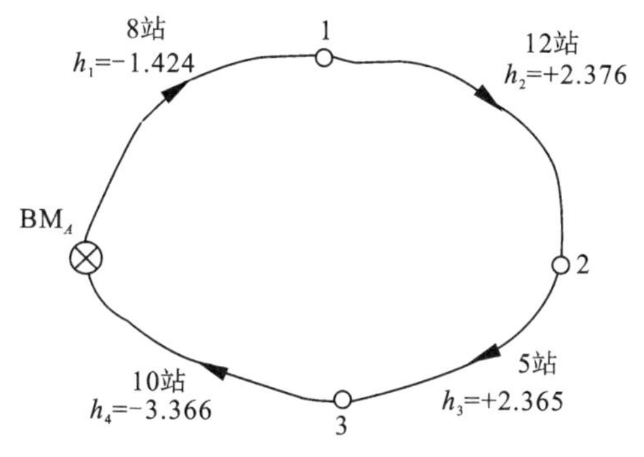

图 2-23 某等外闭合水准路线

按高程推算顺序将各点号、测站数、实测高差及已知高程填入表 2-3 相应栏内。

表 2-3 闭合水准测量成果计算表

日期： 仪器型号： 观测者：

天气： 组别： 记录者：

测段编号	点名	测站数	实测高差/m	改正数/m	改正后的高差/m	高程/m	备注
1	BM_A	8	−1.424	+0.011	−1.413	44.856	
	1					43.443	
2	1	12	+2.376	+0.017	+2.393		
	2					45.836	
3	2	5	+2.365	+0.007	+2.372		
	3					48.208	
4	3	10	−3.366	+0.014	−3.352		
	BM_A					44.856	

续表

测段编号	点名	测站数	实测高差/m	改正数/m	改正后的高差/m	高程/m	备注
$\sum$		35	−0.049	+0.049	0		
辅助计算		$f_h=-49\text{mm}$ $f_{h允}=\pm12\sqrt{35}\text{mm}=\pm71\text{mm}$			$\sum n=35$ $-f_h/\sum n=\pm1.4\text{mm}$		

1）计算高差闭合差

闭合水准路线的起点、终点为同一点，因此，路线上各段高差代数和的理论值应为零，即 $\sum h_{理}=0$。实际上由于各测站观测高差存在误差，致使观测高差总和往往不等于零，其值为高差闭合差，即：

$$f_h=\sum h_{测} \tag{2-11}$$

例题中 $$f_h=\sum h_{测}=-0.049\text{m}$$

而 $$f_{h允}=\pm12\sqrt{n}=\pm12\sqrt{35}\text{mm}=\pm71\text{mm}$$

因为 $f_h<f_{h允}$，说明精度符合要求，可以调整闭合差。

2）调整高差闭合差

高差闭合差调整的原则和方法同附合水准路线，各测段改正数为：

$$v_1=-\frac{f_h}{\sum n}\times n_1=-\frac{(-0.049)}{35}\times8\text{m}=+0.011\text{m}$$

$$v_2=-\frac{f_h}{\sum n}\times n_2=-\frac{(-0.049)}{35}\times12\text{m}=+0.017\text{m}$$

$$v_3=-\frac{f_h}{\sum n}\times n_3=-\frac{(-0.049)}{35}\times5\text{m}=+0.007\text{m}$$

$$v_4=-\frac{f_h}{\sum n}\times n_4=-\frac{(-0.049)}{35}\times10\text{m}=+0.014\text{m}$$

检核：$\sum v=-f_h=+0.049\text{m}$

各测段改正后的高差：

$$h_{1改}=h_{1测}+v_1=(-1.424+0.011)\text{ m}=-1.413\text{m}$$

$$h_{2改}=h_{2测}+v_2=(+2.376+0.017)\text{ m}=+2.393\text{m}$$

$$h_{3改}=h_{3测}+v_3=(+2.365+0.007)\text{ m}=+2.372\text{m}$$

$$h_{4改}=h_{4测}+v_4=(-3.366+0.014)\text{ m}=-3.352\text{m}$$

检核：改正后高差总和应等于零，$\sum h_{改}=0$。

3）计算待定点高程

用改正后高差，按顺序逐点计算各点的高程，即：

$$H_1=H_A+h_{1改}=(44.856-1.413)\text{ m}=43.443\text{m}$$

$$H_2=H_1+h_{2改}=(43.443+2.393)\text{ m}=45.836\text{m}$$

$$H_3=H_2+h_{3改}=(45.836+2.372)\text{ m}=48.208\text{m}$$

$$H_{A算}=H_3+h_{4改}=(48.208-3.352)\text{ m}=44.856\text{m}$$

检核：　$H_{A算}=H_{A已知}=44.856\text{m}$

3. 支水准路线成果计算

如图 2-24 所示为一支水准路线。支水准路线应进行往、返测。已知水准点 A 的高程为 86.785m，往、返测站共 16 站。

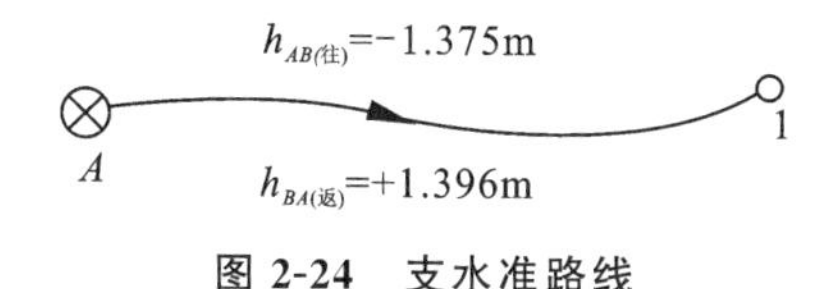

图 2-24　支水准路线

1）求往、返测高差闭合差

支水准路线往、返两次测得高差应绝对值相等、符号相反，即高差代数和应等于零。若不等于零，其值为高差闭合差。

$$f_h=h_{往}+h_{返} \tag{2-12}$$

例题中，　$f_h=(-1.375+1.396)\text{ m}=+0.021\text{m}$

而　$f_{h允}=\pm12\sqrt{n}=\pm12\sqrt{16}\text{mm}=\pm48\text{mm}$

因为 $f_h<f_{h允}$，说明符合精度要求，可以调整闭合差。

2）求改正后高差

支水准路线各测段往、返测高差的平均值即为改正后高差，其符号以往测为准。

$$h_{AB(往)}=\frac{h_{往}-h_{返}}{2}=\frac{-1.375-1.369}{2}\text{m}=-1.386\text{m}$$

3）计算待定点高程

待定点 1 的高程为：

$$H_1=H_A+h_{AB(往)}=(86.785-1.386)\text{ m}=85.399\text{m}$$

必须指出，支水准路线起始点的高程抄录错误或该点的位置搞错，其所计算待定点高程也是错误的。因此，应用此法时要注意检查。

任务 2.6　水准仪的检验与校正

2.6.1　水准仪的轴线及各轴线应满足的几何条件

微倾式水准仪的校验与验证

如图 2-25 所示，微倾水准仪有四条轴线，即望远镜的视准轴 CC，水准管轴 LL，圆水准器轴 $L'L'$，仪器的竖轴 VV。各轴线间应满足的几何条件如下。

（1）圆水准器轴平行于仪器竖轴，即 $L'L'\parallel VV$。当条件满足时，圆水准器气泡居中，仪器的竖轴处于垂直位置，这样仪器转到任何位置，圆水准器气泡都应居中。

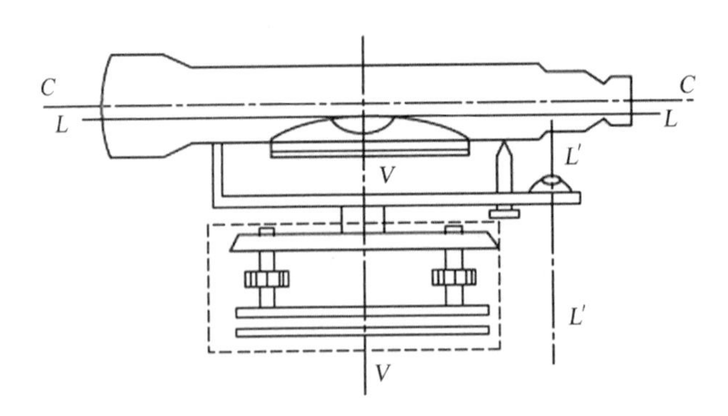

图 2-25　水准仪的主要轴线

（2）十字丝横丝垂直于竖轴，即十字丝横丝水平。这样，在水准尺上进行读数时，可以用横丝的任何部位读数。

（3）水准管轴平行于视准轴，即 $LL \parallel CC$。当此条件满足时，水准管气泡居中，水准管轴水平，视准轴处于水平位置。

2.6.2　水准仪的检验与校正

1. 圆水准器的检验与校正

目的：使圆水准器轴平行于竖轴，即 $L'L' \parallel VV$。

检验：转动脚螺旋使圆水准器气泡居中，如图 2-26（a）所示，然后将仪器转动 180°，这时如果气泡不再居中，而偏离一边，如图 2-26（b）所示，说明 $L'L'$ 不平行于 VV，需要校正。

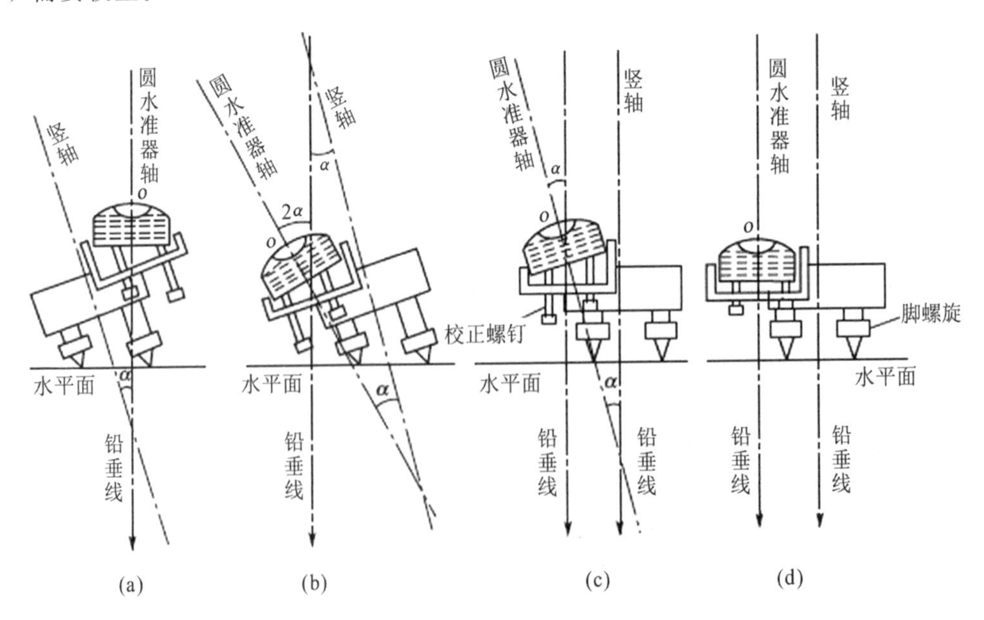

图 2-26　圆水准器的检验与校正

校正：圆水准器校正结构如图 2-27 所示。校正前应先拧松中间的紧固螺钉，然后调整三个校正螺钉，使气泡向居中的位置移动偏离量的一半。然后再用脚螺旋整平，使圆水准器气泡居中。

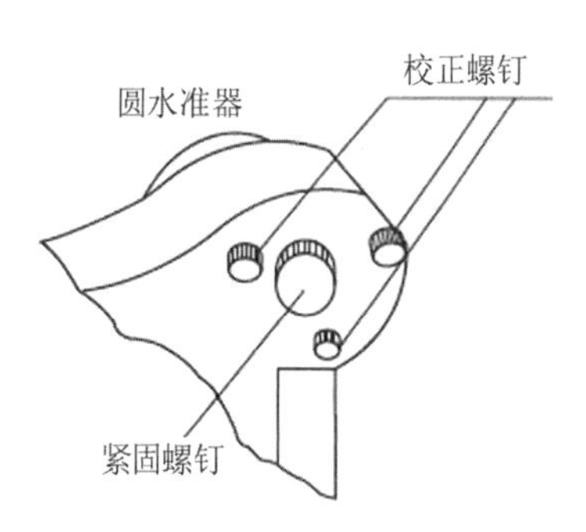

图 2-27 圆水准器装置

校正工作一般难以一次完成，需反复检校数次，直到仪器旋转到任何位置气泡都居中为止。

该项检验与校正的原理如图 2-26 所示，假设圆水准器轴 $L'L'$ 不平行于竖轴 VV，二者相交一个 α 角，转动脚螺旋，使圆水准器气泡居中，则圆水准轴处于铅垂位置，而竖轴倾斜了一个 α 角（见图 2-26（a））；将仪器绕竖轴旋转 180°，圆水准轴转到竖轴另一侧，此时圆水准器气泡不居中，因旋转时圆水准轴与竖轴保持 α 角，所以旋转后圆水准轴与铅垂线之间的夹角为 2α 角（见图 2-26（b）），这样气泡也同样偏离与 2α 相对应的一段弧长。校正时，调整校正螺钉，使气泡向居中的位置移动偏离量的一半，这时，圆水准器轴 $L'L'$ 与 VV 平行（见图 2-26（c））。然后再用脚螺旋整平，使圆水准器气泡居中，竖轴 VV 则处于竖直状态（见图 2-26（d））。

2. 十字丝横丝的检验与校正

目的：当仪器整平后，十字丝的横丝应水平，即横丝应垂直于竖轴。

检验：整平仪器，在望远镜中用横丝的十字丝中心对准某一标志 P，拧紧制动螺旋，转动微动螺旋。微动时，如果标志始终在横丝上移动，则表明横丝水平。如果标志不在横丝上移动（见图 2-28），表明横丝不水平，需要校正。

校正：松开十字丝环的固定螺钉（见图 2-29），按十字丝倾斜方向的反方向微微转动十字丝环座，直至 P 点的移动轨迹与横丝重合，表明横丝水平。校正后应将固定螺钉拧紧。

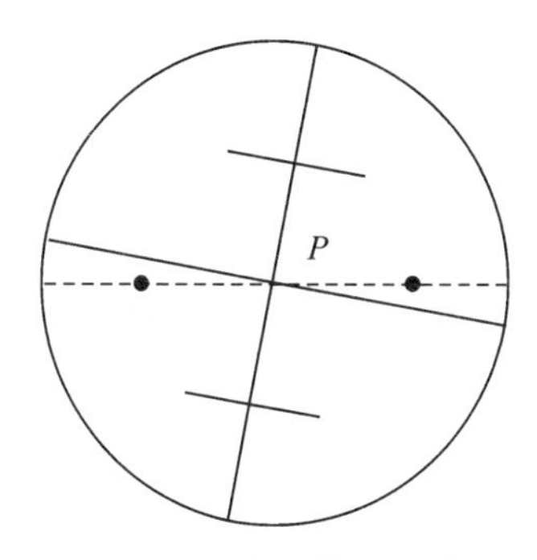

图 2-28 十字丝横丝的检验

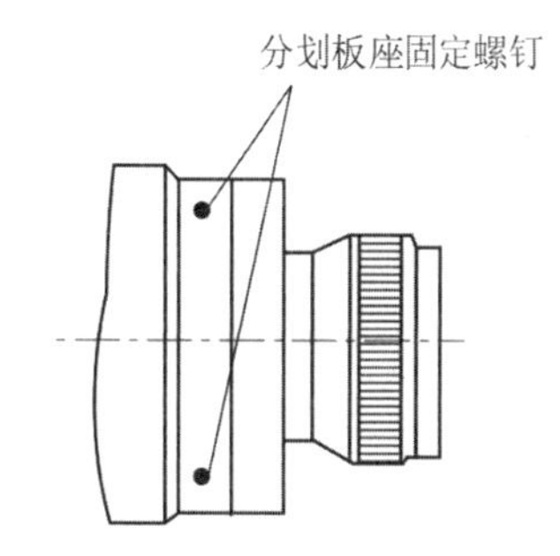

图 2-29 十字丝环的校正装置

3. 水准管轴的检验与校正

目的：使水准管轴平行于望远镜的视准轴，即 $LL \parallel CC$。

检验：在平坦的地面上选定相距为 80m 左右的 A、B 两点，各打一大木桩或放尺垫，并在上面立尺，如图 2-30 所示。

（1）将水准仪置于与 A、B 距离的 C 点处，用变动仪器高法（或双面尺法）测定 A、B 两点间的高差 h_{AB}，设其读数分别为 a_1 和 b_1，则 $h_{AB}=a_1-b_1$。两次高差之差应小于 3mm 时，取其平均值作为 A、B 间的高差。此时，测出的高差 h_{AB} 值是正确的。因为，

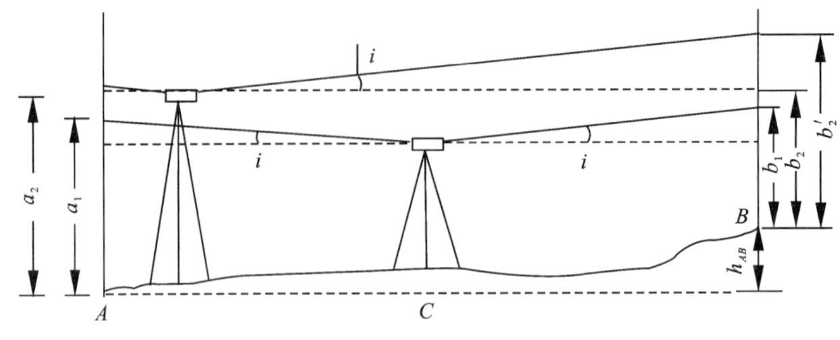

图 2-30 水准管轴的检验

假设此时水准仪的视准轴不平行于水准管轴，即倾斜了 i 角，分别引起读数误差 Δa 和 Δb，而 $BC=AC$，则 $\Delta a=\Delta b=\Delta$，则：

$$h_{AB}=(a_1-\Delta)-(b_1-\Delta)=a_1-b_1 \tag{2-13}$$

这说明无论视准轴与水准管轴平行与否，由于水准仪安置在距水准尺等距离处，测出的是正确高差。

(2) 将仪器搬至距 A 尺（或 B 尺）3m 左右处，精平仪器后，在 A 尺上读数 a_2。因为仪器距 A 尺很近，忽略 i 角的影响，a_2 可认为是水平视线的读数。根据近尺读数 a_2 和高差 h_{AB} 计算出 B 尺上水平视线时应有的读数为：

$$b_2=a_2-h_{AB} \tag{2-14}$$

(3) 调转望远镜照准 B 点上水准尺，精平仪器读取读数。如果实际读出的数 $b'_2=b_2$，说明 $LL /\!/ CC$。否则，存在 i 角，其值为：

$$i=\frac{b'_2-b_2}{D_{AB}}\times\rho'' \tag{2-15}$$

式中：D_{AB}——A、B 两点间的距离；

ρ''——206265″。

对于 DS3 水准仪，当 $i>20''$时，则需校正。

校正：转动微倾螺旋，使中丝在 B 尺上的读数从 b'_2 移到 b_2，此时视准轴水平，而水准管气泡不居中；用校正针拨动水准管的上、下校正螺钉，如图 2-31 所示，使符合气泡居中。校正以后变动仪器高，再进行一次检验，直到仪器在 A 端观测并计算出的 i 角值符合要求为止。

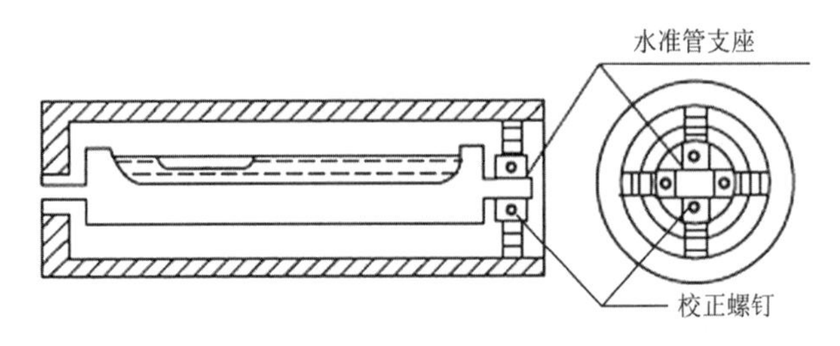

图 2-31 水准管的校正装置

任务 2.7 水准测量的误差分析

水准测量的误差包括仪器误差、观测误差和外界条件影响的误差三个方面。在水准测量作业中，应根据误差产生的原因，采取相应措施，尽量减弱或消除其影响。

2.7.1 仪器误差

水准测量误差来源与注意事项

1. 仪器校正后的残余误差

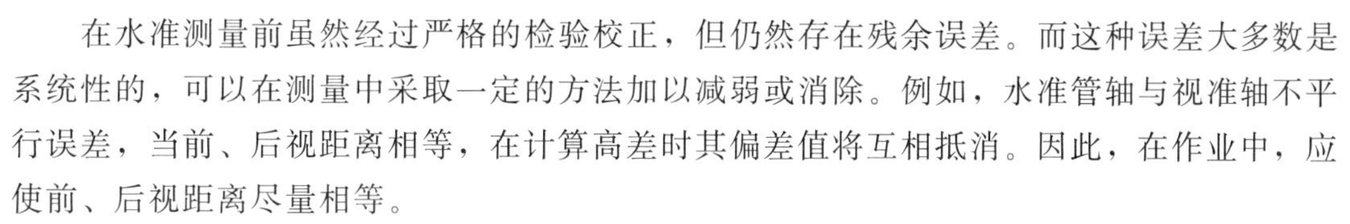

在水准测量前虽然经过严格的检验校正，但仍然存在残余误差。而这种误差大多数是系统性的，可以在测量中采取一定的方法加以减弱或消除。例如，水准管轴与视准轴不平行误差，当前、后视距离相等，在计算高差时其偏差值将互相抵消。因此，在作业中，应使前、后视距离尽量相等。

2. 水准尺误差

水准尺分划不准确、尺长变化、尺身弯曲，都会直接影响读数精度。因此，水准尺要经过检验才能使用，不合格的水准尺不能用于测量作业。此外，水准尺长期使用会使底端磨损，水准尺在使用过程中会粘上泥土，这些情况相当于改变了水准尺的零点位置，称为水准尺零点误差。对于水准尺的零点误差，可采取在两固定点间设置偶数测站的方法，消除其对高差的影响。

2.7.2 观测误差

1. 水准管气泡居中误差

水准测量时，视线的水平是根据水准管气泡居中来实现的。由于气泡居中存在误差，致使视线偏离水平位置，从而带来读数误差。降低此误差的办法是：每次读数时，使气泡严格居中。

2. 读数误差

在水准尺上估读毫米数的误差，与人眼的分辨能力、望远镜的放大倍率以及视线长度有关。作业过程中，应遵循不同等级的水准测量，对望远镜放大倍率和最大视线长度的规定，以保证估读精度。

3. 视差影响

水准测量时，如果存在视差，十字丝平面与水准尺影像不重合，眼睛的位置不同，读出的数据就会不同，这会给观测结果带来较大的误差。因此，在观测时，应仔细地进行调焦，严格消除视差。

4. 水准尺倾斜的影响

水准尺倾斜将使尺上读数增大。误差大小与在尺上的视线高度以及尺子的倾斜程度有关。为减弱这种误差的影响，扶尺者必须认真，使尺既直又稳，有的水准尺上装有圆水准器，扶尺时应使气泡居中。

2.7.3 外界条件影响的误差

1. 仪器下沉

当仪器安置在土质松软的地面时，会发生缓慢下沉现象，由后视转为前视时视线降低，前视读数减小，从而引起高差误差。为减少此项误差的影响，可采用“后、前、前、后”的观测程序。

2. 尺垫下沉

如果转点选在松软的地面，转站时，尺垫会发生下沉现象，使下一站后视读数增大，引起高差误差。采用往、返测取中数的办法可减少此项误差的影响。

3. 地球曲率及大气折光的影响

如图 2-32 所示，用水平视线代替大地水准面在水准尺上的读数产生的误差 c：

$$c=\frac{D^2}{2R} \tag{2-16}$$

式中：D——仪器到水准尺的距离；

R——地球的平均半径为 6371km。

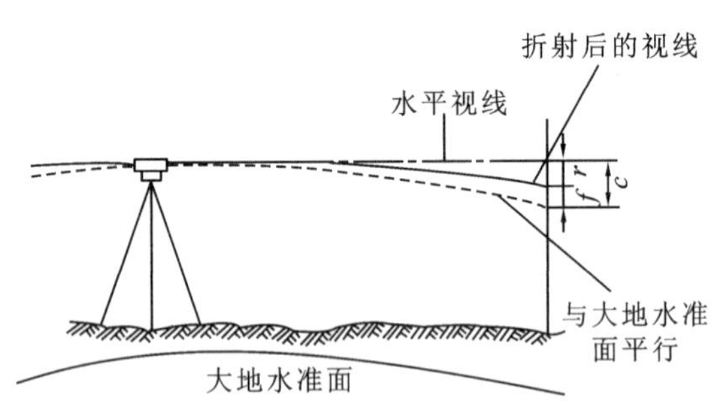

图 2-32 地球曲率及大气折光的影响

实际上，由于大气折光的折射，视线并非水平的，而是一条曲线，曲线的半径大致为地球半径的 6～7 倍，且折射量与距离有关。它对读数产生的影响为：

$$r=\frac{D^2}{2\times 7R} \tag{2-17}$$

地球曲率和大气折光两项影响之和为：

$$f=c-r=0.43\frac{D^2}{R} \tag{2-18}$$

计算测站的高差时，应从后视和前视读数中分别减去 f，方能得出正确的高差，即：

$$h=(a-f_a)-(b-f_b) \tag{2-19}$$

前、后视距离相等，则 $f_a=f_b$，地球曲率与大气折光的影响在计算高差中被互相抵消。所以，在水准测量中，前、后视距离应尽量相等。

4. 大气温度和风力的影响

大气温度的变化会引起大气折光的变化，以及水准管气泡居中的不稳定。尤其是当强烈阳光直射仪器时，会使仪器各部件因温度的急剧变化而发生变形，水准管气泡会因烈日照射而向着温度高的方向移动，从而产生气泡居中误差。此外，大风可使水准尺竖立不稳，水准仪难以置平。因此，在水准测量时，应随时注意撑伞，以遮挡强烈阳光的照射，并应避免大风天气的观测。

任务 2.8 自动安平水准仪和电子水准仪简介

2.8.1 自动安平水准仪

用普通微倾式水准仪测量时，必须通过转动微倾螺旋使符合气泡居中，获得水平视线后，才能读数，需在调整气泡居中上花费时间，且易造成视觉疲劳，影响测量精度。而自动安平水准仪利用自动安平补偿器代替水准管，观测时能自动使视准轴置平，获得水平视线读数。这不仅加快了水准测量的速度，而且，对于微小振动、仪器的不规则下沉，风力和温度变化等外界影响所引起的视线微小倾斜，亦可迅速得到调整，使中丝读数仍为水平视线读数，从而提高水准测量的精度。

1. 自动安平原理

自动安平原理如图 2-33 所示，当水准轴水平时，从水准尺 a_0 点通过物镜光心的水平光线将落在十字丝交点 A 处，从而得到正确读数。当视线倾斜一微小的角度 α 时，十字丝交点从 A 移至 A'，从而产生偏距 AA'。为了补偿这段偏距，可在十字丝之前 s 处的光路上安置一个光学补偿器，水平线经过补偿器偏转 β 角，恰好通过视准轴倾斜时十字丝交点 A'处，所以补偿器满足下列条件，从而达到补偿的目的。

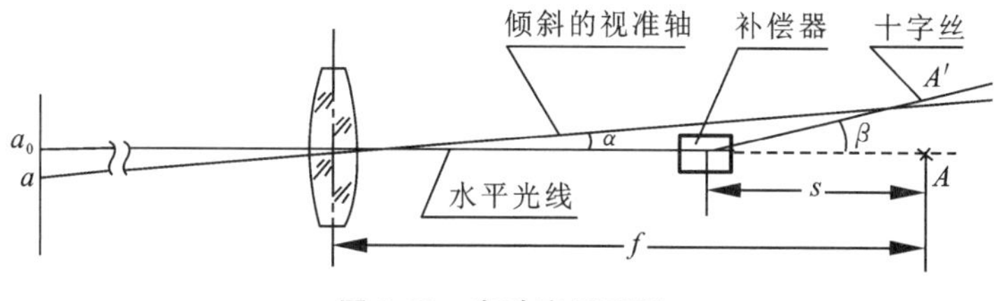

图 2-33 自动安平原理

$$f\alpha = s\beta \tag{2-20}$$

补偿器的形式很多，如图 2-34 所示是我国生产的 DSZ3 自动安平水准仪。补偿器采用了悬吊式棱镜装置（见图 2-35）。在该仪器的调焦透镜和十字丝分划之间装置一个补偿器，这个补偿器由固定在望远镜筒上的屋脊棱镜以及金属丝悬吊的两块直角棱镜所组成，并与空气阻尼器相连接。

2. 自动安平水准仪使用

使用自动安平水准仪观测时，首先用脚螺旋使圆水准器气泡居中（仪器粗平），然后用望远镜瞄准水准尺，由十字丝中丝在水准尺上读得的数，就是视线水平时的读数。操作步骤比普通微倾式水准仪简化，从而可提高工作效率。此外，自动安平水准仪的下方一般具有水平度盘，用于读取指示不同方向的水平方位。

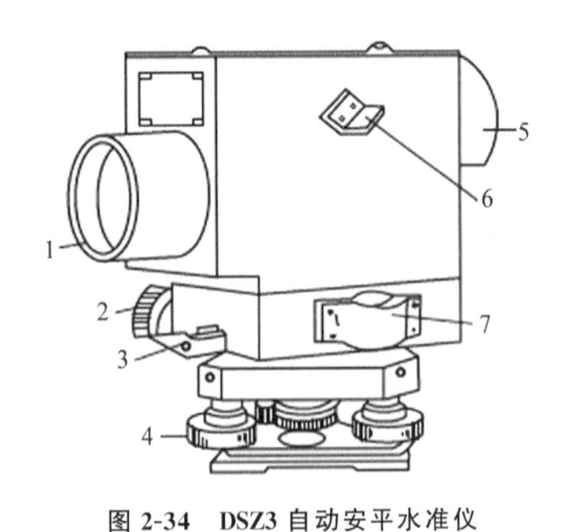

图 2-34　DSZ3 自动安平水准仪

1—物镜；2—水平微动螺旋；3—制动螺旋；4—脚螺旋；5—目镜；6—反光镜；7—圆水准器

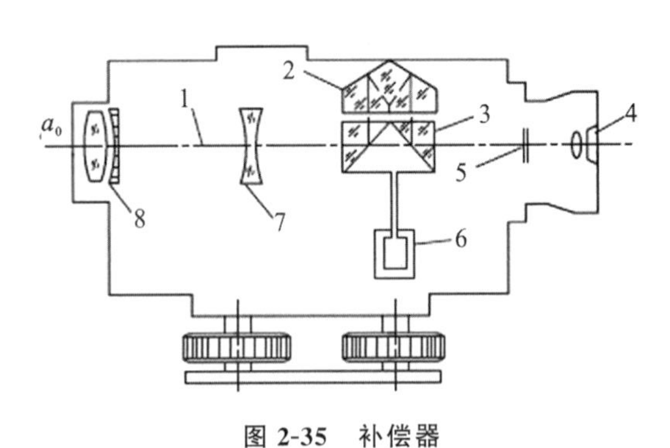

图 2-35　补偿器

1—水平光线；2—屋脊棱镜；3—直角棱镜；4—目镜；5—十字丝分划板；6—空气阻尼器；7—调焦透镜；8—物镜

2.8.2　电子水准仪

电子水准仪是能进行水准测量的数据采集与处理的新一代水准仪。这类仪器采用条纹编码水准尺和电子影像处理原理，用 CCD 行阵传感器代替人的肉眼，将望远镜像面上的标尺显像转换成数字信息，可自动进行读数记录。电子水准仪可视为 CCD 相机、自动安平式水准仪和微处理器的集成。其和条纹编码尺组成地面水准测量系统。

第一台电子水准仪于 1990 年问世。电子水准仪在人工完成安置与粗平、瞄准与调焦后，自动读取中丝读数与视距，数据直接存储在介质上。电子水准仪具有速度快、精确度高、使用方便、劳动强度轻的优点，为水准测量作业的自动化和数字化提供了基础。

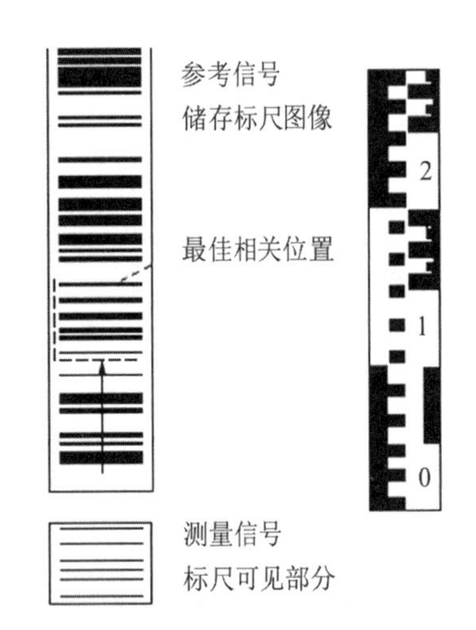

图 2-36　条形编码及其原理

电子水准仪数字图像处理的方法有相关法、几何位置测量法和相位法等。下面以相关法为例说明基本原理。

如图 2-36 所示，与电子水准仪配套使用水准尺的分划是条形编码，整个水准尺的条码信号存储在仪器的微处理器内，作为参考信号。瞄准后，仪器的 CCD 传感器采集到中丝所瞄准位置的一组条码信号，作为测量信号。运用相关方法对两组信号进行分析、运算，得出中丝读数和视距，在仪器显示屏上直接显示。

瑞士徕卡公司生产的 NA3003 电子水准仪（见图 2-37）采用相关法实现编码求值。它与因瓦钢条码配合使用时，测量精度为 0.4mm/km，最大视线长度距为 60m。

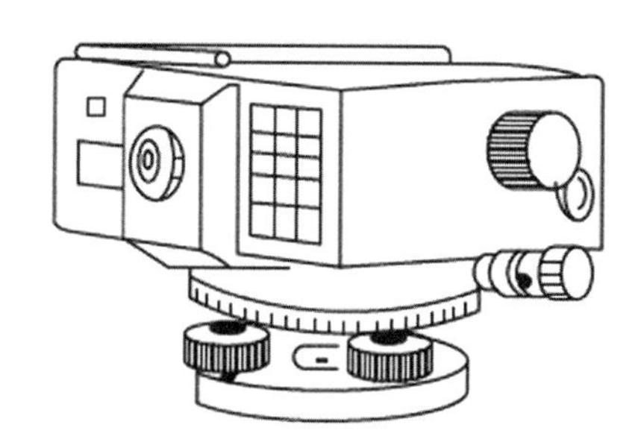

图 2-37　电子水准仪

技能训练

（1）试绘图说明水准测量的基本原理。

（2）设 A 点为后视点，B 点为前视点，$H_B = H_A + h_{AB}$，A 点高程为 87.452m。当后视读数为 1.267m，前视读数为 1.663m 时，问 A、B 两点的高差是多少？并绘图说明。

（3）何谓视准轴和水准管轴？圆水准器和管水准器各起何作用？

（4）何谓视差？如何检查和消除视差？

（5）何谓转点？转点在水准测量中起什么作用？

（6）DS3 水准仪有哪些轴线？它们之间应满足什么条件？

（7）为检验水准仪的视准轴是否平行于水准管轴，安置仪器于 A、B 两点中间，测得 A、B 两点间高差为 −0.315m；仪器搬至前视点 B 附近时后视读数 a = 1.215m，前视读数 b = 1.556m，问：①视准轴是否平行于水准管轴？②若不平行，说明如何校正。

（8）水准测量中，前、后视距相等可消除或减少哪些误差的影响？

（9）根据表 2-4 中所列观测资料，计算高差和待求点 B 的高程，并作检核计算。

表 2-4　水准测量记录表

日期：　　　　　　仪器型号：　　　　　　观测者：

天气：　　　　　　组别：　　　　　　记录者：

测站	点名	后视读数/m	前视读数/m	高差/m	高程/m	备注
1	BM_A	1.266			78.236	
	TP_1		1.212			
2	TP_1	0.746				
	TP_2		1.523			
3	TP_2	0.578				
	TP_3		1.345			
4	TP_3	1.665				
	BM_B		2.126			
检核						

(10) 调整表2-5中附合水准路线等外水准测量观测成果，并求出1、2、3、4、5点的高程。

表2-5 附合水准测量成果计算表

日期： 仪器型号： 观测者：

天气： 组别： 记录者：

测段编号	点名	测站数	实测高差/m	改正数/m	改正后高差/m	高程/m	备注
1	BM_A	7	+4.363			57.967	
	1						
2	1	3	+2.413				
	2						
3	2	4	−3.121				
	3						
4	3	5	+1.263				
	4						
5	4	6	+2.716				
	5						
6	5	8	−3.175				
	BM_B					62.479	
$\sum$							
辅助计算							

科普小知识

元代郭守敬在测绘上的建树

公元1231年，在邢州邢台（今河北省邢台市）一个书香门第的家中诞生了一个男孩。男孩四五岁时，聪明过人，喜欢读书，尤其对探究自然现象感兴趣，小小年纪就制作过一些小的天文仪器，这个男孩就是后来的13世纪世界杰出的科学家之一郭守敬。

郭守敬29岁时，奉命巡视大名、彰德等地。他办事认真踏实，尤其对所到之处的地形和水利状况进行了翔实的勘察。两年以后，他在上都（今内蒙古多伦附近）当面向元世祖忽必烈提出了兴修水利的六项具体建议。忽必烈对此十分赞赏，命郭守敬为提举诸路河渠，后来官至工部郎中，一直负责河工水利。在此期间，郭守敬治理勘测过的河、渠、泊、堰大小不下数百余所，其中对黄河中游地区的地形测量和汴京沿途的水准测量，取得了创造性的成就。

郭守敬在测绘上作出的最大贡献，是他首创的以我国沿海海平面作为水准测量的基准面。当时，郭守敬曾经从河套东头的孟门山（今陕西宜川至山西吉县一带）起，顺中条山往东，沿黄河故道测量地形，掌握了大河之北纵横数百里地区内地势起伏的变化。这是在黄河中游的一次大面积地形测量。大面积测量必须解决各局部测量数据的统一归化问题。据《元朝名臣事略》记载，郭守敬“又尝以海平面较京师至汴梁地形高下之差，谓汴梁之水去海甚远，其流峻急，而京师之水去海至近，其流且缓，其言倍而有徵，此水利之学，其不可得也”。这是我国史书上第一次记载利用海平面作为基准来建立统一的高程系统，创立了“海拔”这一科学概念。这一工作，对于测量事业的发展，具有十分重大的意义，是我国大面积测量发展到一定水平所孕育出的杰出科学成果。直到今日，世界各国的区域性测量，其水准测量成果均归化到以海岸某点的平均海水面作为基准面的高程系统中去。我国现采用青岛港验潮站历年记录的黄海平均海水面作为基准面，并在青岛设有水准原点，全国的高程均以此为基准。这一科学方法仍将继续沿用。

项目3 角度测量

学习目标

（1）理解水平角、竖直角测量原理。

（2）掌握光学经纬仪的基本构造、操作与读数方法。

（3）掌握水平角测量的测回法和方向观测法。

（4）掌握竖盘的基本构造及竖直角的观测、计算方法。

（5）掌握光学经纬仪的检验与校正方法。

（6）了解水平角测量误差来源及其减弱措施及电子经纬仪的测角原理及操作方法。

思政目标

培养作为测绘人精益求精的精神，培养学生力争上游的精神。

任务3.1 角度测量原理

角度测量是测量的三项基本工作之一，常用的测角仪器是经纬仪，用它可以测量水平角和竖直角。水平角测量用于确定地面点的平面位置，竖直角测量用于确定两点间的高差或将倾斜距离转换成水平距离。

3.1.1 水平角测量原理

水平角测量原理

水平角是指相交的两条直线在同一水平面上的投影所夹的角度，或指分别过两条直线所作竖直面间所夹的二面角。如图3-1所示，A、O、B为地面上任意三点，O为测站点，A、B为目标点，则从O点观测A、B的水平角为OA、OB两方向线垂直投影$O'A'$、$O'B'$在水平面上所成的$\angle A'O'B'$即（β），或为过OA、OB的竖直面间的二面角β'。

为了测量水平角值，可在角顶点O的铅垂线上水平放置一个有刻度的圆盘，圆盘上有顺时针方向注记的0°～360°刻度，圆盘的中心在O点的铅垂线上。此外，应该有一个能瞄目标的望远镜，望远镜不但可以在水平面内转动，而且还能在竖直面内转动。通过望远镜可分别瞄准高低和远近不同的目标A和B，并可在圆盘得相应的读数a和b，则水平角β即为两个读数之差，即：

$$\beta=b-a \tag{3-1}$$

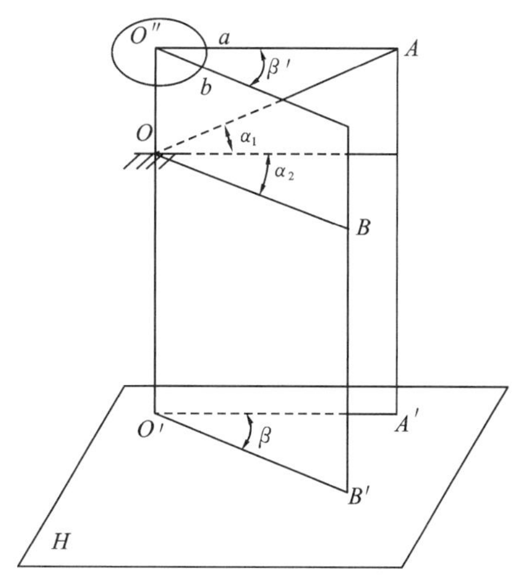

图 3-1 水平角测量原理

3.1.2 竖直角测量原理

在同一铅垂面内，照准方向线与水平线之间的夹角称为竖直角，又称为倾角或竖角，通常用 α 表示。其角值为 0°～±90°，一般将目标视线在水平线以上的竖直角称为仰角，角值为正，如图 3-1 中的 α_1，目标视线在水平线以下的竖直角称为俯角，角值为负，如图 3-1 中的 α_2。

为了测定竖直角，可在过目标点的铅垂面内装置一个刻度盘，称为竖直度盘或简称竖盘。通过望远镜和读数设备可分别获得目标视线和水平视线的读数，则竖直角 α 即为目标视线读数与水平视线读数之差。

要注意的是，在过 O 点的铅垂线上不同位置设置竖直度盘时，每个位置观测所得的竖直角是不同的。竖直角与水平角一样，其角值也是竖直度盘上两个方向的读数之差，不同的是，这两个方向必有一个是水平方向。经纬仪设计时，将提供这一固定方向，即视线水平时，竖直度盘为 90°的倍数。在竖直角测量时，只需读目标点一方向值，即可算出竖直角。

任务 3.2 角度测量仪器和工具

经纬仪是角度测量的主要仪器，经纬仪的发展已经历了从游标经纬仪、光学经纬仪到目前的电子经纬仪等阶段。游标经纬仪由于精度低已经淘汰，电子经纬仪观测角值可自动显示，使用方便，但价格稍贵，是今后的发展方向，光学经纬仪开始逐步向电子经纬仪过渡。

经纬仪按精度分成若干等级：DJ07、DJ1、DJ2、DJ6、DJ15 和 DJ60 等型号，其中 D、J 分别是“大地测量”和“经纬仪”的汉语拼音第一个字母；07、1、2、6、15、60 表示该仪器能达到的测量精度，即“一测回方向观测中误差”，单位为秒。“DJ”通常简写为“J”。

经纬仪按性能又可分为方向经纬仪和复测经纬仪两种。

经纬仪虽然种类繁多，但测角原理相同，其基本结构也大致相同，本章重点介绍 DJ6 光学经纬仪。

3.2.1 DJ6 光学经纬仪的构造

图 3-2 所示是北京光学仪器厂生产 DJ6 光学经纬仪。国内外不同厂家生产的同一级别的仪器，或同一厂家生产的不同的仪器其外形和各螺旋的形状、位置虽不尽相同，但基本结构基本一致。

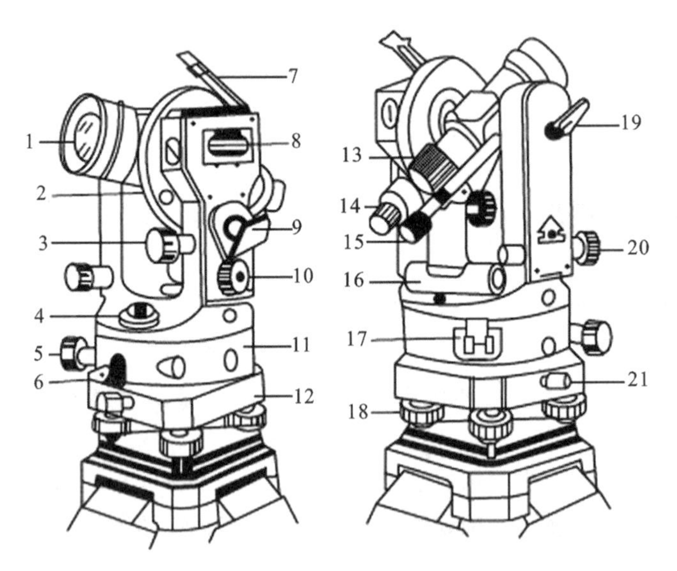

图 3-2 DJ6 光学经纬仪的构造

1—物镜；2—竖直度盘；3—竖盘指标水准管微动螺旋；4—圆水准器；5—照准部微动螺旋；6—照准部制动螺旋；7—水准管反光镜；8—竖盘指标水准管；9—反光镜；10—测微轮；11—水平度盘；12—基座；13—望远镜调焦筒；14—目镜；15—读数显微镜目镜；16—照准部水准管；17—复测扳手；18—脚螺旋；19—望远镜制动螺旋；20—望远镜微动螺旋；21—轴座固定螺旋

DJ6 光学经纬仪一般由基座、水平度盘和照准部三部组成。

1. 基座

经纬仪的基座包括轴座、脚螺旋和连接板。轴座是将仪器竖轴与基座连接固定的部件，轴座上有一个固定螺旋，放松这个螺旋，可将经纬仪水平度盘连同照准部从基座中取出，所以平时此螺旋必须拧紧，防止仪器坠落损坏。脚螺旋用来整平仪器。连接板用来将仪器稳固地连接在三脚架上。

2. 水平度盘

光学经纬仪有水平度盘和竖直度盘，都是光学玻璃制成，度盘边缘全圆周刻划 0°～360°，最小间隔有 1°、20′、30′三种。水平度盘装在仪器竖轴上，套在度盘轴套上，通常按顺时针方向注记。在水平角测量过程中，水平度盘不随照准部转动。为了改变水平度盘位置，仪器设有水平度盘转动装置。水平度盘转动装置包括以下两种结构。

对于方向经纬仪，装有度盘变换手轮，在水平角测量中，若需要改变度盘的位置，可利用度盘变换手轮将度盘转到所需要的位置上。为了避免作业中碰动此手轮，特设一护盖，配好度盘后应及时盖好护盖。

对于复测经纬仪，水平度盘与照准部之间的连接由复测器控制。将复测器扳手往下扳，照准部转动时就带动水平度盘一起转动。将复测器扳手往上扳，水平度盘就不随照准部转动。

3. 照准部

照准部是指经纬仪上部可转动部分，主要由望远镜、旋转轴、支架、竖直制动微动螺旋、水平制动微动螺旋、横轴、竖直度盘装置、读数设备、水准器和光学对点器等组成。

望远镜的构造与水准仪基本相同，主要用来照准目标，仅十字丝分划板稍有不同，如图 3-3 所示。照准部的旋转轴即为仪器的纵轴，纵轴插入基座内的纵轴轴套中旋转。照准部在水平方向转动，由水平制动螺旋和水平微动螺旋来控制。望远镜的旋转轴称为水平轴（也叫横轴），它架于照准部的支架上。放松望远镜制动螺旋后，望远镜绕水平轴在竖直面内自由旋转；旋紧望远镜制动螺旋后，转动望远镜微动螺旋，可使望远镜在竖直面内做微小的上、下转动，制动螺旋放松时，转动微动螺旋不起作用。照准部上有照准部水准管，用于置平仪器。竖直度盘固定在望远镜横轴的一端，随同望远镜一起转动。竖盘读数指标与竖盘指标水准管固连在一起，不随望远镜转动。竖盘指标水准管用于安置竖盘读数指标的正确位置，并借助支架上的竖盘指标水准管微动螺旋来调节。读数设备包括读数显微镜、测微器及光路中一系列光学棱镜和透镜。圆水准器用于粗略整平仪器，管水准器用于精确整平仪器。光学对中器用于调节仪器使水平度盘中心与地面点处于同一铅垂线上。

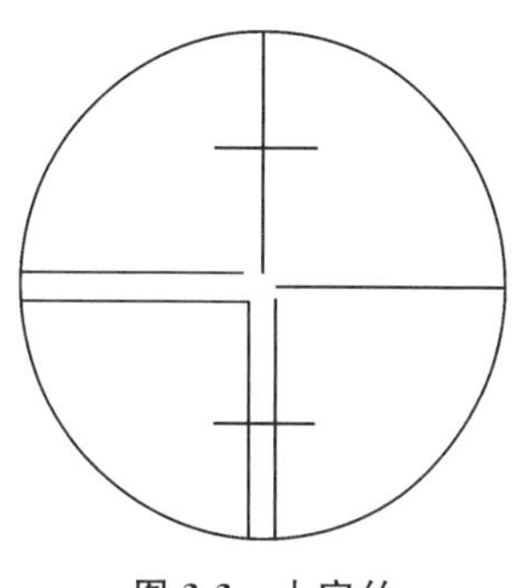

图 3-3 十字丝

3.2.2 DJ6 光学经纬仪的读数方法

光学经纬仪的水平度盘和竖直度盘的度盘分划线通过一系列的棱镜和透镜，成像于望远镜旁的读数显微镜内，观测者通过显微镜读取度盘读数。由于度盘尺寸有限，最小分划难以直接到秒。为了实现精密测角，要借助于光学测微技术。不同的测微技术读数方法也不一样，对于 DJ6 光学经纬仪，常用的有分微尺测微器和单平板玻璃测微器两种读数方法。

1. 分微尺测微器的构造及其读数方法

分微尺测微器的构造简单，读数方便，具有一定的读数精度，故广泛用于 DJ6 光学经纬仪。从经纬仪的读数显微镜中可以看到两个读数窗，如图 3-4 所示。注有“H”字样的小框是水平度盘分划线及其分微尺的像，注有“V”字样的小框是竖直度盘分划线及其分微尺的像。取度盘上 1°间隔的放大像为单位长，将其分成 60 小格，此时每小格便代表 1′，每 10 小格处注上数字，表示 10′的倍数，以便于读数，这就是分微尺。

测量水平角时在水平度盘读数窗读取数值，测量竖直角时应在竖直度盘读数窗读取数值。读数时先看分微尺注记 0 与 6 之间夹了哪一根度数刻划线，这根分划线的注记数就是

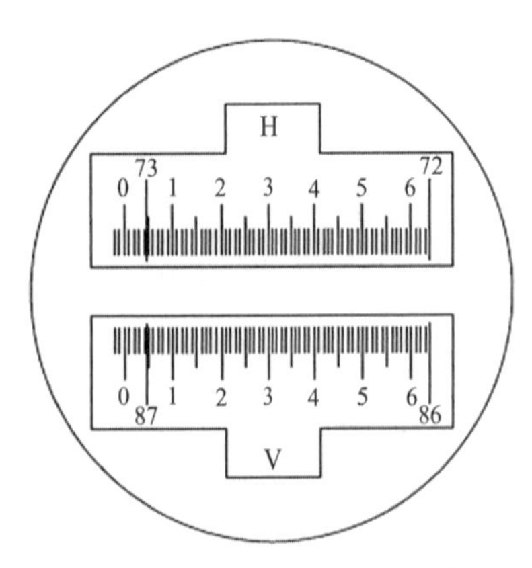

图 3-4 分微尺测微器读数窗

应读的度数，所以图中所示水平角可首先读出73°，然后以该度数刻划线为指标，看分微尺注记0刻划到已读出的度数刻划之间共有多少格，此即为应读的分数，不足一格的量估读至0.1′，图中所示共4.5格，整个读数即为73°04.5′，记为73°04′30″。同样，竖直角读数为87°04′30″。

2. 单平板玻璃测微器的构造及其读数方法

单平板玻璃测微器主要由平板玻璃、测微尺、连接机构和测微轮组成。转动测微轮，单平板玻璃与测微尺绕轴同步转动。当平板玻璃底面垂直于光线时，如图3-5（a）所示，读数窗中双指标线的读数是149°+a，测微尺上单指标线读数为0′。转动测微轮，使平板玻璃倾斜一个角度，光线通过平板玻璃后发生平移，如图3-5（b）所示，当149°分划线移到正好被夹在双指标线中间时，可以通过测微尺上读出移动a之后的读数为23′00″。

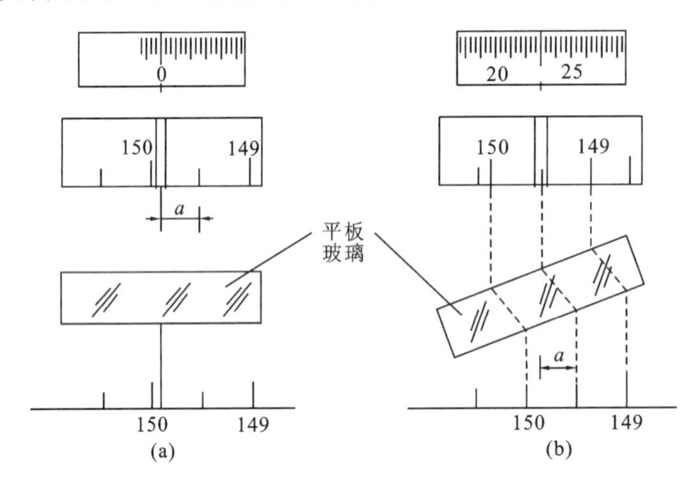

图 3-5 单平板玻璃测微器的原理

图3-6是单平板玻璃测微器读数装置的度盘和测微分划尺影像。在视场中可看到3个窗口：上面窗口是测微分划像，中间窗口是竖直度盘成像，下面窗口是水平度盘成像。从水平度盘及竖直度盘成像可见，度盘上1°间隔又分刻为2格，所以度盘刻划到30′，度盘窗口中的双线是读数指标线。上面窗口的测微尺共分30大格，每大格又分成3个小格。转动测微轮，度盘分划移动1格（30′）时，测微尺的分划刚好移动30大格，所以分微尺上1大格的格值为1′，1小格的格值则为20″，若估读到1/4格，即可估读到5″。分微尺窗口中的长单线是读数指标线。

当望远镜瞄准目标时，度盘指标线一般不可能正好夹住某个度数线，所以进行水平度盘读数时，先要转动测微轮，使度盘刻划线位于指标双线正中央，读出该刻划的读数，然后在测微尺上以单指标线读出小于度盘格值（30′）的分秒数，一般估读至1/4格，即5″，两读数相加即得度盘完整读数。如图3-6（a）所示，此时水平度盘读数为125°30′，分微尺指标线此时可读出12′40″，所以整个水平度盘读数应是两数相加，即125°42′30″。竖直度盘如图3-6（b）所示，读数应是257°07′30″。

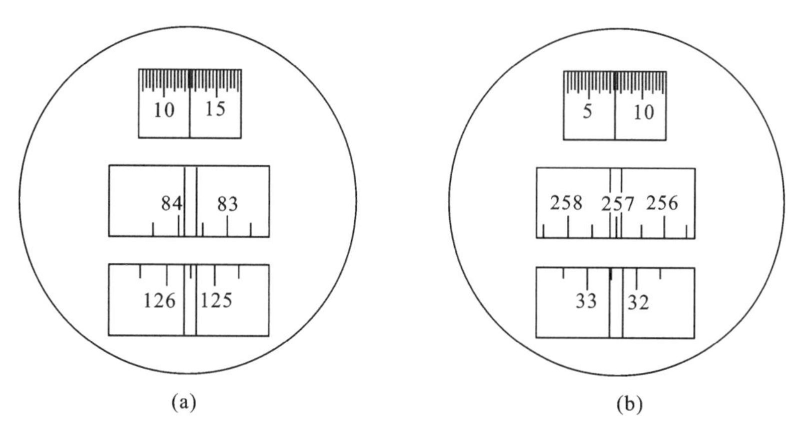

图 3-6　单平板玻璃测微器读数窗

3.2.3　经纬仪的其他照准工具

经纬仪的其他照准工具主要有测钎、标杆和觇板，如图 3-7 所示。通常我们将测钎、标杆的尖端对准目标点的标志，并竖直立好作为瞄准的依据。测钎适于距测站较近的目标，标杆适于距测站较远的目标。觇板一般连接在基座上并通过连接螺旋固定在三脚架上使用，远近皆可。觇牌一般为红白相间或黑白相间，常与棱镜结合用于电子经纬仪或全站仪。

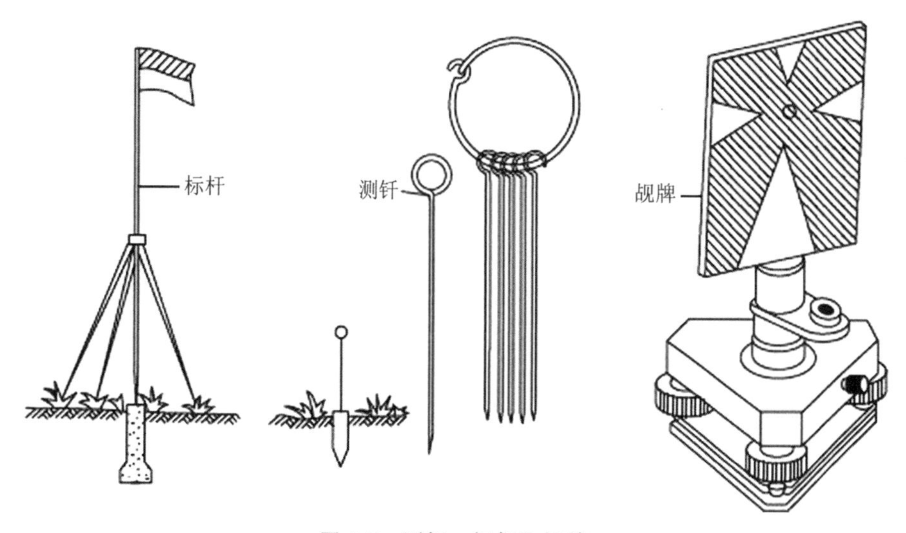

图 3-7　测钎、标杆和觇牌

任务 3.3　DJ6 光学经纬仪的使用

测量角度时，要将经纬仪正确地安置在测站点上，然后才能观测。经纬仪的使用包括对中、整平、瞄准和读数四项基本操作。对中和整平是仪器的安置工作，瞄准和读数是观测工作。

3.3.1 经纬仪的安置

1. 用锤球对中及经纬仪整平的方法

1）对中

对中的目的是使仪器中心与测站点的标志中心在同一铅垂线上。对中整平前，先将经纬仪安装在三脚架顶面上，旋紧连接螺旋。其操作步骤如下：

(1) 将三脚架三条腿的长度调节至大致等长，调节时先不要分开架腿且架腿不要拉到底，以便为后面的初步整平留有调节的余地。

(2) 将三脚架的三只脚大致呈等边三角形的3个角点，分别放在测站点的周围，使三只脚到测站点的距离大致相等，挂上锤球。

(3) 两手分别拿住三脚架的一条腿，并略抬起作前后推拉和以第三只脚为圆心作左右旋转，使锤球尖对准测站点。

2）初步整平

整平的目的是使仪器的竖轴垂直，即水平度盘处于水平位置。

(1) 若上述操作后，三脚架的顶面倾斜较大，可将两手握住的两条腿作张开、回收的动作，使三脚架的顶面大致水平。

(2) 当地面松软时，可用脚将三脚架的三只脚踩实，若破坏了上述操作的结果，可调节三脚架腿的伸缩连接部位，使受到破坏的状态复原。

3）精确整平

操作步骤如图3-8所示，先转动仪器使水准管平行任意两个脚螺旋的连线，然后同时相反或相对转动这两个脚螺旋如图3-8 (a) 所示，使气泡居中，气泡移动的方向与左手大拇指移动的方向一致；再将仪器旋转90°，置水准管于图3-8 (b) 所示的位置，转动第三个脚螺旋，使气泡居中。按上述方法反复进行，直至仪器旋转到任何位置，水准管气泡偏离零点不超过一格为止。

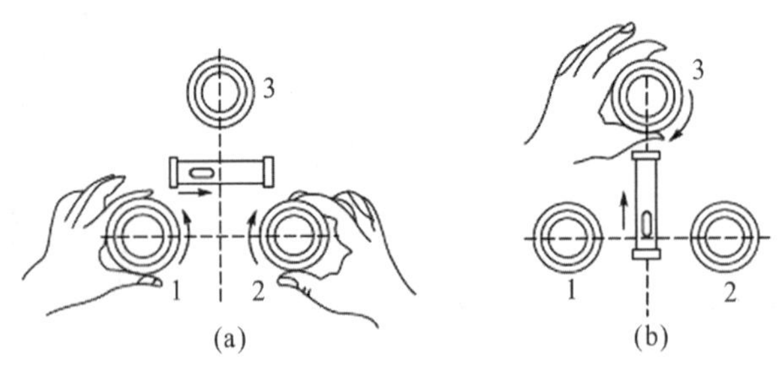

图3-8 整平原理示意图

2. 用光学对中器对中及经纬仪整平的方法

1）初步对中

从光学对中器中观察对中器分划板和测站点成像，若不清晰，可分别进行对中器目镜和物镜调焦，直至清晰为止。固定三脚架的一条腿于测站点旁适当位置，两手分别握住三脚架另外两条腿作前后移动或左右转动，同时从光学对中器中观察，使对中器对准测点。

2）初步整平

首先使经纬仪的水准管平行于三脚架的任意两条腿的连线，调节三脚架的伸缩连接处，使经纬仪大致水平；然后将仪器旋转 90°，置水准管的水平轴线与三脚架的另一条腿在一条直线上，调节三脚架的伸缩连接处，使经纬仪大致水平。

3）精确整平

操作方法与用锤球安置仪器时的精确整平操作相同。

4）精确对中

稍微放松连接螺旋，平移经纬仪基座，使对中器精确对准测站点。精确整平和精确对中应反复进行，直到对中和整平均达到要求为止。

3.3.2 瞄准

瞄准就是用望远镜十字丝的交点精确对准目标。其操作顺序是：

（1）松开照准部和望远镜制动螺旋；

（2）调节目镜，将望远镜瞄准远处天空，转动目镜环，直至十字丝分划最清晰；

（3）转动照准部，用望远镜粗瞄器瞄准目标，然后固定照准部；

（4）转动望远镜调焦环，进行望远镜调焦（对光），使望远镜十字丝及目标成像清晰；

（5）用照准部和望远镜微动螺旋精确瞄准目标。

操作过程中要注意消除视差。人眼在目镜处上下移动，检查目标影像和十字丝是否相对晃动，如有晃动现象，说明目标影像与十字丝不共面，即存在相差、视差影响瞄准精度。重新调节对光，直至无视差。

3.3.3 读数

打开反光镜，转动读数显微镜调焦螺旋，使读数分划清晰，然后根据仪器的读数装置，按前述方法进行读数。

任务 3.4 水平角测量

由于望远镜可绕经纬仪横轴旋转 360°，在角度测量时依据望远镜与竖直度盘的位置关系，望远镜位置可分为正镜和倒镜两个位置。

所谓正镜、倒镜是指观测者正对望远镜目镜时竖直度盘分别位于望远镜的左侧、右侧，有时也称盘左、盘右。理论上，正、倒镜瞄准同一目标时水平度盘读数相差 180°，在角度观测中，为了削弱仪器误差影响，一测回中要求正、倒镜两个盘位观测。

水平角的观测方法一般根据目标的多少、测角精度的要求和施测时所用的仪器来确定，常用的观测方法有测回法和方向法两种。

3.4.1 测回法

测回法

测回法适用于观测两个方向的单角。

如图 3-9 所示，设仪器置于 O 点，地面两目标为 M、N，欲测定 OM、ON 两方向间的水平夹角$\angle MON$，一测回观测过程如下。

（1）将经纬仪安置在测站点 O，对中，整平。

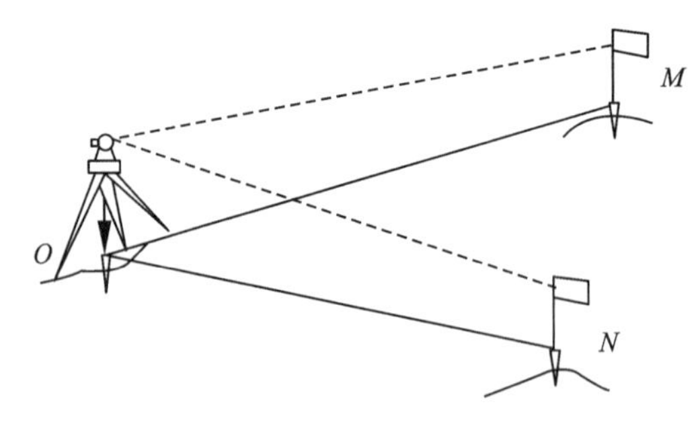

图 3-9　测回法测角示意图

(2) 上半测回（盘左位置）观测。使度盘处于测角状态，盘左依次瞄准左目标 M、右目标 N，读取水平度盘读数 $a_L=0°10'38''$、$b_L=146°24'50''$，同时记入水平角观测记录表（见表 3-1）中，以上完成上半测回观测，上半测回观测所得水平角为

$$\beta_L=b_L-a_L=146°14'12'' \tag{3-2}$$

表 3-1　测回法水平角观测记录表

测站	目标	竖盘位置	水平度盘读数 /（° ′ ″）	半测回角值 /（° ′ ″）	一测回角值 /（° ′ ″）	备注
O	M	左	0 10 38	146 14 12	146 14 10	
	N		146 24 50			
	M	右	180 11 24	146 14 08		
	N		326 25 32			

(3) 下半测回（盘右位置）观测。纵转望远镜 180°，使之成盘右位置。依次瞄准右目标 N、左目标 M，读取水平度盘读数，$b_R=326°25'32''$、$a_R=180°11'24''$，以上完成下半测回观测，下半测回观测所得水平角为：

$$\beta_R=b_R-a_R=146°14'08'' \tag{3-3}$$

(4) 一测回角值为：

$$\beta=\frac{1}{2}(\beta_L+\beta_R)=146°14'10'' \tag{3-4}$$

说明：

①盘左、盘右观测可作为观测中有无错误的检核，同时可以抵消一部分仪器误差的影响。

②上、下半测回角值较差的限差应满足有关测量规范的限差规定，对于 DJ6 经纬仪，一般为±40″。当较差小于限差时，方可取平均值作为一测回的角值，否则应重测。若精度要求较高时，可按规范要求测若干个测回，当用 DJ6 经纬仪观测时，各测回间的角值较差不超过 40″，可取其平均值作为最后结果。

方向观测法

3.4.2　方向观测法

在一个测站上，当观测方向在 3 个以上时，且要测得多个水平角，需用方向观测法

（全圆测回法）进行角度测量。该方法以某个方向为起始方向（又称零方向），依次观测其余各个目标相对于起始方向的方向值，则每一个角度就是组成该角的两个方向值之差。如图 3-10 所示，O 点为测站点，A、B、C、D 为 4 个目标点。其操作步骤如下。

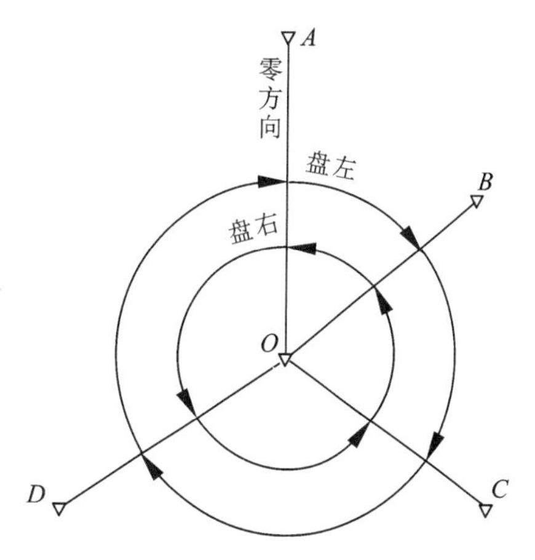

图 3-10　方向观测法测角示意图

1. 上半测回（盘左位置）

（1）选择起始方向，设为 A。该方向处将水平度盘读数调略大于 0，读取此读数。

（2）由起始方向 A 开始，按顺时针依次精确瞄准 A、B、C、D、A 各点（即所谓“全圆”）读数：a_L、b_L、c_L、d_L、a'_L 并记入方向观测法记录表中，如表 3-2 所示。

表 3-2　方向观测法观测记录表

日期：　　　　　　仪器型号：　　　　　　观测者：

天气：　　　　　　组别：　　　　　　　　记录者：

测回数	测站	目标	水平度盘读数 盘左 /(° ′ ″)	水平度盘读数 盘右 /(° ′ ″)	2c /(″)	平均方向值 /(° ′ ″)	归零方向值 /(° ′ ″)	各测回归零方向值之平均值 /(° ′ ″)
	1	2	3	4	5	6	7	8
1	O	A	00 00 02	180 00 08	−6	(00 00 09) 00 00 05	00 00 00	
		B	92 55 08	272 55 18	−10	92 55 13	92 55 04	
		C	158 35 40	338 35 48	−8	158 35 44	158 35 35	
		D	244 08 10	64 08 20	−10	244 08 15	244 08 06	
		A	0 00 08	180 00 18	−10	00 00 13		
		Δ	+6	+10				
2		A	90 00 12	270 00 16	−4	(90 00 18) 90 00 14	00 00 00	00 00 00
		B	182 55 09	02 55 18	−9	182 55 14	92 54 56	92 55 00
		C	248 35 42	68 35 50	−8	248 35 46	158 35 28	158 35 32
		D	334 08 16	154 08 22	−6	334 08 19	244 08 01	244 08 04
		A	90 00 16	270 00 26	−10	90 00 21		
		Δ	+4	+10				

（3）再次瞄准起始方向 A，称为归零，两次瞄准 A 点的读数之差称为“归零差”。对

于不同精度等级的仪器，其限差要求是不相同的，如表 3-3 所示。

表 3-3　方向观测法各项限差

经纬仪型号	半测回归零差	各测回同方向 2c 值互差	各测回同方向归零方向值互差
DJ2	8″	13″	10″
DJ6	18″		24″

2. 下半测回（盘右位置）

（1）纵转望远镜 180°，使仪器为盘右位置。

（2）按逆时针顺序依次精确瞄准 A、D、C、B、A 各点，读数 a_R、d_R、c_R、b_R、a'_R，并记入方向观测法记录表 3-2 中（注：α_R 应记入下半测回的最后一行）。

上、下半测回构成一个测回，在同一个测回内不能第二次改变水平度盘的位置。当精度要求较高，需测多个测回时，各测回间应按 $180/n$ 配置度盘起始方向的读数。规范规定 3 个方向的方向观测法可以不归零，超过 3 个方向必须归零。

3. 计算与检验

方向观测法中计算工作较多，在观测及计算过程中尚需检查各项限差是否满足规范要求，现将记录表 3-2 有关名词及计算方法加以介绍（各项限差见表 3-3）。

（1）半测回归零差：上、下半测回中零方向两次读数之差 Δ（$\alpha'_L-\alpha_L$，$\alpha'_R-\alpha_R$）。若归零差超限，说明经纬仪的基座或三脚架在观测过程中可能有变动，或者是对 A 点的观测有错，此时该半测回须重测；若未超限，则可继续下半测回。

（2）各测回同方向 2c 值互差：2c 值是指上下半测回中，同一方向盘左、盘右水平度盘读数之差，即 2c＝盘左读数－（盘右读数±180°）（当"盘右读数"＞180°时，取"－"，否则取"＋"。下同）。它主要反映了 2 倍的视准轴误差，而各测回同方向的 2c 值互差，则反映了方向观测中的偶然误差，偶然误差应不超过一定的范围，如表 3-3 所示。

（3）平均方向值：指各测回中同一方向盘左和盘右读数的平均值。

平均方向值＝1/2［盘左读数＋（盘右读数±180°）］

（4）归零方向值：为将各测回的方向值进行比较和最后取平均值，在各个测回中将起始方向的方向值［如表 3-2 中第一测回中起始方向值＝（0°02′03″＋0°02′09″）/2］化为 0°00′00″，并把其他各方向值与之相减即得各方向的归零方向值。

（5）各测回归零后平均方向的计算：当一个测站观测两个或两个以上测回时，应检查同一方向值各测回的互差。互差要求如表 3-3 所示，若检查结果符合要求，取各测回同一方向归零后方向的平均值作为最后结果，列入表 3-2 第 8 栏。

任务 3.5　竖直角测量

3.5.1　竖直度盘的构造

经纬仪的竖盘也叫竖直度盘，装在望远镜旋转轴的一侧，专供观测竖直角之用。竖盘装置应包括竖直度盘、竖盘指标、竖盘指标水准管及竖盘指标水准管微动螺旋等部件，如图 3-11 所示。当经纬仪安置在测站上，经对中、整平后，竖盘应处于竖直状态。因竖盘与望远镜固连在一起，当望远镜绕横轴上下转动时，望远镜带动竖盘一起转动，作为竖盘读数用的读数指标，通过光学棱镜折射后，与竖盘刻划一起呈现在望远镜旁边的读数窗内。读数指标与指标水准管固连，不随望远镜转动，只能通过指标水准管微动螺旋作微小移动，使竖盘指标水准管气泡居中，从而保证竖盘处于铅垂状态。

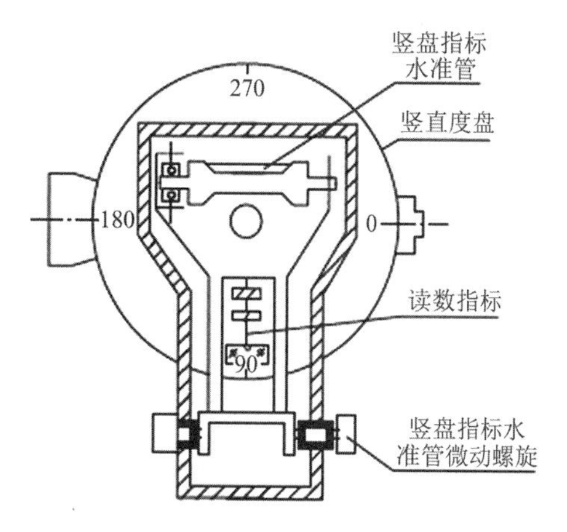

图 3-11　竖直度盘构造

不同型号的经纬仪，竖直度盘的分划注记可能不同，虽然都是 0°～360°，但有顺时针方向注记与逆时针注记两种形式，如图 3-12 所示。

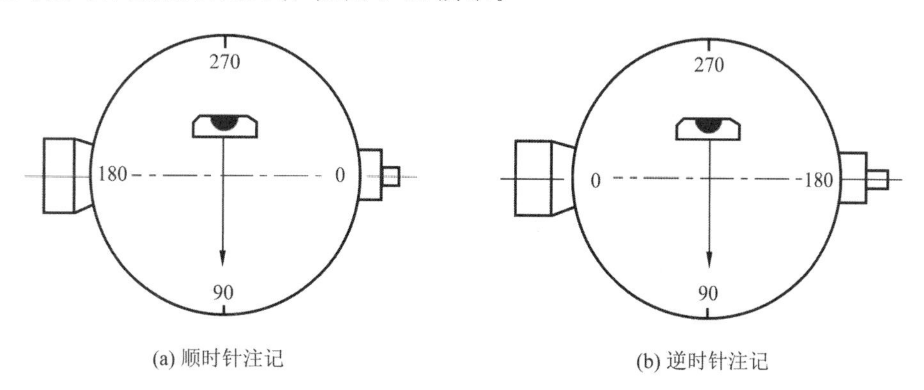

图 3-12　竖直度盘的注记形式

3.5.2　竖直角的计算原理

计算竖直角 α 值时是用倾斜视线读数减水平线方向读数，或是用水平线方向值减倾斜视线方向读数，应根据竖直度盘分划注记方向是顺时针还是逆时针而定。如图 3-13 所示的竖直度盘是顺时针注记，当其处于盘左位置（见图 3-13（a））时，视线水平时竖盘读数为 90°。当观测一目标时，望远镜向上仰，读数减小，倾斜视线与水平视线所构成的竖直角为 α_L。设视线方向的读数为 L，则盘左位置的竖直角为：

$$\alpha_L = 90° - L \tag{3-5}$$

盘左位置且视线水平时，如图 3-13（b）所示，竖盘读数为 270°。当望远镜向上仰时，读数增大，倾斜视线与水平视线所构成的竖直角为 α_R，设视线方向的读数为 R，则盘右位置的竖直角为：

$$\alpha_R = R - 270° \tag{3-6}$$

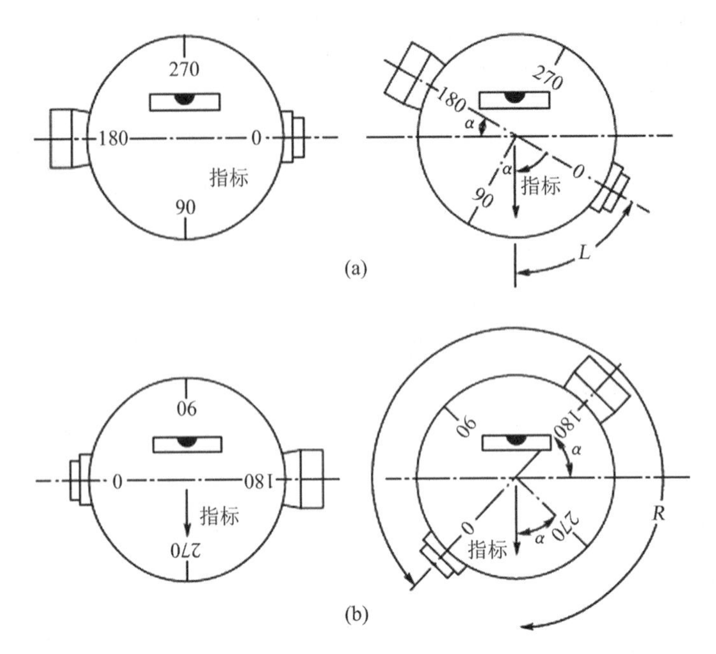

图 3-13　竖直角计算示意图

取平均值作为一测回的竖直角：

$$\alpha=\frac{1}{2}\left(\alpha_{L}+\alpha_{R}\right) \tag{3-7}$$

根据上述公式的分析，可得竖直角计算公式的通用判别法：

(1) 当望远镜视线往上仰，竖盘读数逐渐增加，则竖直角的计算公式为：

α＝瞄准目标时的读数－视线水平时的读数

(2) 当望远镜视线往上仰，竖盘读数逐渐减小，则竖直角的计算公式为：

α＝视线水平时的读数－瞄准目标时的读数

3.5.3　竖直角的观测、记录与计算

1. 竖直角的观测

(1) 在测站点上安置经纬仪，对中整平。

(2) 以盘左位置瞄准目标，用十字丝中丝精确地对准目标。

(3) 调节竖盘指标水准管微动螺旋，使气泡居中，并读取竖盘读数 L。

(4) 以盘右位置同上法瞄准原目标，并读取竖盘读数 R。

以上的盘左、盘右观测构成一个竖直角测回。

2. 记录与计算

将各观测数据填入表 3-4 的竖直角观测手簿中，并按式（3-5）和式（3-6）分别计算半测回竖直角，再按式（3-7）计算出一测回竖直角。

表 3-4 竖直角观测手簿

日期： 仪器型号： 观测者：

天气： 组别： 记录者：

测站	目标	竖盘位置	竖盘读数 /(° ′ ″)	半测回竖直角 /(° ′ ″)	指标差 /(″)	一测回竖直角 /(° ′ ″)	备注
O	*A*	左	75 30 04	14 29 56	+10	14 30 06	
		右	284 30 17	14 30 17			
	B	左	101 17 23	−11 17 23	+6	−11 17 16	
		右	258 42 50	−11 17 10			

3.5.4 竖盘指标差

上述式（3-5）和式（3-6）是在这样的前提条件下得出的：当视线水平时，竖盘指标水准管气泡居中，盘左指标指在90°，盘右指标指在270°，即指在90°的整倍数值上。若视线水平，竖盘指标水准管气泡居中时，竖盘指标未指在90°的整倍数上，而与90°整倍数值有一个差值 x，这个小差值称为竖盘指标差，如图 3-14 所示。如果竖盘存在指标差，则所算出的竖直角 α_L 与 α_R 中含有指标差的影响，而用盘左竖直角 α_L 与盘右竖直角 α_R 取平均数值，可以抵消指标差的影响，求得正确的竖直角值。

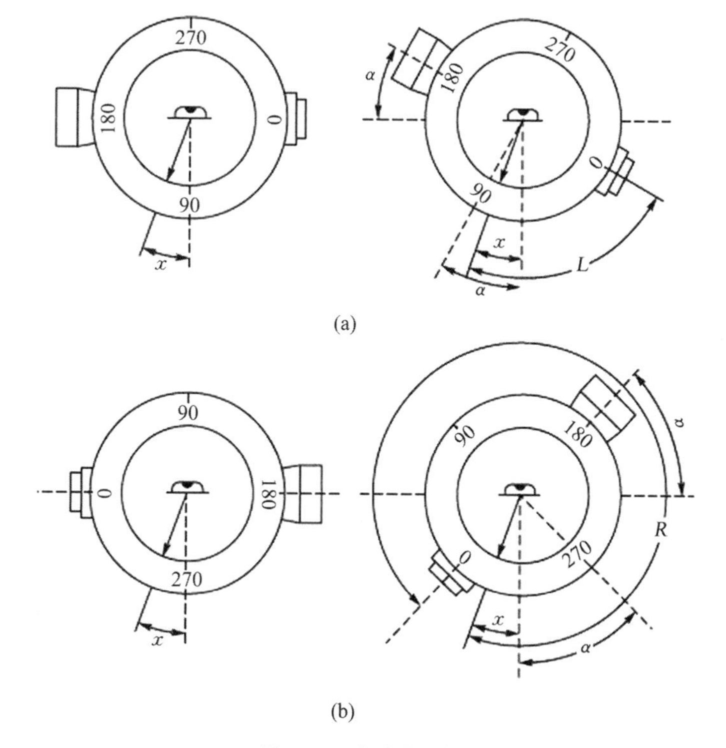

图 3-14 竖盘指标差

如图 3-14（a）所示，当指标偏离方向与注记方向相同时，x 为正；反之，则 x 为负。若仪器存在竖盘指标差，则竖直角的计算公式与式（3-5）和式（3-6）有所不同。

在图 3-14（a）中，盘左位置，望远镜往上仰，读数减小，若视线倾斜时的竖盘读数为 L，则正确的竖直角为：

$$\alpha_{L正}=90°-L+x=\alpha_L+x \tag{3-8}$$

在图 3-14（b）中，盘右位置，望远镜往上仰，读数增大，若视线倾斜时的竖盘读数为 R，则正确的竖直角为：

$$\alpha_{R正}=R-270°-x=\alpha_R-x \tag{3-9}$$

将式（3-8）和式（3-9）联立求解可得：

$$x=\frac{1}{2}(\alpha_R-\alpha_L)=\frac{1}{2}(R+L-360°) \tag{3-10}$$

由于指标差的存在，竖直角测量并不比较盘左竖直角 α_L 与盘右竖直角 α_R 的较差，而是以一个测站各方向的指标差之间的互差来衡量观测精度。规范规定竖盘指标差互差要求在 25″以内。

任务 3.6　经纬仪的检验与校正

经纬仪检验与校正

3.6.1　经纬仪轴线及应满足的几何条件

1. 经纬仪的轴线

为了准确地测出水平角及竖直角，经纬仪的设计制造有严格的要求。如图 3-15 所示，经纬仪的主要轴线有以下几个。

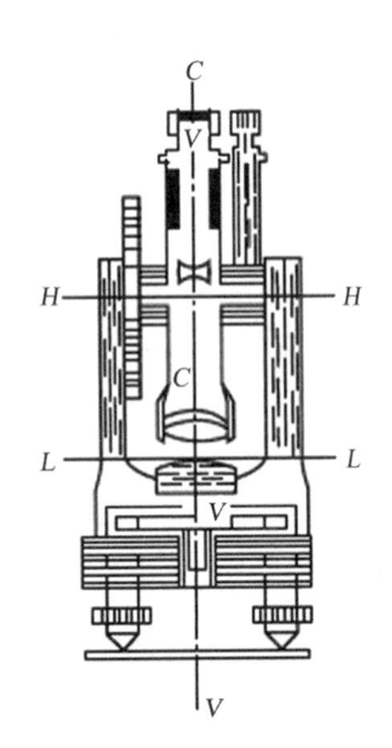

图 3-15　经纬仪轴线示意图

（1）水准管轴（LL）：通过水准管内壁圆弧中点的切线。

（2）竖轴（VV）：经纬仪在水平面内的旋转轴。

（3）视准轴（CC）：望远镜物镜中心与十字丝中心的连线。

（4）横轴（HH）望远镜的旋转轴（又称水平轴）。

2. 各轴线之间应满足的几何条件

（1）照准部水准管轴应垂直于仪器竖轴，即 $LL\perp VV$。

（2）望远镜十字丝竖丝应垂直于仪器横轴 HH。

（3）视准轴应垂直于仪器横轴，即 $CC\perp HH$。

（4）仪器横轴应垂直于仪器竖轴，即 $HH\perp VV$。

除此以外，经纬仪一般还应满足竖盘指标差为 0，以及光学对点器的光学垂线与仪器竖轴重合等条件。

经纬仪在使用过程中，由于外界条件、磨损、振动等因素影响，其状态会发生变化。仪器质量直接关系到测量成果的好坏，因此，经纬仪与其他测绘仪器一样，在使用仪器作业前，必须对仪器进行检验和校正，即使是新仪器也不例外。

3.6.2 经纬仪的检验与校正

1. 水准管轴垂直于竖轴（$LL \perp VV$）的检验与校正

1）检验

先将仪器大致整平，然后使水准管平行于一对脚螺旋的连线，调节脚螺旋，使气泡居中。将照准部旋转 180°，若水准管气泡仍居中，说明此条件满足，否则，应进行校正。

2）校正

若 LL 不垂直于 VV，则气泡居中（LL 水平）时，VV 不铅垂，它与铅垂线有一夹角 α，如图 3-16（a）所示；当绕倾斜的 VV 旋转 180°后，LL 便与水平线形成 2α 的夹角，如图 3-16（b）所示，它反映为气泡的总偏移量。

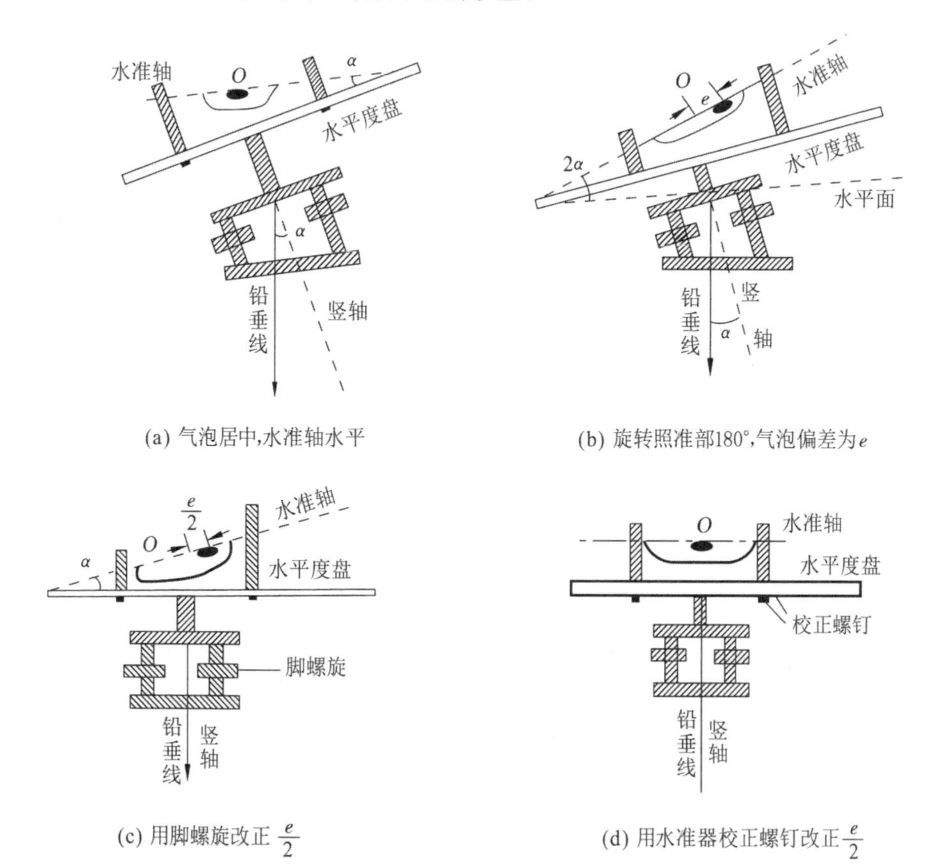

图 3-16 照准部水准管检验与校正

目前状态下，调节与水准管平行的脚螺旋，使气泡回移总偏移量一半，如图 3-16（c）所示。用校正针拨动水准管一端的校正螺钉，使气泡居中，如图 3-16（d）所示。反复检校几次，直至满足要求。

2. 望远镜十字丝的竖丝垂直于横轴的检验与校正

1）检验

（1）整平仪器，使竖丝清晰地照准远处点状目标，并重合在竖丝上端。

（2）旋转望远镜微动螺旋，将目标点移向竖丝下端，检查此时竖丝是否与点目标重合，若明显偏离，则需校正，如图 3-17 所示。

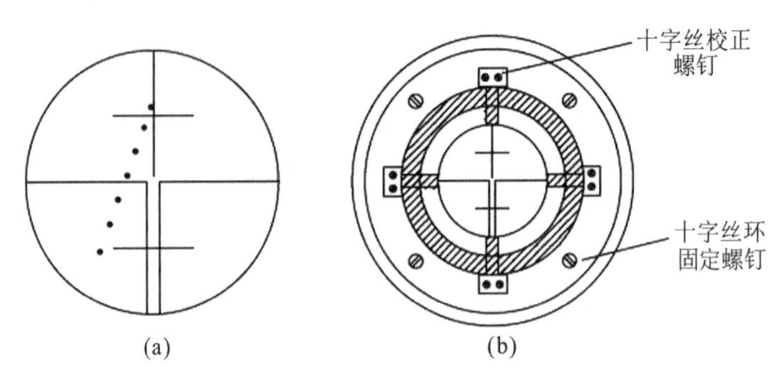

图 3-17　十字丝检验与校正

2）校正

拧开望远镜目镜端十字丝分划板的护盖，用校正针微微旋松分划板固定螺钉，然后微微转动十字丝分划板使竖丝与点状目标始终重合，最后拧紧分划板固定螺钉，并上好护盖。

3. 视准轴垂直于横轴（$CC \perp HH$）的检验与校正

当望远镜绕横轴旋转时，若视准轴与横轴垂直，视准轴所扫过的面为一竖直面；若视准轴与横轴不垂直，则偏离的角度 c 称为视准轴误差。

1）检验

（1）如图 3-18（a）所示，选择一平坦场地，安置仪器于 AB 的中点 O，在 B 点垂直于 AB 横置一刻有毫米分划的直尺，并使 AO 与直尺约位于同一水平面。整平仪器后，先以盘左位置照准远处目标 A，保持照准部不动，纵转望远镜，于直尺上读得 B_1。

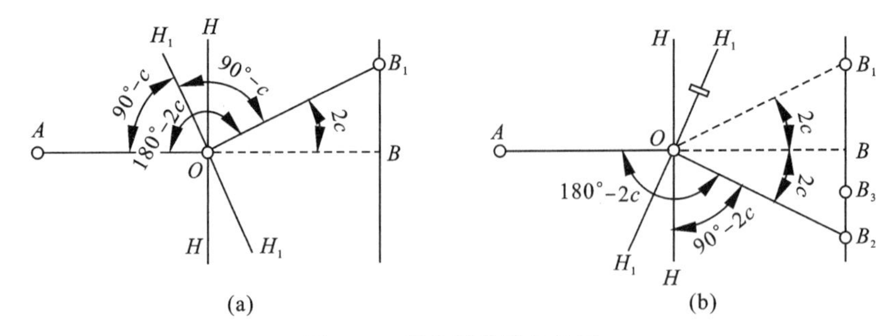

图 3-18　视准轴检验与校正

（2）以盘右位置照准目标 A，同法在直尺上读取读数 B_2，如图 3-18（b）所示。

（3）若 $B_1 = B_2$，则 $CC \perp HH$，若 $B_1 \neq B_2$，则需校正。

2）校正

设视准轴误差为 c，在盘左位置时，视准轴 OA 与水平轴 OH_1 的夹角为 $\angle AOH_1 = 90° - c$，如图 3-18（a）所示，倒转望远镜后，视准轴与水平轴的夹角不变，即

$\angle H_1OB_1=90°-c$，因此，OB_1 与 OA 的延长线之间的夹角为 $2c$。同理，OB_2 与 AO 延长线的夹角也是 $2c$，如图 3-18（b）所示，所以$\angle B_1OB_2=4c$。$4c$ 的大小可以由 B_1B_2 在分划小尺上的读数差反映出来。

校正时在尺上定出 B_3 点，使 $B_2B_3=B_1B_2/4$，则$\angle B_3OB_2=c$。因此，OB_3 垂直于水平轴 OH，然后松开望远镜护盖，用校正针稍松十字丝，上、下校正螺旋，拨动左右两个校正螺钉，使十字丝交点对准 B_3。

此项检验校正也要反复进行。采用盘左、盘右观测取平均值，可消除此项误差。

4. 横轴垂直竖轴（$HH\perp VV$）的检验与校正

此项检校的目的是使仪器水平时，望远镜绕横轴旋转所扫过的平面成为竖直状态，而不是倾斜的。

1）检验

在高墙近处安置仪器，盘左瞄准墙上高处固定点 P，仰角要大于 30°，放平望远镜，在墙上定出一点 P_1，如图 3-19 所示。盘右再抬高望远镜瞄准 P 点，放平望远镜定另一点 P_2。如果 P_1 与 P_2 重合，则满足要求，不需要校正；否则，应进行校正。

2）校正

取 P_1P_2 的中点 M，瞄准 M 后固定照准部，转动望远镜使与 P 点同高，此时十字丝交点将偏离 P 点。抬高或降低横轴的一端，即可使十字丝的交点对准 P 点。此项校正要反复进行。

上述的检验、校正次序不可颠倒，因为后一步的检校需要前一步的条件满足后方可进行。

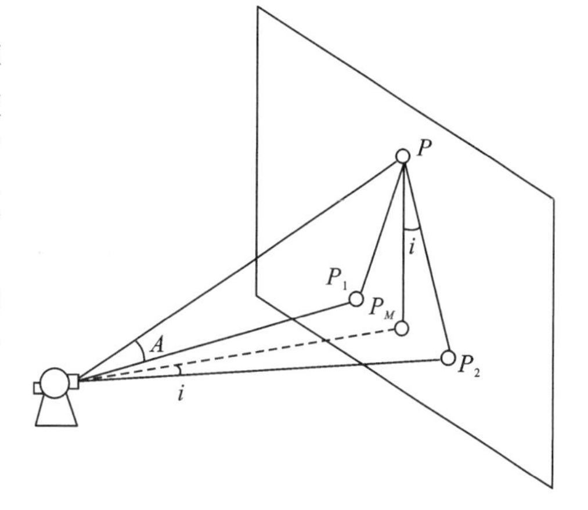

图 3-19 横轴检验与校正

5. 竖直指标差的检验与校正

1）检验

在地面上安置好经纬仪，用盘左、盘右分别瞄准同一目标，正确读取竖盘读数，计算出竖直角 α 和指标差 x。当 x 值超过 $\pm 1'$时，应加以校正。

2）校正

用盘右位置照准原目标。调节竖盘指标水准管微动螺旋，使竖盘读数对准正确读数。正确读数是：$R=\alpha+$盘右视线水平时的读数。

此时，气泡不再居中，用校正针调节竖盘指标水准管校正螺钉使气泡居中，注意勿使十字丝偏离原来的目标，应反复检校，直至指标差在$\pm 1'$以内为止。

6. 光学对中器的检验与校正

若这一关系不满足，仪器整平后，光学对点器绕竖轴旋转时，视线在地面上的移动轨迹是一个圆圈，而不是一点。

1）检验

安置仪器于平坦地上，严格整平，在地面脚架中央固定一张白纸，光学对点器调焦，在纸上标记出视线的位置 P，将光学对点器旋转 180°，观察视线的位置 P 是否离开原来位置或偏离超限。若是，则需进行校正。

2）校正

在纸板上画出分划圈中心与 P 点的连线，取中点 P'。通过调节对点器上相应的校正螺钉，使 P 点移至 P'。反复 1～2 次，直到照准部旋转到任何位置时，目标都落在分划圈中心为止。

任务 3.7　角度测量误差分析

由于多种原因，任何测量结果中都不可避免地会含有误差。影响测量误差的因素可分为三类：仪器误差、观测误差和外界条件影响。

3.7.1　仪器误差

角度测量误差来源与注意事项

经纬仪经过校正，各轴线处于理想的状态，但经纬仪在出厂之前就存在一些制造不完善的误差，如照准部偏心、度盘刻划误差、竖轴不垂直等误差。仪器由于长期的使用和测量作业的特点，使得各种几何轴线间的关系被破坏产生误差，这些误差中，有的可以用适当的方法消除或减弱其影响，有的可以通过校正的方法加以减弱或消除。

1. 视准轴不垂直于横轴的误差

如果视准轴与横轴不相垂直，而与正确位置相差一个微小的角度 c，即视准轴误差，或称视准差。且视准轴倾斜成 α 角时，则视准轴不能在正确位置 AO，而是位于 AO_1 或 AO_2，如图 3-20 所示。视准轴误差 c 在水平面上的投影为 x，则 x 为视准轴误差对水平方向观测的影响。其计算式为：

$$x=\frac{c}{\cos\alpha}=c\cdot\sec\alpha \tag{3-11}$$

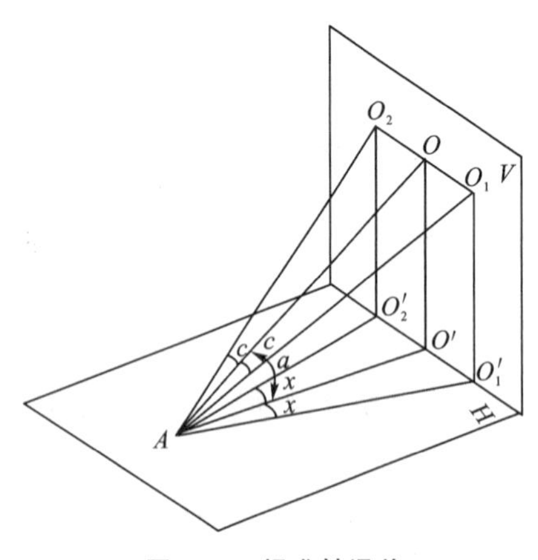

图 3-20　视准轴误差

（1）视准轴误差对方向观测的影响，与垂直角 α 有关。α 角越大，x 也越大；当 $\alpha=0$ 时，$x=c$。

（2）盘左、盘右观测时，视准轴倾斜误差对水平方向的影响，数值相等，符号相反，因此，取盘左、盘右读数的平均值可以消除视准轴倾斜误差的影响。

2. 横轴不垂直于竖轴的误差

如果视线已与横轴垂直，但横轴不垂直于竖轴，则在仪器整平后，即竖轴铅垂时，横轴并不水平。在这种情况下，视线绕横轴旋转所形成的是一个倾斜平面。它在过目标点 O 且垂直于视线方向的铅垂面内所形成的轨迹为一倾斜直线，这条直线与铅垂线所形成的夹角与横轴的倾斜角 i 相同，如图 3-21 所示。视线照准高处一点 O 与在水平面上且处于同一轨迹上的 O_1，其水平盘读数是不变的。但 O 点在水平面上的投影为 O'，AO' 与 AO_1 两方向之间的夹角 ε，即为由于横轴不垂直竖轴所造成的方向误差，其计算式为：

$$\varepsilon = i\tan\alpha \qquad (3\text{-}12)$$

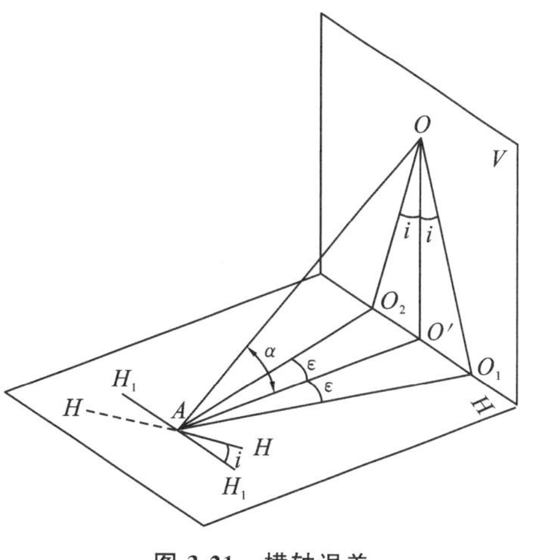

图 3-21 横轴误差

（1）上式表明，ε 与 α 的大小有关，α 越大，ε 也越大，当 $\alpha=0$ 时，$\varepsilon=0$，即视线水平时，横轴倾斜对方向观测没有影响。

（2）倒转望远镜时，ε 符号与盘左时相反，因此，取盘左与盘右读数的平均值可以消除横轴倾斜的影响。

3. 竖轴误差

由于水准管应垂直于仪器竖轴的校正不完善而引起竖轴倾斜误差，当水准管气泡居中时，VV 并不垂直，HH 也不水平，在用盘左、盘右观测水平角时，因 VV 不垂直，HH 总是向一个方向倾斜，因此，盘左、盘右观测取平均值并不能消除此项误差。这种误差与视线竖直角的正切成正比，因此，在观测前应严格检校仪器，观测时仔细整平，在观测过程中，要特别注意仪器的整平。

4. 度盘偏心误差

度盘偏心差主要是由于度盘加工及安装不完善而引起的。造成照准部旋转中心与水平度盘分划中心不重合，导致读数指标所指的读数含有误差。由于一测回中盘左、盘右读取的读数是度盘上对径方向的两数值，两读数中度盘偏心误差的影响值大小相等而符号相反，因此，盘左、盘右取平均值可自动抵消度盘的偏心误差。

5. 度盘刻划误差

度盘刻划误差是由于度盘的刻划不完善引起的。这一项误差一般较小。在高精度角度测量时，多个测回之间按一定方式变换度盘起始位置的读数，可有效地减小度盘刻划误差的影响。

3.7.2 观测误差

1. 仪器对中误差

观测水平角时，对中不准确使仪器中心与测站点的标志中心不在同一铅垂线上，造成测站偏心，致使测角误差。

如图 3-22 所示，设 O 为地面站点，A、B 为两目标点，由于仪器存在对中误差，仪器中心偏至 O'，偏离量 OO' 为 e，β 为实际水平角，β' 为所测水平角，过 O 点分别作平行于 $O'A$、$O'B$ 的平行线。

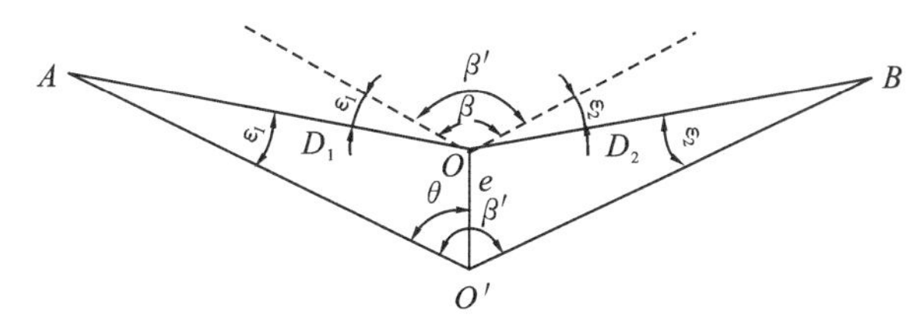

图 3-22 仪器对中误差

则：
$$\Delta\beta=\beta-\beta'=\varepsilon_1+\varepsilon_2 \tag{3-13}$$
$$\varepsilon_1\approx\sin\varepsilon_1=\frac{e\sin\theta}{S_{OA}}\rho'' \tag{3-14}$$
$$\varepsilon_2\approx\sin\varepsilon_2=\frac{e\sin(\beta'-\theta)}{S_{OB}}\rho'' \tag{3-15}$$
$$\Delta\beta=e\left[\frac{\sin\theta}{S_{OA}}+\frac{\sin(\beta'-\theta)}{S_{OB}}\right]\rho'' \tag{3-16}$$

根据上式：

当 β'、θ 一定时，仪器中心偏移量 e 越大，$\Delta\beta$ 则越大；

当 e、θ 一定时，边长 S 越短，$\Delta\beta$ 则越大；

当 e、S 一定时，若 β'接近 180°，θ 接近 90°，则 $\Delta\beta$ 为最大。

由此可知：目标点较近或水平角接近 180°时，应尤其注意仔细对中。

2. 目标偏心误差

造成目标偏心的原因是观测标志与地面点未在同一铅垂线上，致使视线偏移，其影响类似于测站偏心。

不难理解，目标偏心距越大，误差也越大。在目标点较近时，观测标志应尽可能使用垂球，并仔细瞄准，尽量瞄准目标底部。

3. 仪器整平误差

角度观测时若气泡不居中，导致竖轴倾斜而引起的角度误差，不能通过改变观测方法来消除。因此，在观测过程中，必须保持水平度盘水平、竖轴竖直。在一测回内，若气泡偏离超过两格，应重新整平仪器，并重新观测该测回。

4. 照准误差

测角时人眼通过望远镜瞄准目标而产生的误差称为照准误差。照准误差与望远镜的放大率，人眼的分辨能力，目标的形状、大小、颜色、亮度和清晰度等因素有关。

5. 读数误差

读数误差与读数设备、观测者的经验及照明情况有关，其中主要取决于读数设备。对 DJ6 经纬仪一般不超过±6″，对 DJ2 经纬仪一般不超过±1″。

3.7.3 外界条件影响的误差

外界环境对测角精度有直接的影响，且比较复杂。例如，大风、烈日暴晒、松软的土质可影响仪器和标杆的稳定性，雾气会使目标成像模糊，温度变化会引起视准轴位置变化，大气折光变化会使视线产生偏折等，这些都会给角度测量带来误差。因此，应尽量选择较好的观测条件，避免不利因素对角度测量的影响。

任务 3.8 全站仪的认识与使用

3.8.1 全站仪简介

全站仪，全称为全站型电子速测仪（electronic total station），在一个测站上，可以完成所有的测量工作。全站仪是集光电技术、精密机械、电子技术为一体的高技术测量仪器，是社会科学技术高度发展的产物。全站仪对角度（水平角、竖直角）和斜距直接测量，并可以通过机载软件计算水平距离、点坐标等，也可以进行施工放样、大比例尺地形图的测绘等应用。

全站仪分为组装式全站仪和整体式全站仪两种。组装式全站仪是将电子经纬仪和测距仪组装成整体，根据测量的需要可以随时拆卸；整体式全站仪是电子经纬仪和测距仪在制造中合成一个整体。目前常见的全站仪是整体式全站仪。

整体式全站仪主要由测量部分、中央处理单元、输入输出设备以及电源部分等组成。测量部分包括测距部分和测角部分，完成基本的测角和测距的功能。中央处理单元对数据进行交换、处理和贮存，为建设工程提供常用的测量程序，使全站仪具备了操作方便、作业效率高等优点，大大扩展了全站仪的应用范围。输入输出设备包括键盘、屏幕、双向数据通信接口。电源部分是可充电电池，为仪器各部分充电。

全站仪属于贵重精密测量仪器，在使用时需要注意一些事项：

（1）取放仪器应轻拿轻放；

（2）架设仪器时，应确保三脚架螺旋旋紧，以防仪器跌落；

（3）测量时，旋转螺旋按钮应轻轻旋进旋出，不得使用蛮力；

（4）相邻测站距离较远时，应将全站仪下架搬运；

（5）测量仪器旁边应时刻有人看护。

3.8.2 全站仪的构造

全站仪的结构和经纬仪的结构大致相同，图 3-23 是全站仪各部件的名称。

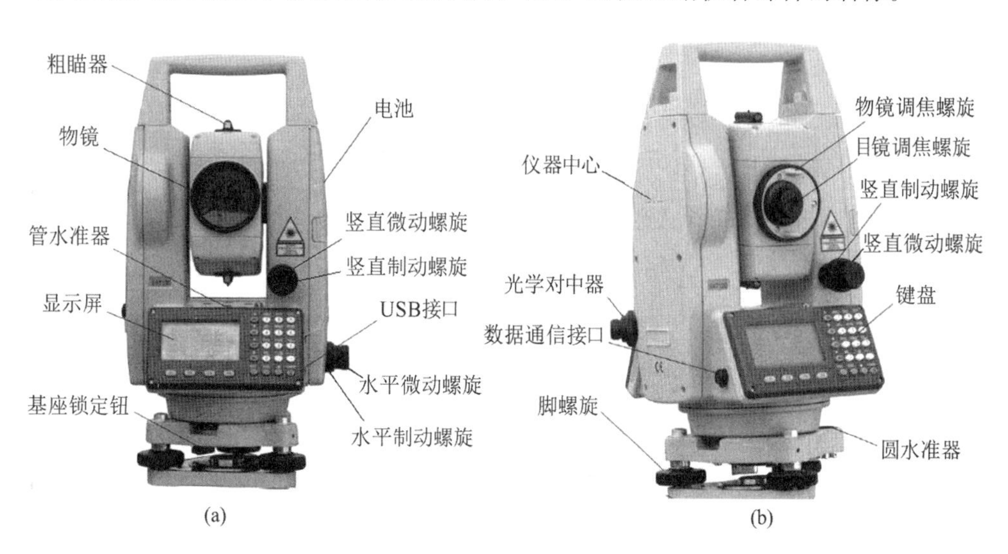

图 3-23 全站仪各部件的名称

3.8.3 全站仪测量的辅助设备

全站仪测量时需借助辅助设备，常用的辅助设备有棱镜组（见图 3-24）、反射片（见图 3-25）、对中杆（见图 3-26）、三脚架（见图 3-27）等。反射片是通过其背面透明片产生反射，主要用于贴在不易架设棱镜的地方；对中杆是能按铅垂方向直接指向地面标记点的可伸缩金属杆，三脚架用于架设全站仪和棱镜组。

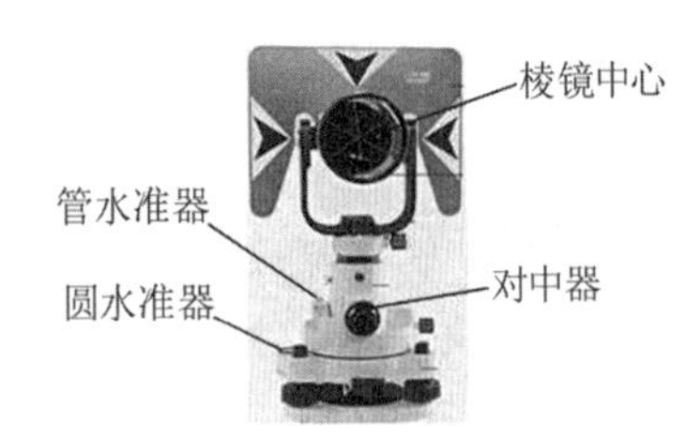

图 3-24 棱镜组

图 3-25 反射片

图 3-26 对中杆

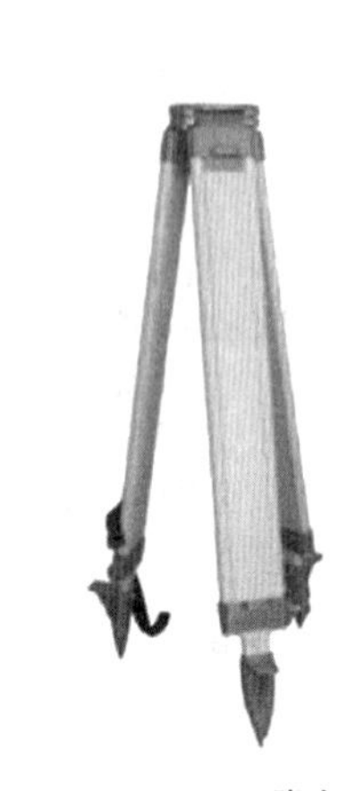

图 3-27 三脚架

3.8.4 全站仪的测量功能

3.8.4.1 全站仪基本测量

使用全站仪测量之前，需使仪器整平对中，自由设站测量只需整平全站仪。对中整平全站仪的操作方法与经纬仪对中整平方法相同。

全站仪的基本测量包括角度测量和距离测量。

1. 全站仪测角

打开全站仪的测角功能，显示屏上显示测角界面（见图 3-28）。

```
PSM -30   PPM  0

     V    98°12'25"
    HR   261°54'11"

HL/HR  锁定  置零  置盘
```

图 3-28 全站仪测角界面简图

V 表示竖盘读数，HR 表示水平度盘刻度是顺时针注记，HL 表示水平度盘刻度是逆时针注记。习惯上将度盘注记方式设置为 HR。

锁定：用水平微动螺旋转到所需要的角度值，锁定后，瞄准目标方向时，选择“确定”或“是”，目标方向角度值设置成需要的角度值。

置零：瞄准目标方向时，使当前度盘读数置为 0°00′00″。当对某个角度测一个测回时，可以瞄准一个方向置零，测量另外一个方向值，便于计算。

置盘即配置度盘。一些低精度的全站仪测多个测回的角度时，需配置度盘；随着科技的发展，部分全站仪采用了动态光栅度盘测角原理，消除了度盘分划误差，多测回测角测量时，不再要求配置度盘。

使用全站仪测量角度的方法仍然是测回法和方向观测法两种方法，测量角度的方法和经纬仪测量角度的方法是相同的。一测回内测角时，一般要求全站仪照准部旋转方向相同，以削弱照准部旋转时的带动误差。

全站仪测量竖直角时，望远镜瞄准天顶方向竖盘度数的设置有两种方式：0°和 90°。习惯上，将天顶方向设置为 0°。

2. 全站仪测距

目前使用的全站仪均采用相位法测距的工作原理。相位法测距原理是全站仪的测距系统发射调制光，达到反射棱镜并反射回到仪器的测距接收系统，通过调制光波的相位差计算出测距中心到棱镜中心的距离。这里对相位测距法的测量原理不再详述，有兴趣的同学可以参考其他资料详细学习。下面我们介绍全站仪测距的基本操作方法。

打开全站仪测距功能后，屏幕上显示测距界面（见图 3-29）。

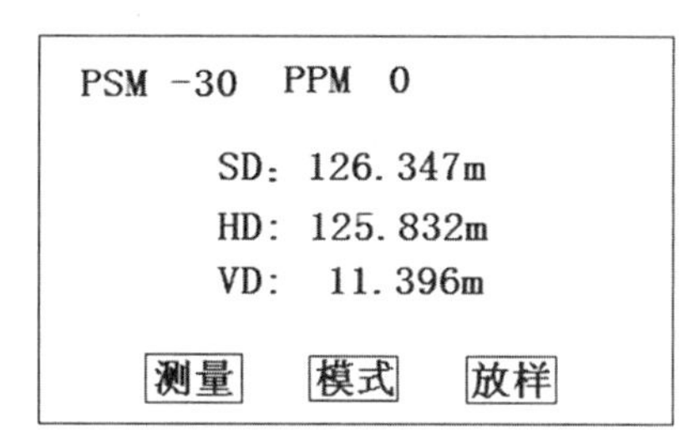

图 3-29 全站仪测距界面简图

“SD”（slant distance）：表示斜距值。

“HD”（horizontal distance）：表示平距值。

“VD”（vertical distance）：表示高差值。

全站仪直接测出来的距离是斜距 SD，平距 HD 和高差 VD 是根据斜距和竖直角计算得到的（见图 3-30），计算公式如下：

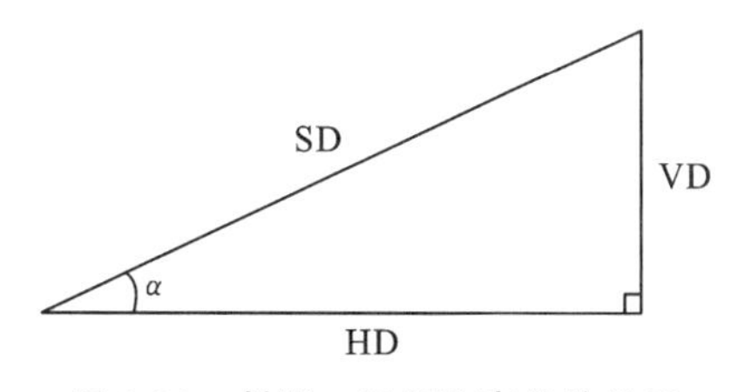

图 3-30 斜距、平距和高差的关系

$$HD = SD \cdot \cos\alpha$$
$$VD = SD \cdot \sin\alpha \tag{3-17}$$

式中：α——竖直角。

测距之前需要进行一些必要性的设置，包括棱镜常数（PSM）、气压和气温、测距模式、测距次数等设置。

图 3-31 是棱镜常数示意图。测距时，对于棱镜部分，需要的是 AB 距离，而电磁波在玻璃中传播速度变慢，测距时间变长，那么电磁波在玻璃中 AC（棱镜径深）距离的传播时间等同于空气中 AD 距离的传播时间，全站仪测出的距离（AD）减去 BD 的距离才得到需要的 AB 的距离，在全站仪中需要改正棱镜常数：

$$BD\ (\text{PSM}) = AD - AB = n \cdot AC - AB \tag{3-18}$$

式中：n——玻璃的折射率。

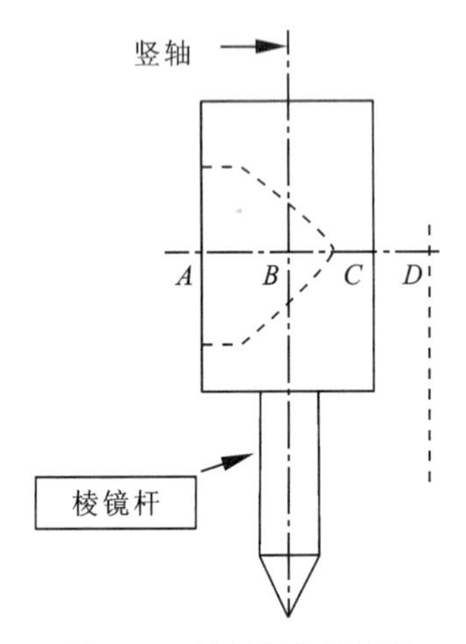

图 3-31　棱镜常数示意图

通常，国产棱镜常数为 −30mm，进口棱镜常数为 0mm，少部分棱镜常数为 0.5mm 或 17.5mm。棱镜出厂时，厂家会测定棱镜常数并告知仪器使用者。

测距电磁波传播速度受到测区空气密度的影响，而空气密度与当地的气象参数有密切关系。为了保证测距的真实性，特别在精密测距时，需测出测区的气象参数，以改正气象参数对测距的影响。全站仪测距时考虑的气象参数包括温度、气压。全站仪测距之前，用符合规定的气温计测出测区的气温和气压，把测定值输入到仪器的相应设置处，机载程序自动计算出气温、气压对每千米距离的影响值（ppm），进而对测出的距离自动进行气象改正。

测距模式常见有四种：精测模式、跟踪模式、粗测模式和免棱镜模式。常用的测距模式是精测模式，精度高但测距时间长。跟踪模式的测量时间短但精度低，常用于精度要求不高的施工放样。粗测模式的测距时间短于精测模式，精度低于精测模式而高于跟踪模式。

测量次数的设置分为单次测量和 n 次测量。当设置测量次数后，仪器就按设置的次数进行多次测距，最终把多次测距的平均值显示在屏幕上。设置成单次测量时，仪器将单次测距的结果显示在屏幕上。

根据工程需要设置完成后，使望远镜的十字丝中心瞄准棱镜中心，点击“测量”按键，测距系统发出调制光波，经棱镜反射，测距系统接收信号计算距离值并将结果显示在屏幕上。

全站仪测距综合精度用 $a+b$ ppm 表示：a 为测距固定误差，无论测量多长的距离，均会产生不大于 a mm 的固定误差；b（单位：mm）为测距比例误差；ppm 为百万分之一，这里相当于 mm/km。

例如：使用 2+3ppm 的全站仪测量 1km 的距离，则会产生不大于（2+3×1）mm=5mm 的误差；使用此仪器，测量 3km 的距离，则会产生不大于（2+3×3）mm=11mm 的误差。

3.8.4.2 全站仪模块测量

全站仪除了具备基本的测角、测距功能外，还可以进行点坐标测量、施工放样等工作。全站仪测量点坐标的精度不高，仅在低精度测量工作（如测绘地形图）中应用。

下面介绍全站仪进行坐标测量、施工放样的测量原理。

1. 坐标测量

全站仪坐标测量可以在测站坐标系测量点的坐标，也可以在测区坐标系下测量点的坐标。全站仪上用 N（north）、E（east）、Z（zenith）代替我们常用的 X 坐标、Y 坐标和高程 H。

测站坐标系（见图 3-32）是以水平度盘的 0°刻度方向为 x 轴正方向，90°刻度方向为 y 轴正方向。当望远镜瞄准某一目标 A 时，水平度盘读数即为测站点（记为 O）至点 A 在测站坐标系下的坐标方位角 α_{OA}。

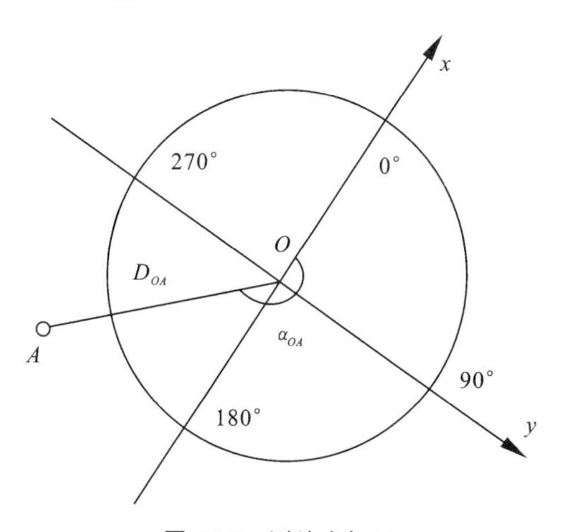

图 3-32 测站坐标系

全站仪机载程序计算测站坐标系下点 A 坐标（X_A、Y_A）的公式为：

$$
\begin{aligned}
X_A &= X_O + D_{OA} \cdot \cos\alpha_{OA} \\
Y_A &= Y_O + D_{OA} \cdot \sin\alpha_{OA}
\end{aligned}
\tag{3-19}
$$

根据式（3-19），测站点 O 到 A 点平距可以通过测距计算出来，方位角 α_{OA} 是全站仪望远镜瞄准 A 点的水平度盘读数。如果要测出点 A 的坐标，需要知道测站点 O 的坐标值测站点的坐标（X_O，Y_O）。一般将全站仪安置在已知点上，在全站仪中输入测站点的 XY 坐标，这个过程叫作建站。在测站坐标系下，完成了建站工作，并对基本的测角测距设置，然后就可以测量点的 X、Y 坐标了。

坐标测量中，当需要测量点高程时，用尺量出仪器高 i 和棱镜高 v。建站时，将仪器高、棱镜高和测站点高程 H_O 一并输入，全站仪根据测量斜距 S_{OA} 和竖直角 α 自动计算出点的高程。测量点高程的计算公式如下：

$$
H_A = H_O + S_{OA} \cdot \sin\alpha + i - v \tag{3-20}
$$

仪器高是地面高程控制点顶端至全站仪仪器中心（见图 3-23（b））的铅垂距离，棱镜高是地面高程控制点顶端至棱镜中心（见图 3-24）的铅垂距离。

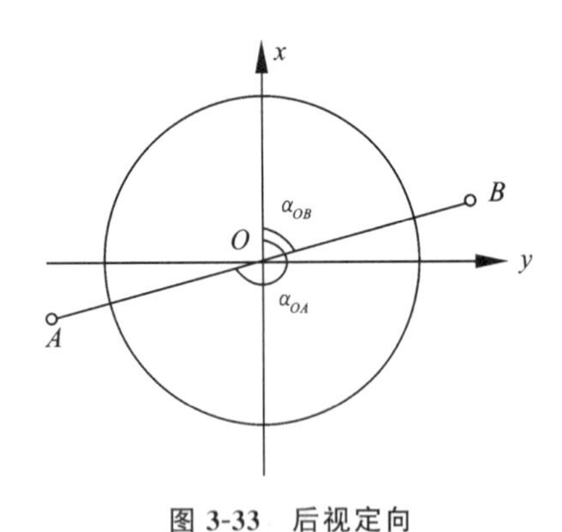

图 3-33 后视定向

测区坐标系（见图 3-33）是在测区范围内使用的统一的测量坐标系统。一般情况下，全站仪是在测区坐标系下进行点的坐标测量工作。测区坐标系下，全站仪的坐标测量是在测站坐标系建站操作的基础上，增加了后视定向的操作。

在测站点 O 上安置全站仪，后视点 B 上安置反射棱镜。全站仪完成建站工作后，输入后视点的平面坐标，全站仪根据 O 点的坐标和 B 点坐标反算直线段 OB 在测区坐标系下的坐标方位角 α_{OB}。全站仪精确瞄准后视棱镜，进行后视定向设置，此时全站仪水平度盘读数被配置成 OB 直线段的方位角。当全站仪瞄准 A 点时，当前水平度盘读数即为直线段 OA 在测区坐标系下的坐标方位角 α_{OA}，根据式（3-19），全站仪测出 A 点的坐标。

在测量作业中，使用控制点前需要检核控制点的稳定性，以保证测量结果是可靠的。

在测站点上安置全站仪，观测后视棱镜，测出两点间的水平距离，与通过两点坐标反算的距离值（理论值）进行比较，如果测量值与理论值相差较大，则应查明原因，否则不得进行下一步操作。

2. 施工放样

这里讲的施工放样是指使用全站仪对点的平面坐标进行放样，全站仪放样点坐标工作在建设施工单位使用非常频繁。施工放样开始前，需收集控制点的平面坐标及放样点的坐标，现场开始放样前应检查控制点的稳定性，简略检查的方法前文已述。控制点坐标和放样点坐标可以做成规定的坐标文件导入全站仪，施工放样时可以直接通过调用点名来使用点的坐标。

在需要放样点附近的控制点上安置全站仪，对棱镜常数、气温气压进行设置。打开全站仪，查找施工放样功能，其一般在菜单中测量程序内，然后选择可调用的坐标文件，也可以直接跳过，进行下一步操作。

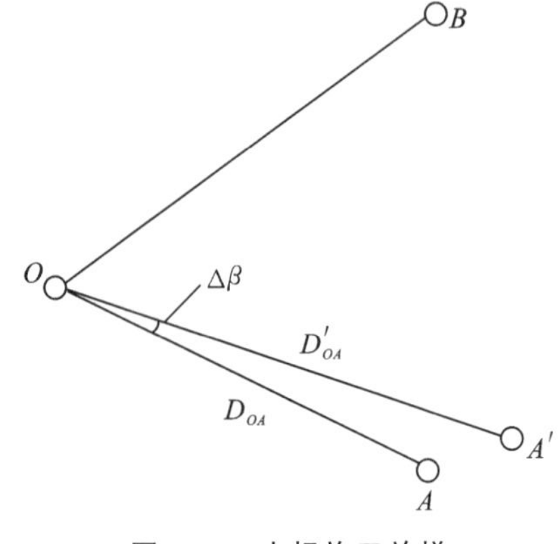

图 3-34 坐标施工放样

如图 3-34 所示，在测站点 O 上进行建站操作，并输入后视点 B 的坐标；如果全站仪中有准备好的坐标文件，可通过测站点名和后视点名调用相应坐标值。瞄准后视棱镜进行后视定向设置，使当前水平度盘读数配置成 O 点至 B 点的坐标方位角 α_{OB}。

测站点 O、后视点 B、放样点 A 的坐标均是已知，可以计算出 α_{OB}、α_{OA}，$\angle BOA=\alpha_{OA}-\alpha_{OB}$，$OA$ 的距离 D_{OA} 可由两点的坐标计算出。全站仪根据三点的坐标计算出放样参数 $\angle BOA$ 和 D_{OA}，屏幕上提示放样点在 OB 右转 $\angle BOA$ 值后的方向、距离 O 点为 D_{OA} 处。实际作业时不可能一次性把 A 点就放样出来，那么当示镜员大致立在 A 附近的 A' 处时，全站仪瞄准棱镜测量，测得平距 D'_{OA}、$\angle BOA'$，屏幕上会显示出角度和距离的偏差值：

$$\begin{aligned}\Delta D &= D'_{OA} - D_{OA} \\ \Delta\beta &= \angle BOA' - \angle BOA\end{aligned} \tag{3-21}$$

根据角度和距离偏差值提示，指挥示镜员左右前后移动棱镜，直至将 A 点在实地按允许限差放样出来。

技能训练

（1）何谓水平角？用经纬仪照准同一竖直面内不同高度的两目标时，其水平度盘的读数是否相同？

（2）何谓竖直角？照准某一目标时，若经纬仪高度不同时，则该点的竖直角是否一样？

（3）经纬仪的安置包括哪几个步骤？

（4）采用盘左与盘右观测水平角时，能消除哪些仪器误差？

（5）整平的目的是什么？如何使水准管气泡居中？

（6）经纬仪有哪些轴线？各轴线之间应满足什么关系？

（7）简述影响水平角测量精度的因素及消除误差的方法。

（8）什么叫竖盘指标差？怎样用竖盘指标差来衡量竖直角观测成果是否合格？

（9）角度观测中有哪些误差？应注意哪些问题？

（10）表 3-5 为某测站测回法观测水平角的记录，试在表 3-5 中计算出所测的角度值。

表 3-5 某测站测回法观测水平角记录表

日期： 仪器型号： 观测者：

天气： 组别： 记录者：

测站	目标	竖盘位置	水平度盘读数 /（° ′ ″）	半测回角值 /（° ′ ″）	一测回角值 /（° ′ ″）	备注
O	A	左	00 00 06			
	B		78 48 54			
	A	右	180 00 36			
	B		258 49 06			

（11）方向观测法观测水平角的数据列于表 3-6 中，试进行各项计算。

表 3-6　方向观测法观测水平角记录表

日期：　　　　　　　　　　仪器型号：　　　　　　　　观测者：

天气：　　　　　　　　　　组别：　　　　　　　　　　记录者：

测回数	测站	目标	水平度盘读数		2c	平均方向值	归零方向值	各测回归零方向值之平均值
			盘左 /（° ′ ″）	盘右 /（° ′ ″）	/（″）	/（° ′ ″）	/（° ′ ″）	/（° ′ ″）
	1	2	3	4	5	6	7	8
1	O	A	00 00 54	180 00 24				
		B	79 27 48	259 27 30				
		C	142 31 18	322 31 00				
		D	288 46 30	108 46 06				
		A	0 00 42	180 00 18				
		Δ						
2		A	90 01 06	270 00 48				
		B	169 27 54	349 27 36				
		C	232 31 30	42 31 00				
		D	18 46 48	198 46 36				
		A	90 01 00	270 00 36				
		Δ						

（12）表 3-7 为某测站竖直角的观测记录，试在表中计算出所测的角度值。

表 3-7　某测站竖直角观测记录表

日期：　　　　　　　　　　仪器型号：　　　　　　　　观测者：

天气：　　　　　　　　　　组别：　　　　　　　　　　记录者：

测站	目标	竖盘位置	竖直度盘读数 /（° ′ ″）	半测回竖直角 /（° ′ ″）	指标差	一测回竖直角 /（° ′ ″）	备注
O	A	左	81 20 45				
		右	278 38 15				
	B	左	96 43 24				
		右	263 15 30				

科普小知识

徐光启是在中国传播西方测绘术的先驱者

不同文化的交融，是世界文明发展的推动力量。独具特色的中国传统测绘在融合了西方测绘术后，也跃上了一个新台阶。在传播西方测绘术的先驱者中，徐光启是功绩最为卓著的。

徐光启是明代著名科学家，他师从来到中国的意大利传教士利马窦，学习天文、历算、测绘等。资质聪慧的徐光启很快得其要旨，并有所创造。在徐光启等中国学者的一再要求和推动下，外国传教士才同意翻译外国科技著作，向中国人介绍西方的测绘技术。明朝后期问世的测绘专著和译著，大多与徐光启有关。徐光启和利马窦合译了《几何原本》和《测量法义》，与熊三拔合译了《简平仪说》。徐光启认为，《几何原本》是测算和绘图的数学基础，力主翻译。为了融通东西方文化，他撰写了《测量异同》，考证中国测量术与西方测量术的相同点和不同点。他主持编写了《测量全义》，这是集当时测绘学术之大成的力作，内容丰富，涉及面积、体积测量和有关平面三角、球面三角的基本知识以及测绘仪器的制造等。

徐光启还身体力行，积极推进西方测绘术在实践中的应用。1610 年，他受命修订历法。他认为，修历法必须测时刻、定方位、测子午、测北极高度等，于是要求成立采用西方测量术的西局和制造测量仪器。此次仪器制造的规模在我国测绘史上是少见的，共制造象限大仪、纪限大仪、平悬浑仪、转盘星晷、候时钟、望远镜等 27 件。他利用新制仪器进行了大范围的天象观测，取得了一批实测数据，其中载入恒星表的有 1347 颗星，这些星都标有黄道、赤道经纬度。总之，无论在理论上还是在实践上，徐光启都算得上传播西方测绘术最卓越的先驱者。

项目4 距离测量

学习目标

（1）理解距离的概念。

（2）了解距离测量的仪器和工具。

（3）掌握钢尺普通量距、精密量距的实施及成果三项改正、精度评定方法。

（4）掌握电磁波测距的基本原理和使用。

思政目标

培养作为测绘人精益求精精神、团队合作精神和严谨细致的做事精神。

任务4.1 距离测量概述

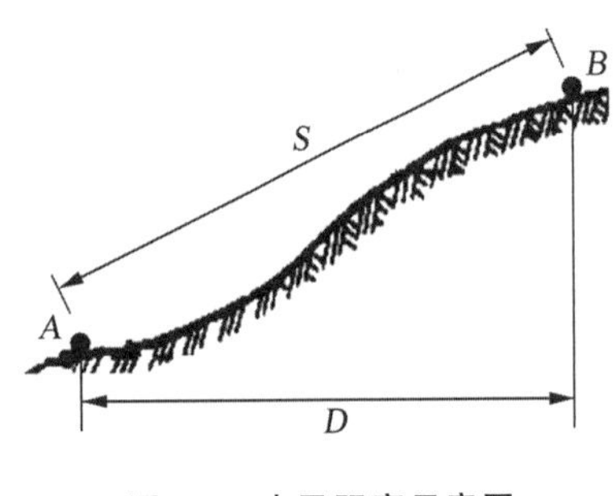

图4-1 水平距离示意图

距离测量的主要任务是测量水平距离。所谓水平距离，是指地面上两点垂直投影在同一水平面上的直线距离。实际工作中，如果测得的是倾斜距离，还必须改算为水平距离。如图4-1所示，D为水平距离，S为斜距。

$$D=S\cdot\cos\alpha \tag{4-1}$$

距离测量方法根据所用仪器、工具的不同，分为钢尺量距、视距测量、光电测距仪测距三种方法。

任务4.2 钢尺量距

4.2.1 钢尺量距工具

钢尺是钢制的带尺，卷放在圆形盒内或金属架上，故又称为钢卷尺（见图4-2）。常用的钢尺长度有20m、30m及50m等几种。钢尺的基本分划为厘米，在每米及每分米处有数字注记。

一般钢尺在起点处一分米内刻有毫米分划；有的钢尺，整个尺长内都刻有毫米分划。

由于尺的零点位置的不同，钢尺有端点尺和刻线尺的区别。端点尺（见图4-3（a））

钢尺

是以尺的最外端作为尺的零点，当从建筑物墙边开始丈量时使用很方便。刻线尺（见图4-3（b））是以尺前端的一刻线作为尺的零点，在测距时可获得较高的精度。

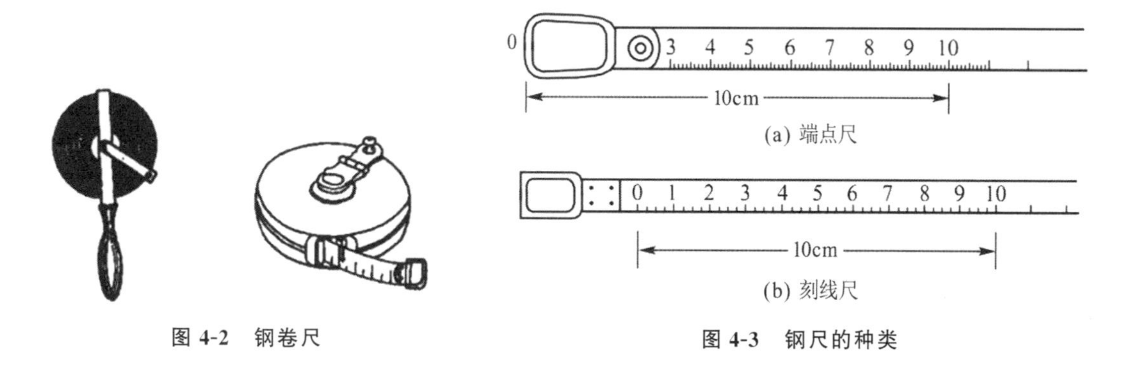

图 4-2　钢卷尺

图 4-3　钢尺的种类

丈量距离的工具，除钢尺外，还有标杆、测钎和垂球，如图 4-4 所示。标杆长 2～3m，直径 3～4cm，杆上涂以 20cm 间隔的红、白漆，以便远处清晰可见，用于标定直线。测钎用粗铁丝制成，用来标志所量尺段的起、讫点和计算已量过的整尺段数。测钎一组为 6 根或 11 根。垂球用来投点。此外还有弹簧秤和温度计，以控制拉力和测定温度。

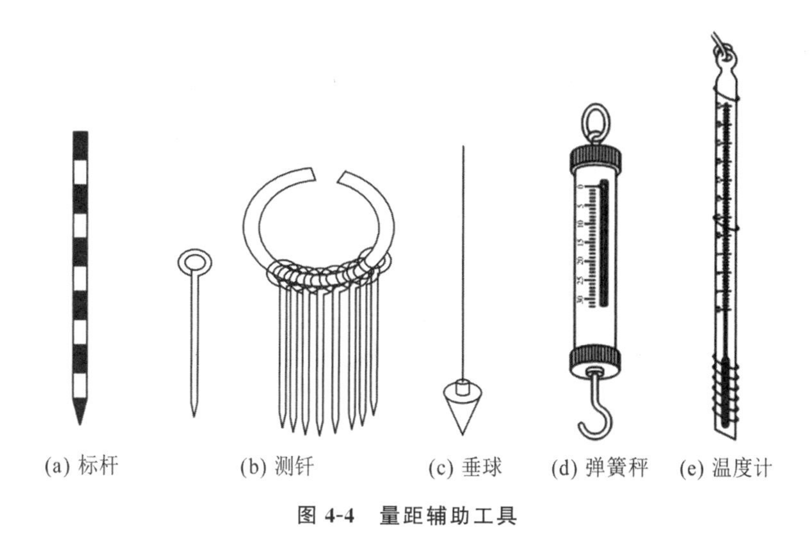

图 4-4　量距辅助工具

4.2.2　钢尺量距的一般方法

1. 直线定线

当两个地面点之间的距离较长或地势起伏较大时，为使量距工作方便起见，可分成几段进行丈量。标定各尺端点在同一直线上的工作称为直线定线。按精度要求的不同，直线定线分为目估定线和经纬仪定线。

1）目估定线

目估定线按不同地形条件有二点法和趋近法。

目估二点法定线是指在平地上，以两端点为准，概量定点。假设 A、B 是平坦地面上的两点，首先在 A、B 上竖立标杆，如图 4-5 所示，一个作业员甲立于端点 A 后 1m 处，瞄 A、B，并指挥另一位持杆作业员乙左右移动标杆 2，直到甲看到三个标杆在一条线上，然后乙将标杆竖直插下。直线定线一般由远到近进行。

图 4-5　目估二点线定线

在山头用趋近法目测定线，概略定中，依次拉直。如图 4-6 所示，假设 A、B 是山脚下的两点，在不通视的 AB 线上定线确定 C、D、E 点。在靠近 A 点又能看到 B 点的位置上定 C_1 点，同时立标杆。按二点法在 C_1B 线上定 E_1 点，E_1 点立标杆并能看到 C_1、B 点；按二点法在 AC_1 线上定出 D_1 点，D_1 点立标杆并能看到 D_1、C_1 点。同样的方法依次定出 C_2，E_2，D_2，C_3，…，逐渐趋近，最后使 C、D、E 点落在 AB 上。

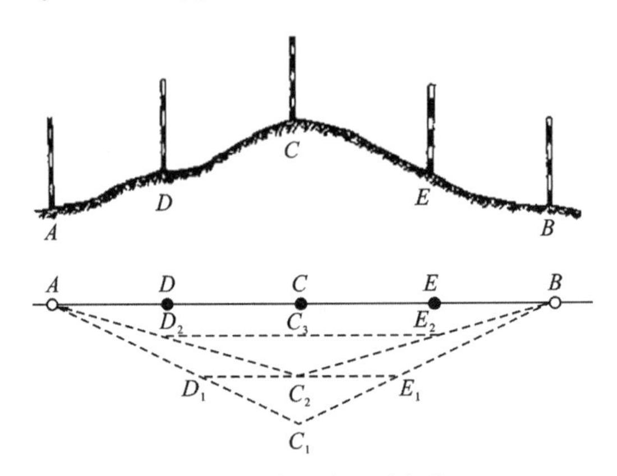

图 4-6　趋近法目测定线

2）经纬仪定线

当量距精度要求较高时，应使用经纬仪定线。其方法是将经纬仪安置在 A 点，用望远镜瞄准 B 点进行定线。

（1）经纬仪在两点间定线。

如图 4-7 所示，欲在 AB 线内精确定出 1、2、3 点的位置，可先将经纬仪安置在 A 点，用望远镜找准 B 点，固定照准部制动螺旋。然后将望远镜向下俯视，用手势指挥定点的人员将测钎左右移动，直到与十字丝的纵丝重合时，在此位置打下木桩，再根据十字丝在木桩上刻出十字细线或钉上小钉，即为准确定出的 1 点位置。

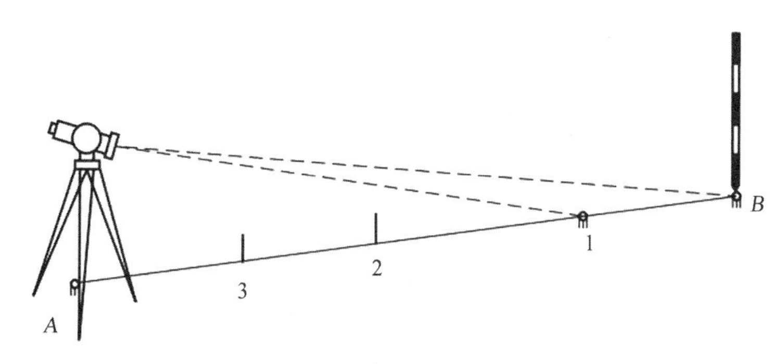

图 4-7 经纬仪在两点间定线

（2）经纬仪延长线直线定线。

如图 4-8 所示，如果需要将直线 AB 延长至 C 点，置经纬仪于 B 点，对中整平后，望远镜以盘左位置用竖丝瞄准 A 点，制动（水平制动和垂直制动）照准部。然后松开竖向制动螺旋，倒转望远镜，用竖丝定出 C_1 点。望远镜以盘右位置瞄准 A 点，按上面的操作再定出 C_2 点。取 C_1C_2 的中点即为精确位于 AB 直线延长线上的 C 点。这种延长直线的方法称为经纬仪正倒镜分中法。用正倒镜分中法可以消除经纬仪可能存在的视准轴误差与横轴不水平误差对延长线的影响。

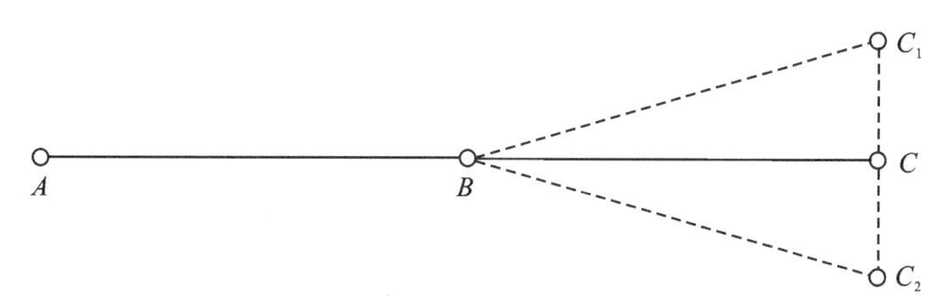

图 4-8 经纬仪延长直线定线

2. 平坦地面的距离测量

1）距离测量

如图 4-9 所示，欲测量 A、B 两点之间的水平距离，应先在 A、B 外侧各竖立一根标杆，作为丈量时定线的依据，清除直线上的障碍物以后，即可开始丈量。丈量工作一般由两人进行，后尺者持钢尺零端，站在 A 点处，前尺者持钢尺末端并携带一组测钎（6 根或 11 根）沿丈量方向（AB 方向）前进，行至刚好一整尺长处停下，拉紧钢尺。后尺者用手势指挥前尺者持尺左、右移动，使钢尺位于 AB 直线方向上。然后，后尺者将尺的零点对准 A 点，当两人同时将钢尺拉紧、拉稳时，后尺者发出“预备”口令，此时前尺者在尺的末端刻划线处，竖直地插下一测钎，并喊“好”，这样就量完了第一个整尺段。接着，前、后尺者将尺举起前进，用同样的方法，量出第二个整尺段，依次继续丈量下去，直至最后不足一整尺段的长度（称为余长，一般记为 q）为止。

丈量余长时，前尺者将尺上某一整数分划对准 B 点，由后尺者对准第 n 个测钎点，并从尺上读出读数，两数相减，即可求得不足一尺段的余长，则 A、B 两点之间的水平距离为

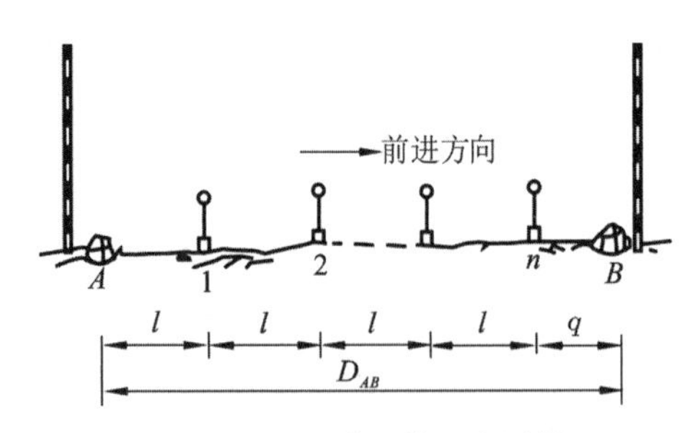

图 4-9　平坦地面的距离测量

$$D_{AB}=n\times l+q \tag{4-2}$$

式中：n——整尺段数；

l——尺长；

q——余长。

2）精度评定

为了防止错误和提高量距的精度，通常对距离测量工作必须进行往返丈量。由 A 点量至 B 点称为往测，由 B 点量至 A 点称为返测，往返丈量长度的较差与平均长度之比称为相对误差 k，通常把 k 化为一个分子为 1 的分数，以此来衡量距离丈量的精度。计算如下：

$$\overline{D}=\frac{1}{2}(D_{往}+D_{返}) \tag{4-3}$$

$$\Delta D=|D_{往}-D_{返}| \tag{4-4}$$

则

$$k=\frac{\Delta D}{\overline{D}}=\frac{1}{M} \tag{4-5}$$

式中，$M=\dfrac{\overline{D}}{\Delta D}$。

一般情况下，在平坦地区进行钢尺量距，其相对误差不应超过 1/3000，在量距困难的地区，相对误差也不应大于 1/1000。若符合要求，则往返测量的平均长度作为观测结果。若超过该范围，应分析原因，重新进行测量。

例 4-1　测量 AB 直线，其往测值为 136.392m，返测结果为 136.425m，求其量距精度。

解

往返测较差为：$\Delta D=|D_{往}-D_{返}|=0.33\text{m}$

平均距离为：$\overline{D}=\dfrac{1}{2}(D_{往}+D_{返})=\dfrac{1}{2}(136.392+136.425)=136.409\text{m}$

量距精度为：$k=\dfrac{\Delta D}{\overline{D}}=\dfrac{0.033}{136.409}\approx\dfrac{1}{4134}$。

钢尺量距记录手簿如表 4-1 所示。

表 4-1 钢尺量距记录手簿

日期：2005 年 11 月 18 日　钢尺长度：l=30m　仪器型号：　　　　观测者：
天气：　　　　组别：　　　　记录者：

直线编号	测量方向	整尺段长 $n \times l$	余长 q	全长 D	往返平均数	精度（k 值）	备注
AB	往	4×30	16.392	136.392	136.408	1/4134	
	返	4×30	16.425	136.425			
BC	往	3×30	5.123	95.123	95.149	1/1830	相对误差超限，重测
	返	3×30	5.175	95.175			
CD	往	3×30	5.169	95.169	95.176	1/7321	
	返	3×30	5.182	95.182			

3. 高低不平地面量距（平量法）

在倾斜地面上量距时，若地面起伏不大，可将尺子拉成水平后进行丈量，如图 4-10 所示，欲丈量 AB 的水平距离，可将 AB 直线分成若干小段进行丈量，每段的长度视坡度大小、量距方便而定。在每小段端点插上标杆定线，拔下标杆，在架上挂垂球，使垂球尖对准标杆尖的原有位置，这样各小段的垂球线即落在 AB 直线上，且又可供前尺手量距读数时作依据。丈量时，后尺手将钢尺零端点紧贴在 A 点的木桩上，前尺手抬高钢尺的另一端，将钢尺拉稳、拉平，并使钢尺的边缘贴近垂球线。当厘米分划线截于垂球线时，喊“好”，前、后尺手同时读数，然后用前尺手读数减去后尺手所读数据便得到该段距离，此段便丈量完毕。用相同的方法依次丈量以后各段，直至最后一段，在丈量最后一段时应注意使垂球尖对准 B 点，各测段丈量结果的总和便是直线 AB 的水平距离。

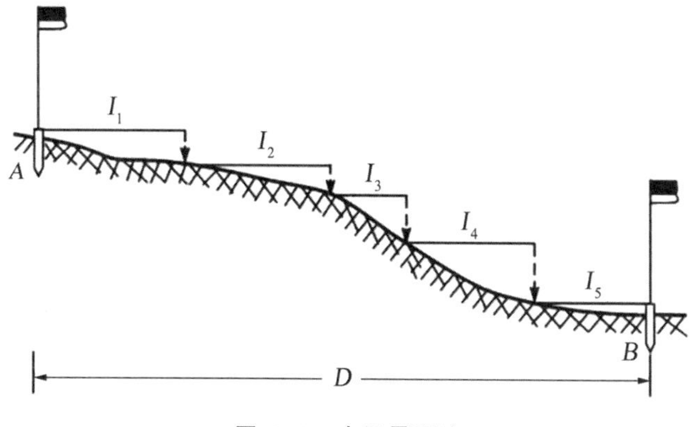

图 4-10 水平量距法

测量时判断钢尺水平的方法有两种：一种是目估法，由一人站在离尺段两端等距离处，用目估法指挥前、后尺手将尺子两端放平，目估时可根据现场上已有的水平线（如屋脊线、窗台线等）与钢尺是否平行来判断；其二是后尺手将尺子零端点固定不动，前尺手紧拉钢尺另一端，使尺边靠近垂球线并上、下移动尺子（移动幅度要大，使能明显看出尺子向上、向下倾斜），与此同时观察尺子读数的变化，在读数最小时，前尺手所持高度与后尺手零端处同高。

4．倾斜地面的距离测量（斜量法）

如果 A、B 两点间有较大的高差，但地面坡度比较均匀，大致成一倾斜面，如图 4-11 所示，可沿地面直接丈量倾斜距离 l，并测定其倾角 α 或两点间的高差 h，则可计算出直线的水平距离：

$$D=l\cdot\cos\alpha \text{ 或 } D=\sqrt{l^2-h^2} \tag{4-6}$$

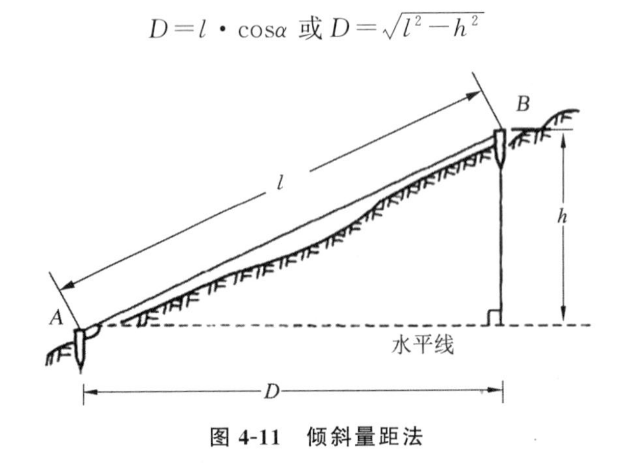

图 4-11　倾斜量距法

5．钢尺量距注意事项

（1）应熟悉钢尺的零点位置和尺面注记。

（2）前、后尺手须密切配合，尺子应拉直，用力均匀，对点要准确，保持尺子水平，读数时应迅速、准确、果断。

（3）测钎应竖直、牢固地插在尺子的同一侧，位置要准确。

（4）记录要清楚，要边记录边复诵读数。

（5）注意保护钢尺，严防钢尺打卷、车轧且不得沿地面拖拉钢尺。前进时，应有人在钢尺中部将钢尺抬起。

（6）每日用完后，应及时清洁钢尺。若暂时不用时，擦拭干净后，还应涂上黄油，以防生锈。

4.2.3　钢尺量距的精密方法

钢尺量距精度在万分之一以上时，就需要采用精密量距方法。精密量距要采用经过检定的钢尺，用经纬仪进行定线并用水准仪测出尺段桩之间的高差，同时测量时要采用标准拉力和测量温度，最后对测量出的结果进行三项改正。

1．钢尺检定

1）尺长方程式

钢尺由于其制造误差、经常使用中的变形以及丈量时温度和拉力不同的影响，使得其实际长度往往不等于名义长度。因此，丈量之前必须对钢尺进行检定，求出它在标准拉力和标准温度下的实际长度，以便对丈量结果加以改正。钢尺检定后，应给出尺长随温度变化的函数式，通常称为尺长方程式，其一般形式为：

$$l_t = l_0 + \Delta l + \alpha l_0 (t - t_0) \tag{4-7}$$

式中：l_t——钢尺在温度 t 时的实际长度，单位为 m；

l_0——钢尺的名义长度，单位为 m；

Δl——尺长改正数，单位为 m；

α——钢尺的膨胀系数，$\alpha = 1.25 \times 10^{-5}$ m/℃；

t_0——钢尺检定时的温度，单位为℃；

t——钢尺使用时的温度，单位为℃。

2）钢尺检定的方法

钢尺应送设有比长台的测绘单位检定，在精度要求不高时，可用检定过的钢尺作为标准尺来检定其他钢尺。检定宜在室内水泥地面上进行，在地面上贴两张绘有十字标志的图纸，使其间距约为一整尺长。用标准尺施加标准拉力丈量这两个十字标志之间的距离，并修正端点使该距离等于标准尺的长度。然后再将被检定的钢尺施加标准拉力丈量这两标志间的距离，取多次丈量结果的平均值作为被检定钢尺的实际长度，从而求得尺长方程式。

2. 测量前的准备工作

测量之前要清理场地，用经纬仪进行直线定线，用水准仪或全站仪测桩顶间高差。

3. 钢尺精密量距步骤

钢尺精密量距按下列步骤进行。

(1) 人员准备。两人拉尺，两人读数，一人测温度兼记录，共 5 人。

(2) 丈量时，后尺者挂弹簧秤与钢尺的零端，前尺者执尺子的末端，两人同时拉紧钢尺，把钢尺有刻划的一侧贴与木桩顶十字线的交点，待达到标准拉力时，由后尺者发出“预备”口令，两人拉稳尺子，由前尺者喊“好”。在此瞬间，前、后尺者同时读取读数，估读至 0.5mm，并由记录者进行记录和计算尺段长度。

(3) 前、后移动钢尺一段距离，同法再次丈量。每一段测三次，读三组读数，由三组读数算得的长度之差要求不超过 3mm，否则应重测。

(4) 如在限差之内，取三次结果的平均值，作为该尺段的观测结果。同时，每一尺段测量应记录温度一次，估读至 0.50℃。如此继续丈量至终点，即完成往测工作，完成往测后，应立即进行返测。

(5) 成果计算。将每一尺段丈量结果经过尺长改正、温度改正和倾斜改正改算成水平距离，并求总和，得到直线往测、返测的全长。往、返测较差符合精度要求后，取往、返测结果的平均值作为最后结果。

4. 精密量距中的尺长改正、温度改正及倾斜改正

精密量距中，每一尺段长需进行尺长改正、温度改正及倾斜改正，求出改正后的尺段长度。按照如下方法计算各改正数。

1）尺长改正

钢尺在标准拉力、标准温度下的检定长度 l'，与钢尺的名义长度 l_0 往往不一致，其差 $\Delta l = l' - l_0$，即为整尺段的尺长改正。任一尺段 l 的尺长改正数 Δl_d 为：

$$\Delta l_d = (l' - l_0) l / l_0 \tag{4-8}$$

2）温度改正

设钢尺在检定时的温度为 t_0℃，丈量时的温度为 t℃，钢尺的膨胀系数为 α，则某尺段 l 的温度改正数为 Δl_t 为：

$$\Delta l_t=\alpha(t-t_0)l \tag{4-9}$$

3）倾斜改正

设 l 为量得的斜距，h 为尺段两端间的高差，现要将 l 改算成水平距离 d'，故要加倾斜改正数 Δl_h：

$$\Delta l_h=-h^2/2l \tag{4-10}$$

倾斜改正数永远为负值。

例 4-2 已知钢尺的名义长度 $l_0=30$m，实际长度 $l'=30.005$m，检定钢尺时温度 $t_0=20$℃，钢尺膨胀系数 $\alpha=1.25\times10^{-5}$m/℃，$A\sim1$ 尺段 $l=29.3930$m，$t=25.5$℃，$h_{A_1}=0.36$m，计算尺段改正后的水平距离。

解

$$\Delta l=l'-l_0=0.005\text{m}$$

$$\Delta l_d=\frac{\Delta l}{l_0}l=\frac{0.005}{30}\times29.3930=4.9\text{mm}$$

$$\Delta l_t=\alpha(t-t_0)l=\alpha(25.5-20)\times29.3930=2.0\text{mm}$$

$$\Delta l_h=-\frac{h^2}{2l}=-\frac{0.36^2}{2\times29.3930}=-2.2\text{mm}$$

$$D_{A_1}=l+\Delta l_d+\Delta l_t+\Delta l_h=29.3977\text{m}$$

钢尺精密量距的记录及成果计算如表 4-2 所示。

表 4-2 钢尺精密量距的记录及成果计算

日期： 仪器型号： 观测者：

天气： 组别： 记录者：

钢尺号码：NO. 11 钢尺膨胀系数：0.000012 钢尺检定时温度 t_0：20℃

钢尺名义长度 l_0：30m 钢尺检定长度 l'：30.0025m 钢尺检定时拉力：100N

尺段编号	实测次数	后尺读数/m	前尺读数/m	改正后长度/m	温度/℃	高差/m	温度改正数/mm	尺长改正数/mm	倾斜改正数/mm	改正后尺段长/m
A_1	1	29.8955	0.0200	29.8755	26.5	−0.115	+2.3	+2.5	−0.2	29.8801
	2	29.9115	0.0345	29.8770						
	3	29.8980	0.0240	29.8740						
	平均			29.8755						
I_2	1	29.9350	0.0250	29.9100	25.0	+0.411	+1.8	+2.5	−2.0	29.9120
	2	29.9565	0.0460	29.9105						
	3	29.9780	0.0695	29.9085						
	平均			29.9097						

续表

尺段编号	实测次数	后尺读数/m	前尺读数/m	改正后长度/m	温度/℃	高差/m	温度改正数/mm	尺长改正数/mm	倾斜改正数/mm	改正后尺段长/m
…	…	…	…	…	…	…	…	…	…	…
B_6	1	19.9345	0.0385	19.8960	28.0	+0.0112	+1.9	+1.7	−0.3	19.8956
	2	19.9470	0.0610	19.8860						
	3	19.9565	0.0615	19.8950						
	平均			19.8923						
总和										

4.2.4 钢尺量距的误差

1. 尺长误差

钢尺必须经过检定以求得其尺长改正数。尺长误差具有系统积累性，它与所量距离成正比。精密量距时，钢尺虽经检定并在丈量结果中进行了尺长改正，其成果中仍存在尺长误差，因为一般尺长检定方法只能达到 0.5mm 左右的精度，一般量距时可不作尺长改正。

2. 温度误差

用温度计测量温度，测定的温度是空气的温度，而不是钢尺本身的温度，在夏季阳光暴晒下，此两者温度之差可大于 5℃。因此，量距宜在阴天进行，并要设法测定钢尺本身的温度。

3. 拉力误差

钢尺具有弹性，会因受拉力而伸长。量距时，如果拉力不等于标准拉力，钢尺的长度就会产生变化。精密量距时，用弹簧秤控制标准拉力，一般量距时拉力要均匀，不要或大或小。

4. 丈量误差

如钢尺端点对准误差、插测钎误差、钢尺读数目估误差等都属于丈量误差。所有这些误差都是在工作中由于人的感官能力限制而产生的，其性质可正可负，或大或小，所以在丈量时尽可能认真操作，以减小丈量误差。

5. 垂曲误差

垂曲就是钢尺悬空丈量时中间下垂而产生的误差，所以在量距时尽可能使钢尺处于水平状态，以减小垂曲误差。

6. 钢尺倾斜误差

用平量距法丈量时，钢尺不水平会使所量距离增大。因此，用平量距法丈量时尽可能使钢尺水平。精密量距时，测出尺段两端点的高差，进行倾斜改正，可消除钢尺不水平的影响。

7. 定线误差

钢尺丈量时应伸直紧靠所量直线，如果偏离定线方向，就形成一条折线，把实际距离量长了。当待测距较长或精度要求较高时，应用经纬仪定线。

任务 4.3 视距测量

4.3.1 视距测量原理

经纬仪、水准仪等光学经纬仪的望远镜中都有与横丝平行、上下等距对称的两根短横丝，称为视距丝。视距测量就是利用望远镜的视距丝，间接测定距离和高差的一种方法。

视距测量的优点是测量速度快，不受地形限制。不足是精度低，距离相对误差一般为1/300～1/200，高差一般为分米级，主要用于地形图测绘（地形点的距离与高差测量）。

视距测量所用的主要仪器和工具有经纬仪、水准仪和视距尺（水准尺）。视距尺一般应是厘米刻划的整体尺。如果使用塔尺应注意检查各节尺的接头是否准确。

1. 视准轴水平时的距离和高差

如图 4-12 所示，欲测定 A、B 两点之间的水平距离，在 A 点安置仪器，并使视准轴水平，在 B 点立视距尺，视准轴与尺子垂直。对光后，通过上、下两条视距丝 m、n 就可读得尺上 M、N 两点处的读数，两读数的差值 l 称为视距间隔或视距。f 为物镜焦距，p 为视距丝间隔，δ 为物镜至仪器中心的距离，由图可知，A、B 点之间的平距为：

$$D=d+f+\delta \tag{4-11}$$

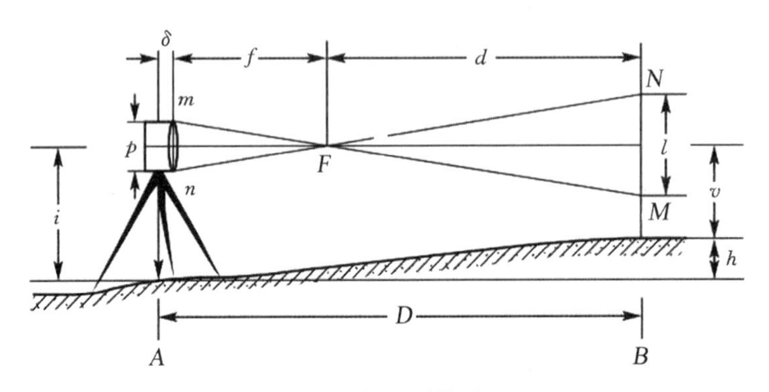

图 4-12 视距测量原理

其中 d 由△MNF 和△mnF 相似求得：

$$\frac{d}{f}=\frac{l}{p}$$

$$d=\frac{l}{p}f \tag{4-12}$$

因此，

$$D=d+f+\delta=\frac{f}{p}l+f+\delta \tag{4-13}$$

令 $K=\frac{f}{p}$，称为视距乘常数，$C=f+\delta$，称为视距加常数，则：

$$D=Kl+C \tag{4-14}$$

式中：K——视距乘常数，通常为100；

C——视距加常数。

在设计望远镜时，适当选择有关参数后，可使 $K=100$，$C=0$。于是，视线水平时的视距公式为：

$$D=100l \tag{4-15}$$

两点间的高差为：

$$h=i-v \tag{4-16}$$

式中：i——仪器高，单位为 m；

v——望远镜的中丝在尺上的读数，即中丝读数，单位为 m。

2. 视准轴倾斜时的距离与高差公式

当地面起伏较大时，必须使视线倾斜才能照准视距尺读取视距间隔，如图 4-13 所示，由于视准轴不再垂直于尺子，故不能直接用上述公式。若想引用前面的公式，测量时则必须将尺子置于垂直于视准轴的位置，但那是不太可能的。

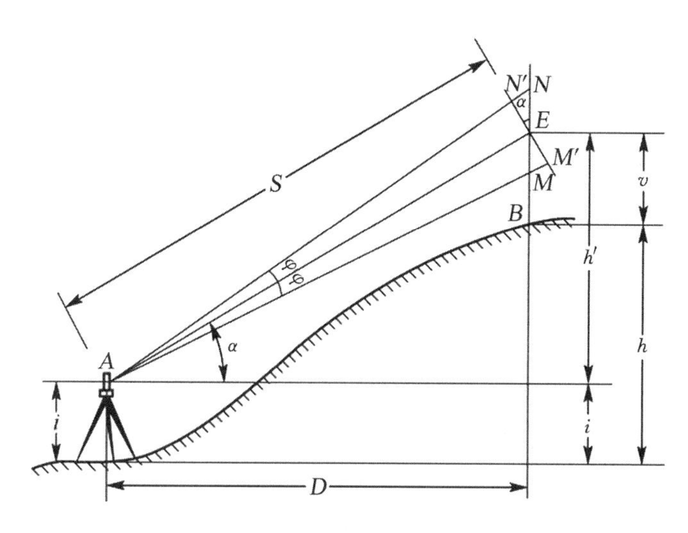

图 4-13 倾斜视线视距测量原理

因此，在推导倾斜视线的视距公式时，必须加上两项改正：

(1) 视距尺不垂直与视准轴的改正。

(2) 倾斜视线（距离）化为水平距离的改正。

在图 4-13 中，设视准轴倾斜角为 α，由于 φ 角很小，略为 17′，故可将 $\angle NN'E$ 和 $\angle MM'E$ 近似看成直角，则 $\angle NEN'=\angle MEM'=\alpha$，于是有：

$$\begin{aligned} l'=M'N'&=M'E+EN'=ME\cos\alpha+EN\cos\alpha \\ &=(ME+EN)\cos\alpha \\ &=l\cos\alpha \end{aligned} \tag{4-17}$$

根据式（4-14）得倾斜距离：

$$S=Kl'=Kl\cos\alpha \tag{4-18}$$

换算为平距为：

$$D=S\cos\alpha=Kl\ \cos^2\alpha \tag{4-19}$$

B 两点间的高差为：

$$h=h'+i-v \tag{4-20}$$

式中：

$$h'=S\sin\alpha=Kl\cos\alpha\sin\alpha=\frac{1}{2}Kl\sin2\alpha \tag{4-21}$$

称为初算高差。故视线倾斜时的高差公式为：

$$h=\frac{1}{2}Kl\sin2\alpha+i-v=D\tan\alpha+i-v \tag{4-22}$$

3. 视距测量步骤

（1）在测站上安置仪器，对中、整平后，量取仪器高至厘米并计入手簿。

（2）转动经纬仪，用盘左（或盘右）照准视距尺，调节竖直读盘指标水准管使气泡居中。

（3）迅速读取竖直度盘读数计算竖直角 α 和上、中、下三丝读数。

（4）计算水平距离 D 和高差 h。

在实际工作中，可列表计算，如表 4-3 所示，用中丝瞄准仪器高 i 的数值而读取竖直角 α；使上丝照准标尺整米数，以便直接读取尺间隔 l，可简化计算。同时应注意，竖直角测量采用的是半测回测量，在计算竖直角时，需加上竖盘指标差。

表 4-3　视距测量手簿

日期：　　仪器型号：　　观测者：

天气：　　组别：　　记录者：

测站：A　　仪器高：1.45m　　测站高程：25.17　　指标差：+36″

测点	尺间隔 l/m	中丝读数 v/m	竖盘读数 L/（° ′ ″）	垂直角 α /（° ′ ″）	高差 h /m	水平距离 /m	高程 H/m	备注
1	1.574	1.450	87 41 12	+2 19 24	+6.38	157.14	31.55	
2	1.039	1.316	93 22 48	−3 22 12	−5.97	103.54	19.20	

4.3.2 视距测量误差及注意事项

1. 视距测量误差

（1）读数误差。读数误差直接影响尺间隔 l，当视距乘常数 $K=100$ 时，读数误差将扩大 100 倍影响距离测定。如读数误差为 1mm，则对距离的影响为 0.1m。因此，读数时应注意消除视差。

（2）标尺不竖直误差。标尺立得不竖直对距离的影响与标尺倾斜度和竖直角有关。当标尺倾斜1°，竖直角为30°时，产生的视距相对误差可达1/100。为减小标尺不竖直误差的影响，应选用安装圆水准器的标尺。

（3）外界条件的影响。外界条件的影响主要有大气的竖直折光、空气对流使标尺成像不稳定、风力使尺子抖动等。因此应尽可能使仪器高出地面1m，并选择合适的天气作业。

以上三种误差对视距测量影响较大。此外，还有标尺分划误差、竖直角观测误差、视距常数误差等。

2. 视距测量注意事项

（1）为减少垂直折光的影响，观测时应尽可能使视线离地面1m以上。

（2）作业时，要将视距尺竖直，并尽量采用带有水准器的视距尺。

（3）要严格测定视距常数 K，K 值应在100±0.1之内，否则应加以改正，或采用实测值。

（4）视距尺一般应是厘米刻划的整体尺。如果使用塔尺，应注意检查各节尺的接头是否准确。

（5）要在成像稳定的情况下进行观测。

（6）读数时注意消除视差，认真读取视距尺间隔，并尽可能缩短视线长度。

任务4.4　光电测距

电磁波测距仪是通过测定电磁波在测线两端点间往返传播的时间来测量距离，测程可达25km左右，也能用于夜间作业。电磁波测距仪按所采用的载波不同，可分为光电测距仪和微波测距仪。光电测距一般采用光波（可见光或红外光）作为载波，微波测距仪采用无线电波和微波作为载波。光电测距仪按其测程可分为短程光电测距仪（2km以内）、中程光电测距仪（3～5km）和远程光电测距仪（可大于15km）。

与钢尺量距和视距测量相比，电子波测距具有测程远、精度高、作业快、受地形限制少等优点，因而在测量工作中得到广泛应用，其中在建筑工程测量中应用较多的是短程红外电测距仪。

4.4.1　光电测距原理

全站仪距离测量

电子波测距的原理（见图4-14），是在 A 点安置能发射和接收光波的光电测距仪，在 B 点设置反射棱镜。光电测距仪发出的光束经棱镜反射后，又返回到测距仪。通过测定光波在 AB 之间传播的时间 t，根据光波在大气中的传播速度 c 来计算 AB 之间的距离 D，计算公式为：

$$D=\frac{1}{2}ct \tag{4-23}$$

光电测距仪测定时间 t 的方式一般采用相位式。

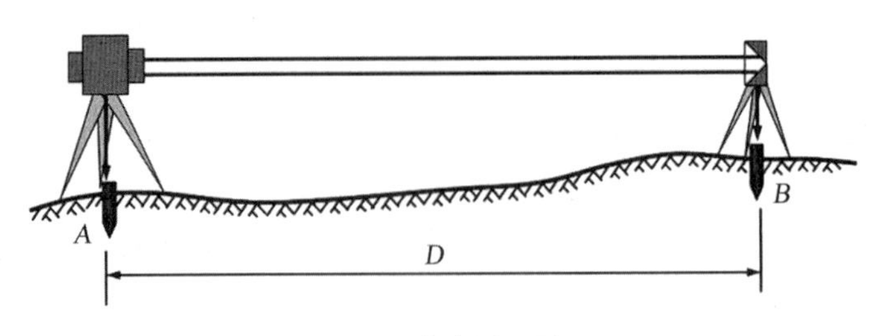

图 4-14 光电测距原理

4.4.2 光电测距仪的操作步骤与注意事项

1. 光电测距仪的操作步骤

1）安置仪器

先在测站上安置好经纬仪，对中、整平后，将测距主机安装在经纬仪支架上，用连接器固定螺钉锁紧，将电池插入主机底部、扣紧。

在目标点安置反射棱镜，对中、整平，并使镜面朝向主机。

2）观测垂直角、气温和气压

用经纬仪十字横丝照准觇板中心，测出垂直角 α，同时，观测和记录温度和气压计上的读数。

3）测距准备

按电源开关键“PWR”开机，主机自检并显示原设定的温度、气压和棱镜常数值，自检通过后将显示“good”。

若修正原设定值，可按“TPC”键后输入温度、气压值或棱镜常数（一般通过“ENT”和数字键逐个输入）。

4）距离测量

调节主机照准轴水平调整手轮（或经纬仪水平微动螺旋）和主机俯仰微动螺旋，使测距仪望远镜精确瞄准棱镜中心。

在显示“good”状态下，精确瞄准也可根据蜂鸣器声音来判断，信号越强声音越大，上下左右微动测距仪，使蜂鸣器的声音最大，便完成了精确瞄准，出现“*”。

精确瞄准之后，按“MSR”键，主机将测定并显示经温度、气压和棱镜常数改正后的斜距。

斜距到平距的改算，一般在现场用测距仪进行，方法是：按“V/H”键后输入垂直角值，再按“SHV”键显示水平距离。连续按“SHV”键可依次显示斜距、平距和高差。

2. 光电测距的注意事项

（1）气象条件对光电测距影响较大，微风的阴天是观测的良好时机。

（2）测线应尽量离开地面障碍物 1.3m 以上，避免通过发热体和较宽水面的上空。

（3）测线应避开强电磁场干扰的地方，例如测线不宜接近变压器、高压线等。

（4）镜站的后面不应有反光镜和其他强光源等背景的干扰。

（5）要严防阳光及其他强光直射接收物镜，避免光线经镜头聚焦进入机内，将部分元件烧坏，阳光下作业应撑伞保护仪器。

技能训练

（1）距离测量的方法有几种？

（2）用钢尺丈量了 AB、CD 两端距离，AB 的往测值为 206.32m，返测值为 206.17m；CD 的往测值为 102.83m，返测值为 102.74m。问这两段距离丈量精度是否相同，为什么？

（3）钢尺精密量距的三项改正是什么？如何计算？

（4）用竖盘顺时针注记的光学经纬仪（竖盘指标差忽略不计）进行视距测量，测站点高程 $H_A=56.87$m，仪器高 $i=1.45$m，视距测量结果如下表所示，计算完成表 4-4 中各项。

表 4-4 视距测量记录表

日期： 仪器型号： 观测者：

天气： 组别： 记录者：

点号	上、下丝读数/mm	中丝/mm	竖盘读数/(° ′)	竖直角/(° ′)	水平距离/m	高差/m	高程/m
1	2154 1745	1950	92 54				
2	1987 1256	1600	90 24				
3	2486 1763	2100	88 42				
4	0985 0489	0700	85 30				

科普小知识

如何目测距离

目测距离，就是根据视力、目标清晰程度和实践经验来判定距离。目测距离的基本方法有比较法和判断法。

（1）比较法，就是把要测距离与某段已知距离（如电线杆距离、已测距离或自己熟悉的 100m，200m，500m 等基本距离）相比较以求出距离。也可将要测的距离折半或分成若干段，分段比较，推算全长。

（2）判断法，就是根据目标的清晰程度来判断距离。在正常视力和气候条件下，可以分辨的目标距离可参考表 4-5。但因每人的视力不同，使用此表时应根据自己的经验灵活掌握。

表 4-5 根据目标清晰程度判断距离表

距离/m	目标清晰程度
100	人脸特征、手关节、步兵火器外部零件可见
150～170	衣服的纽扣、水壶、装备的细小部分可见
200	房顶上的瓦片、树叶、铁丝可见
250～300	墙可见缝，瓦能数沟；人脸五官不清，衣服颜色可见
400	人脸不清，头肩可分
500	门见开闭，窗见格，瓦沟条分不清；人头肩分不清，男女可分
700	瓦面成丝，窗见衬；行人迈步分左右，手肘分不清
1000	房屋轮廓清楚瓦片乱，门成方块窗衬消；人体上下一般粗
1500	瓦面平光，窗成洞；行人似蠕动，动作分不清；树干、电杆可见
2000	窗是黑影，门成洞；人成小黑点，行动分不清
3000	房屋模糊，门难辨，房上烟囱还可见

项目 5　方向测量和坐标正反算

学习目标

（1）了解罗盘仪观测磁方位角。

（2）理解直线定向的方法。

（3）掌握坐标方位角的计算及坐标的正反算方法。

思政目标

培养作为测绘人的自豪感、踏实肯干、精益求精的工匠精神。

任务 5.1　方向测量

5.1.1　标准方向线

5.1.1.1　直线定向的概念

在测量工作中常要确定地面上两点间的平面位置关系，要确定这种关系除了需要测量两点之间的水平距离以外，还必须确定该两点直线的方向。在测量上，确定某一条直线与标准方向线之间的水平角称为直线定向。

5.1.1.2　标准方向的种类

直线定向

1. 真子午线方向

椭球的子午线方向称为真子午线，通过地球表面上某点的真子午线的切线方向称为该点的真子午线方向（也称真北方向），真子午线方向可通过天文观测、陀螺经纬仪测量来测定。

2. 磁子午线方向

磁子午线方向即为磁针静止时所指的方向（也称磁北方向），它是用罗盘来测定的。

3. 坐标纵轴方向

我国采用高斯平面直角坐标系，其每一投影带中央子午线的投影为坐标纵轴方向，即 X 轴方向，平行于高斯投影平面直角坐标系 X 坐标轴的方向称为坐标纵线（也称轴北方向）。

测量中常用这三个方向来作为直线定向的标准方向，即所谓的三北方向，如图 5-1 所示。

测量工作中，常用方位角、坐标方位角或象限角来表示直线的方向。

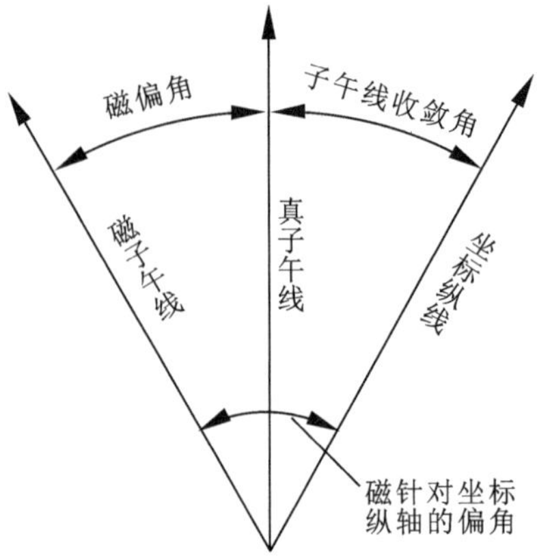

图 5-1 测量标准方向

5.1.2 方位角

5.1.2.1 方位角的概念

从直线一端点的标准方向顺时针转至某直线的水平夹角，称为该直线的方位角。方位角的大小是0°～360°，方位角不能为负数。

5.1.2.2 方位角的分类

根据标准方向的不同，方位角可分为真方位角、磁方位角和坐标方位角三种。

1. 真方位角

从直线一端点的真子午线方向顺时针方向转到该直线的水平角，称为该直线的真方位角，用 $\alpha_{真}$ 表示，如图 5-2（a）所示。

2. 磁方位角

从直线一端的磁子午线方向顺时针方向量到某直线的水平角，称为该直线的磁方位角，用 $\alpha_{磁}$ 表示，如图 5-2（b）所示。

3. 坐标方位角

从坐标纵轴方向的北端起顺时针方向量到某直线的水平角，称为该直线的坐标方位角，一般用 α 表示，如图 5-2（c）所示。

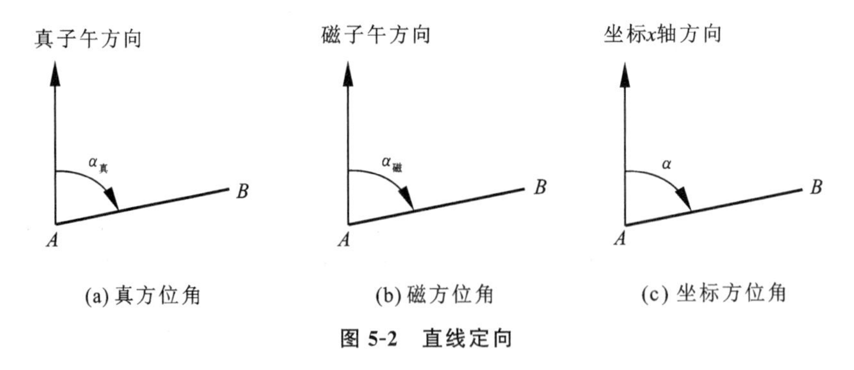

(a) 真方位角　(b) 磁方位角　(c) 坐标方位角

图 5-2 直线定向

5.1.2.3 磁偏角

由于磁南北极与地球的南北极不重合，因此过地球上某点的真子午线与磁子午线不重合，同一点的磁子午线方向偏离真子午线方向某一个角度称为磁偏角，用 δ 表示，如图 5-3 所示。

5.1.2.4 磁方位角与真方位角之间的关系

磁方位角与真方位角之间的关系如图 5-4 所示。

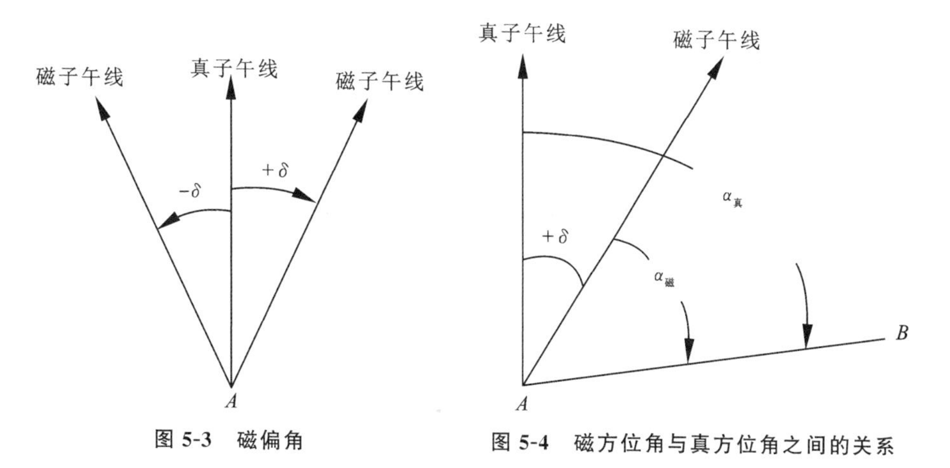

图 5-3 磁偏角　　图 5-4 磁方位角与真方位角之间的关系

$$\alpha_{真}=\alpha_{磁}+\delta \qquad (5\text{-}1)$$

式中，磁偏角 δ 值，东偏取正，西偏取负。我国的磁偏角的变化在$-10°\sim+6°$之间。

5.1.3 象限角

5.1.3.1 象限角

在测量工作中，有时也用象限角表示直线的方向，象限角是从标准方向线的南端或北端旋转至直线所成的锐角，一般用 R 表示，其角值范围是 $0°\sim90°$。由于可以从标准方向线的南端开始旋转，也可以从标准方向线的北端开始旋转，象限角是有方向性的。表示象限角时不但要表示角度的大小，而且还要注明该直线在第几象限。如图 5-5 所示，通过 X 和 Y 坐标轴将平面划分为四个象限。从 X 轴方向按顺时针或逆时针转至某直线的水平角，称为象限角，以 R 表示。象限角的范围是 $0°\sim90°$。正反象限角相等，方向相反。

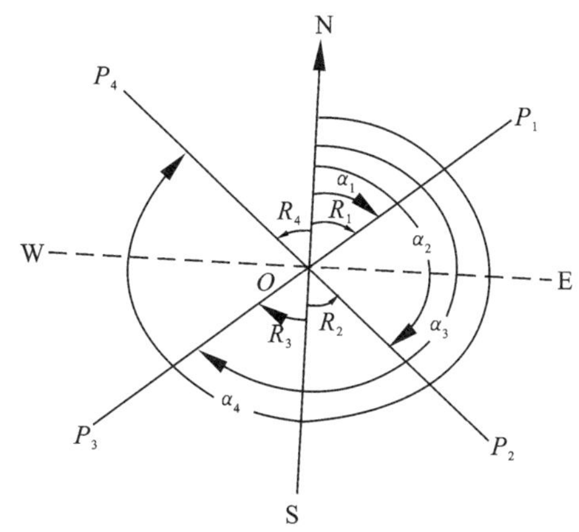

图 5-5 象限角与坐标方位角

直线 OP_1 位于第Ⅰ象限，象限角 R_1；直线 OP_2 位于第Ⅱ象限，象限角 R_2；直线 OP_3 位于第Ⅲ象限，象限角 R_3；直线 OP_4 位于第Ⅳ象限，象限角 R_4。用象限角来表示直线的方向，必须注明直线所处的象限。第Ⅰ象限记为"北东"，第Ⅱ象限记为"南东"，第Ⅲ象限记为"南西"，第Ⅳ象限记为"北西"。图 5-5 中，假定 $R_1=42°30'$、$R_3=44°18'$，则应分别记为 R_1＝北东 42°30′、R_3＝南西 44°18′。

5.1.3.2 直线的方位角与象限角换算关系

如图 5-5 所示，直线方位角与象限角换算关系，如表 5-1 所示。

表 5-1 直线的方位角与象限角换算关系

象限	坐标方位角与象限角之间的关系
第Ⅰ象限	$\alpha_1=R_1$
第Ⅱ象限	$\alpha_2=180°-R_2$
第Ⅲ象限	$\alpha_3=180°+R_3$
第Ⅳ象限	$\alpha_4=360°-R_4$

例 5-1 已知 AB 直线方位角 $\alpha_{AB}=196°35'$，求 AB 直线的象限角是多少？

解 AB 直线方位角 $\alpha_{AB}=196°35'$，直线 AB 在第Ⅲ象限，则直线 AB 象限角为：

$$R_{AB}=196°35'-180°=\text{南西 } 16°35'$$

例 5-2 已知直线 CD 象限角为：R_{CD}＝南东 20°30′，求 CD 直线的方位角和反象限角是多少？

解 因为直线在第Ⅱ象限，所以 CD 直线的方位角：

$$\alpha_{CD}=180°-R=159°30'$$

另因为正反象限角相等，方向相反，所以 CD 直线的反象限角：

$$R_{CD}=\text{北西 } 20°30'$$

5.1.4 坐标方位角的推算

坐标方位角推算

5.1.4.1 正、反坐标方位角

测量工作中的直线都是具有一定方向的，一条直线存在正、反两个方向，如图 5-6 所示。就直线 AB 而言，点 A 是起点，点 B 是终点。通过起点 A 的坐标纵轴北方向与直线 AB 所夹的坐标方位角 α_{AB} 称为直线 AB 的正坐标方位角；过终点 B 的坐标纵轴北方向与直线 BA 所夹的坐标方位角 α_{BA}，称为直线 AB 的反坐标方位角（是直线 BA 的正坐标方位角）。正、反坐标方位角相差 180°，即：

$$\alpha_{反} = \alpha_{正} \pm 180° \tag{5-2}$$

式中：当 $\alpha_{正} \geq 180°$ 时，"±" 取 "−" 号；

当 $\alpha_{正} < 180°$ 时，"±" 取 "+" 号。

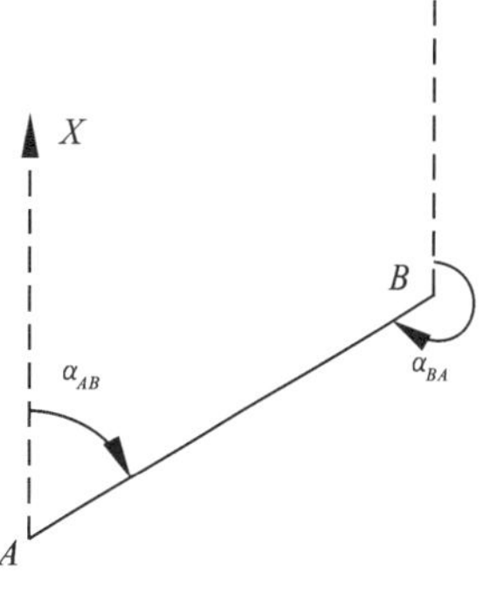

图 5-6 正反坐标方位角

例 5-3 已知 AB 直线方位角 $\alpha_{AB} = 196°35'$，求 AB 直线的反方位角 α_{BA}。

解 因为 $\alpha_{反} = \alpha_{正} \pm 180°$

所以 $\alpha_{BA} = 196°35' - 180° = 16°35'$

5.1.4.2 坐标方位角的推算

在测量工作中，通常只测定起始边的方位角，其他各边的方位角是用导线点上观测的水平角进行推算的。

如图 5-7 所示，通过已知坐标方位角和观测的水平角来推算出各边的坐标方位角。在推算时水平角 β 有左角和右角之分，图中沿前进方向 $A \to B \to C \to D \to E$ 左侧的水平角称为左角，沿前进方向右侧的水平角称为右角。

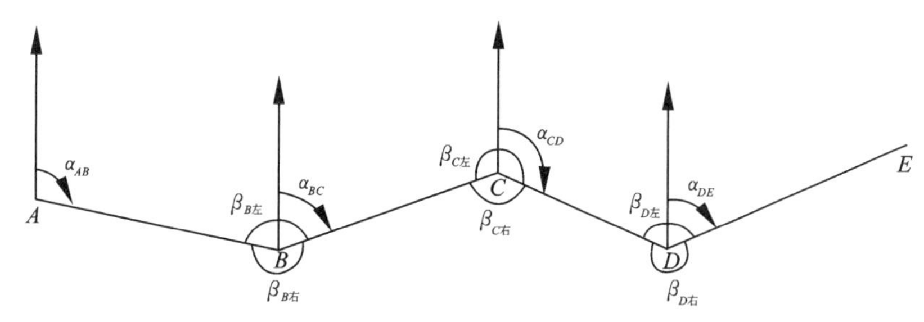

图 5-7 坐标方位的角的推算

1. 坐标方位角的推算

1）用左角推算各边方位角的公式

设 α_{AB} 为已知起始方位角，各转折角为左角。从图 5-7 中可以看出：每一边的正、反坐标方位角相差 180°，则有：

$$\alpha_{BC} = \alpha_{AB} + \beta_{B左} - 180° \tag{5-3}$$

同理有：

$$\alpha_{CD} = \alpha_{BC} + \beta_{C左} - 180° \tag{5-4}$$

$$\alpha_{DE} = \alpha_{CD} + \beta_{D左} - 180° \tag{5-5}$$

由此可知，按线路前进方向，由后一边的已知方位角和左角推算线路前一边的坐标方位角的计算公式为：

$$\alpha_{前} = (\alpha_{后} + \beta_{左}) - 180° \tag{5-6}$$

式（5-6）称为左角公式，即用左角推算方位角的公式。

2）用右角推算各边方位角

根据左、右角间的关系，将 $\beta_{左}=360°-\beta_{右}$ 代入式（5-6），则有：

$$\alpha_{前}=(\alpha_{后}-\beta_{右})+180° \tag{5-7}$$

式（5-7）称为右角公式，即用右角推算方位角的公式。

注意：坐标方位角的范围是 0°～360°，没有负值或大于 360°的值。如果计算的角值大于 360°时，则应该减去 360°才是其方位角；如果计算的角值为负值时，则应该加上 360°才是其方位角。

例 5-4 在图 5-7 中，已知 $\alpha_{AB}=96°$，$\beta_{B左}=170°$，$\beta_{C左}=210°$，$\beta_{D左}=150°$，求各边方位角是多少？

解 根据式（5-6），推算各边方位角如下：

BC 边方位角：

$$\begin{aligned}\alpha_{BC}&=(\alpha_{AB}+\beta_{B左})-180°\\&=(96°+170°)-180°\\&=86°\end{aligned}$$

CD 边方位角：

$$\begin{aligned}\alpha_{CD}&=(\alpha_{BC}+\beta_{C左})-180°\\&=(86°+210°)-180°\\&=116°\end{aligned}$$

DE 边方位角：

$$\begin{aligned}\alpha_{DE}&=(\alpha_{CD}+\beta_{D左})-180°\\&=(116°+150°)-180°\\&=86°\end{aligned}$$

如果用右角，推算得各边的方位角是相同的。

5.1.5 磁方位角的测定

5.1.5.1 罗盘仪及其构造

罗盘仪是用来测定直线磁方位角的仪器。罗盘仪的种类很多，构造大同小异，由磁针、度盘和望远镜三部分构成，图 5-8 所示是罗盘仪的一种。

磁针是由磁铁制成，当罗盘仪水平放置时，自由静止的磁针就指向南北极方向，即过测站点的磁子午线方向。一般在磁针的南端缠绕有细铜丝，这是因为我国位于地球的北半球，磁针的北端受磁力的影响下倾，缠绕铜丝可以保持磁针水平。罗盘仪的度盘按逆时针方向 0°～360°，如图 5-9 所示，每 10°有注记，最小分划为 1°或 30′，度盘 0°和 180°两根刻划线与罗盘仪望远镜的视准轴一致。罗盘仪内装有两个相互垂直的长水准器，用于整平罗盘仪。

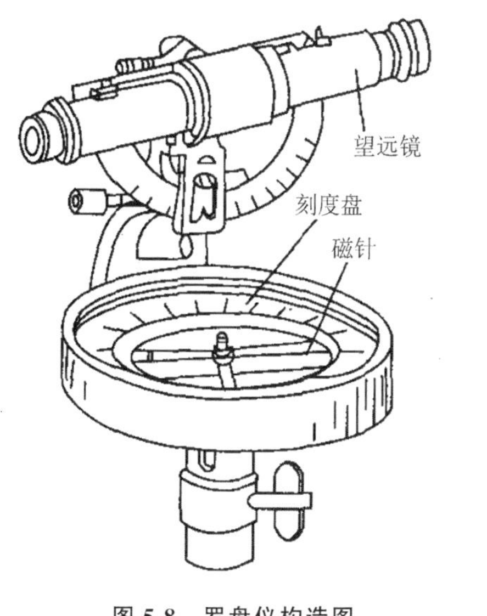

图 5-8　罗盘仪构造图

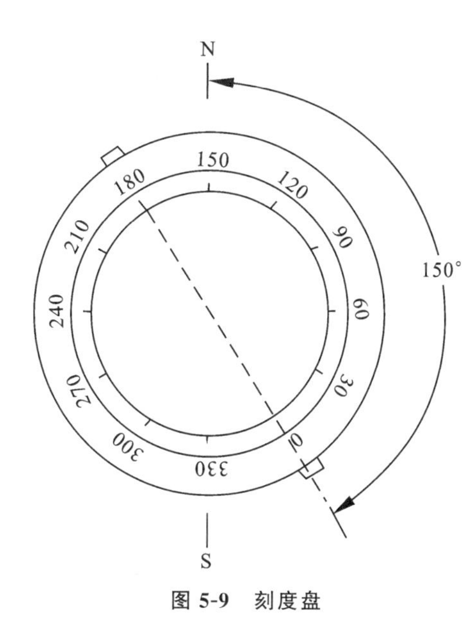

图 5-9　刻度盘

5.1.5.2　罗盘仪的使用

如图 5-10 所示，在直线的起点 A 安置罗盘仪，对中、整平后松开磁针固定螺钉，使磁针处于自由状态。用望远镜瞄准直线终点目标 B，待磁针静止后读取磁针北端所指读数（图 5-9 中读数为 150°）即为该直线的磁方位角。将罗盘仪安置在直线的另一端，按上述方法返测磁方位角进行检核，二者之差理论上应等于 180°，若不超限，取平均值作为最后结果。

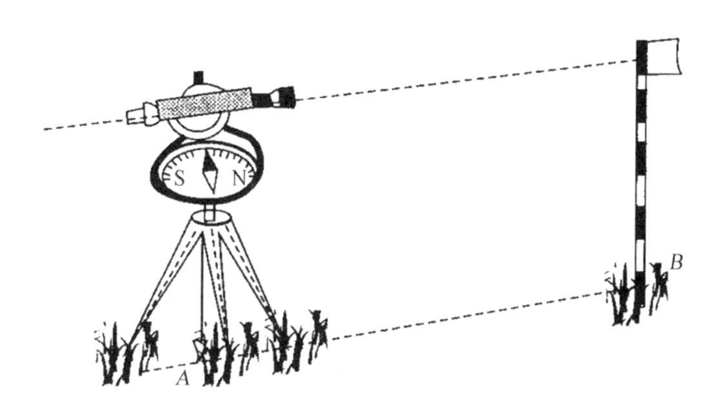

图 5-10　磁方位角的测定

罗盘仪使用时注意以下事项。

（1）使用罗盘仪时附近不能有任何铁器，应避开高压线、磁场等物质，否则磁针会发生偏转而影响测量结果。

（2）罗盘仪必须置平，磁针能自由转动，必须等待磁针静止时才能读数。

（3）观测结束后，必须旋紧顶起螺钉，将磁针顶起，以免磁针磨损，并保护磁针的灵活性。若磁针长时间摆动还不能静止，则说明仪器使用太久，磁针的磁性不足，应进行充磁。

任务 5.2 坐标正反算

5.2.1 坐标正算

根据直线始点的坐标、直线的水平距离及其方位角计算直线终点的坐标，称为坐标正算。如图 5-11 所示，已知直线 AB 的始点 A 的坐标（x_A，x_A），AB 的水平距离 D_{AB} 和方位角 α_{AB}，则终点 B 的坐标（x_B，x_B）可按下列步骤计算。

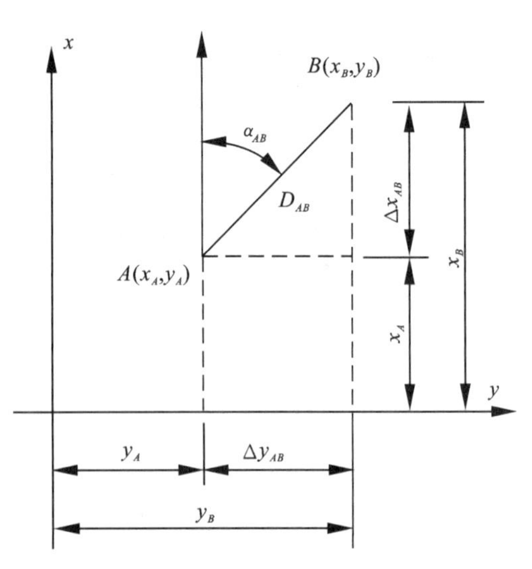

图 5-11 坐标正、反算

5.2.1.1 计算两点间纵横坐标增量

由图 5-11 可以看出 A、B 两点间纵横坐标增量分别为

$$\begin{cases}\Delta x_{AB}=D_{AB}\cos\alpha_{AB}\\ \Delta y_{AB}=D_{AB}\sin\alpha_{AB}\end{cases} \tag{5-8}$$

坐标正反算

5.2.1.2 计算 B 点的坐标

由图 5-11 可以看出，B 点的坐标为：

$$\begin{cases}x_B=x_A+\Delta x_{AB}=x_A+D_{AB}\cos\alpha_{AB}\\ y_B=y_A+\Delta y_{AB}=y_A+D_{AB}\sin\alpha_{AB}\end{cases} \tag{5-9}$$

例 5-5 已知 A 点的坐标为（556.23，758.69），AB 边的边长为 95.25m，AB 边的坐标方位角 $\alpha_{AB}=60°30'$，试求 B 点坐标。

解

$$x_B=556.23+95.25\cos60°30'=603.13$$

$$y_B=758.69+95.25\sin60°30'=841.59$$

5.2.2 坐标反算

根据直线始点和终点的坐标，计算两点间的水平距离和该直线的坐标方位角，称为坐标反算。

如图 5-11 所示，A、B 两点的水平距离及方位角可按下列公式计算

$$\alpha_{AB}=\arctan\frac{\Delta y_{AB}}{\Delta x_{AB}}=\arctan\frac{y_B-y_A}{x_B-x_A} \tag{5-10}$$

$$D_{AB}=\sqrt{\Delta x^2_{AB}+\Delta y^2_{AB}}=\sqrt{(x_B-x_A)^2+(y_B-y_A)^2} \tag{5-11}$$

或

$$D_{AB}=\frac{\Delta y_{AB}}{\sin\alpha_{AB}}=\frac{\Delta x_{AB}}{\cos\alpha_{AB}} \tag{5-12}$$

如果用一般函数计算器，根据式（5-10）中$\frac{\Delta y_{AB}}{\Delta x_{AB}}$取绝对值反算所得的角值是象限角，需要根据方位角与象限角的换算关系进行换算为方位角，方法如下：

（1）当$\Delta x_{AB}>0$，$\Delta y_{AB}>0$时，α_{AB}位于第Ⅰ象限内，范围在0°～90°之间，象限角与方位角相同，即$\alpha=R$，计算的象限角值即为方位角值。

（2）当$\Delta x_{AB}<0$，$\Delta y_{AB}>0$时，α_{AB}位于第Ⅱ象限内，范围在90°～180°之间。计算得到象限角后，按公式$\alpha=180°-R$计算该直线方位角值。

（3）当$\Delta x_{AB}<0$，$\Delta y_{AB}<0$时，α_{AB}位于第Ⅲ象限内，范围在180°～270°之间。计算得到的象限角后，按公式$\alpha=180°+R$计算该直线方位角值。

（4）当$\Delta x_{AB}>0$，$\Delta y_{AB}<0$时，α_{AB}位于第Ⅳ象限内，范围在270°～360°之间计算得象限角后，按公式$\alpha=360°-R$计算该直线方位角值。

如果用多功能计算器或可编程计算器计算，方法更为简便，在这里不再介绍。

例 5-6 已知A、B两点的坐标为A（500.00，500.00），B（356.25，256.88），试计算AB的边长及AB边的坐标方位角。

解

$$D_{AB}=\sqrt{(356.25-500.00)^2+(256.88-500.00)^2}=282.438\text{m}$$

$$\alpha_{AB}=\arctan\left|\frac{256.88-500.00}{356.25-500.00}\right|=\arctan\left|\frac{-243.12}{-143.75}\right|=59°24'19''$$

由于$\Delta x_{AB}<0$，$\Delta y_{AB}<0$，所以α_{AB}应为第Ⅲ象限的角，根据方位角与象限角的换算公式：

$$\alpha_{AB}=59°24'19''+180°=239°24'19''$$

技能训练

（1）什么是直线定向？为什么要进行直线定向？

（2）测量上作为定向依据的标准方向有几种？

（3）什么是直线正方位角、反方位角和象限角？已知各边的方位角如表5-2所示，求各边的反方位角和象限角。

表 5-2 方位角与反方位角、象限角的换算

直线	方位角 /（° ′ ″）	反方位角 /（° ′ ″）	象限角 /（° ′ ″）
AB	336 45 46		
BC	268 36 32		
CD	156 28 53		
DE	87 12 33		

（4）某直线的磁方位角为116°18′，而该处的磁偏角为东偏12°30′，问该直线的真方位角为多少？

(5) 如图5-12所示，已知AB边的坐标方位角为95°36′，观测的转折角$\beta_1=110°54'45''$、$\beta_2=120°36'42''$、$\beta_3=106°24'36''$，试计算DE边的坐标方位角。

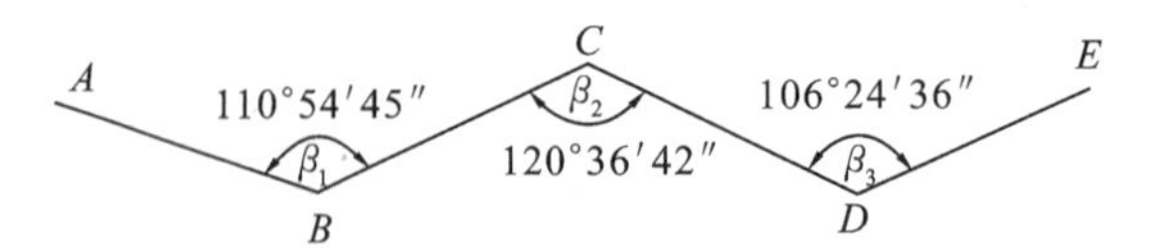

图5-12　坐标方位角

(6) 已知A点的坐标为A (569.32, 785.21)，AB边的边长为$D_{AB}=150.25\text{m}$，AB边的坐标方位角为$\alpha_{AB}=40°20'$，试求B点的坐标。

(7) 已知A、B两点的坐标为A (552.36, 654.87)，B (389.25, 754.56)，试求AB的边长D_{AB}及AB边的方位角α_{AB}。

(8) 简述使用罗盘仪测定直线磁方位角的方法。

科普小知识

我国最早的测量工具

司马迁在《史记》中写大禹治水时有这样一段话：“（禹）陆行乘车，水行乘舟，泥行乘橇，山行乘檋。左准绳，右规矩，载四时，以开九州，通九道。”在这里，司马迁给我们展现了禹带领测量队治水的生动画卷。你看，禹带着测量人员，肩扛测量仪器，准、绳、规、矩样样具备。他们有时在陆地坐车行进，有时在水上乘船破浪，有时在泥泞的沼泽地里坐着木橇，有时穿着带铁钉的鞋登山。由此可见，“准、绳、规、矩”是古代使用的测量工具。

“准”是古代用的水准器。这在《汉书》上就有记载。“绳”是一种测量距离、引画直线和定平用的工具，是最早的长度度量和定平工具之一。禹治水时，“左准绳”就是用“准”和“绳”来测量地势的高低，比较地势之间高低的差别。“规”是校正圆形的用具。“矩”是古代画方形的用具，也就是曲尺。古人总结了“矩”的多种测绘功能，既可以定水平、测高、测深、测远，还可以画圆画方。一个结构简单的“矩”，由于使用时安放的位置不同，便能测定物体的高低远近及大小，它的广泛用途，体现了古代中国人民的无穷智慧。

然而，“准、绳、规、矩”还不是最早的测量工具。1952年，人们在陕西省西安市半坡村发现了一处距今六七千年的氏族村落遗址。在这个遗址中，有完整的住宅区，其中有46座圆形的或方形的房子，门都是朝南开的。由此可以断定，氏族人是能准确地辨别方向的。他们用什么办法来辨认方向呢？据推测，他们是观察太阳、星星来辨别方向的。

一般的物体，如树木、房屋等，在太阳光的照耀下，都会投射出影子来，人们在生产和生活实践中常常观察这些影子，慢慢地，人们发现这些影子不仅随着时间的推移而变化着，而且还发现这些影子的变化是有规律的。“立竿见影”便是我国古老的测量工作。古人们用“立竿见影”来确立方向、测定时刻或者测定节气乃至回归年的长度等。由此可以说，中国最古老、最简单的测量工具是“表”，也就是普通的竹竿、木杆或者石柱等物。人们从远古研究“竿影”不知有多少千万年了。经过长期的生产实践，人们通过“竿影”的丈量和推导，创造出一套“测量高远术”来，“立竿见影”成了汉语中的一句成语。

项目 6　小区域控制测量

学习目标

（1）了解小区域控制测量的原理及方法；

（2）重点掌握导线测量、三（四）等水准测量和三角高程测量；

（3）掌握控制测量的概念及闭合导线、四等水准测量的观测与计算方法；

（4）了解 GNSS 测量原理。

思政目标

培养作为测绘人的自豪感、踏实肯干、精益求精的工匠精神。

任务 6.1　控制测量概述

为了限制误差的累积和传播，保证测图和施工的精度及速度，测量工作必须遵循“从整体到局部，先控制后碎部”的原则。即先进行整个测区的控制测量，再进行碎部测量。在测区内选择若干个控制点，构成一定的几何图形或折线，测定控制点的平面位置和高程，这种测量工作称为控制测量，控制测量的实质就是测量控制点的平面位置和高程。

测定控制点的平面位置工作，称为平面控制测量，测定控制点的高程工作，称为高程控制测量。

6.1.1　国家基本控制网

在全国范围内建立的控制网，称为国家基本控制网。它是全国各种测绘工作的基本控制，并为确定地球的形状和大小提供研究资料。国家控制网是用精密测量仪器和方法依照施测精度按一、二、三、四等四个等级建立的，它的低级点受高级点逐级控制。

6.1.1.1　国家平面控制网

建立国家平面控制网的常规方法有三角测量和精密导线测量，另外随着 GNSS（全球导航卫星系统）技术推广，利用 GNSS 技术进行控制测量已是大势所趋。

1. 三角测量

三角测量是在地面上选择一系列具有控制作用的控制点，组成互相连接的三角形且扩展成网状，称为三角网，如图 6-1 所示。三角形连接成条状的称为三角锁，如图 6-2 所示。在控制点上，用精密仪器将三角形的三个内角测定出来，并测定其中一条边长，然后根据三角公式解算出各点的坐标。用三角测量方法确定的平面控制点，称为三角点。

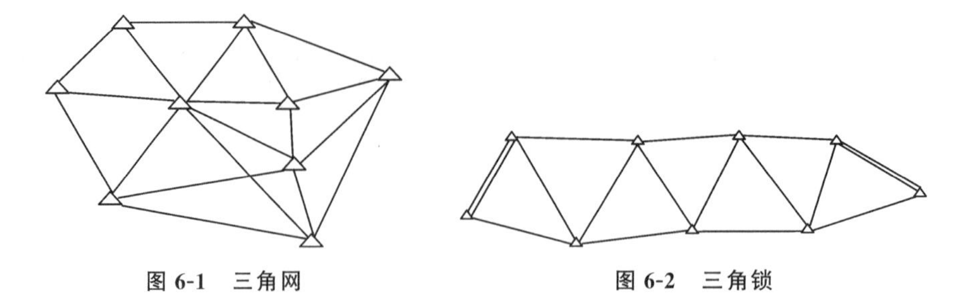

图 6-1　三角网　　　　图 6-2　三角锁

在全国范围内建立的三角网，称为国家平面控制网，如图 6-3 所示。按控制次序和施测精度分为四个等级，即一、二、三、四等。布设原则是从高级到低级，逐级加密布网。一等三角网，沿经纬线方向布设，一般称为一等三角锁，是国家平面控制网的骨干；二等三角网，布设在一等三角锁环内，是国家平面控制网的全面基础；三、四等三角网是二等网的进一步加密，以满足测图和施工的需要。

2. 精密导线测量

导线测量是在地面上选择一系列控制点，将相邻点连成直线而构成折线形，称为导线网，如图 6-4 所示。在控制点上，用精密仪器依次测定所有折线的边长和转折角，根据解析几何的知识解算出各点的坐标。用导线测量方法确定的平面控制点，称为导线点。

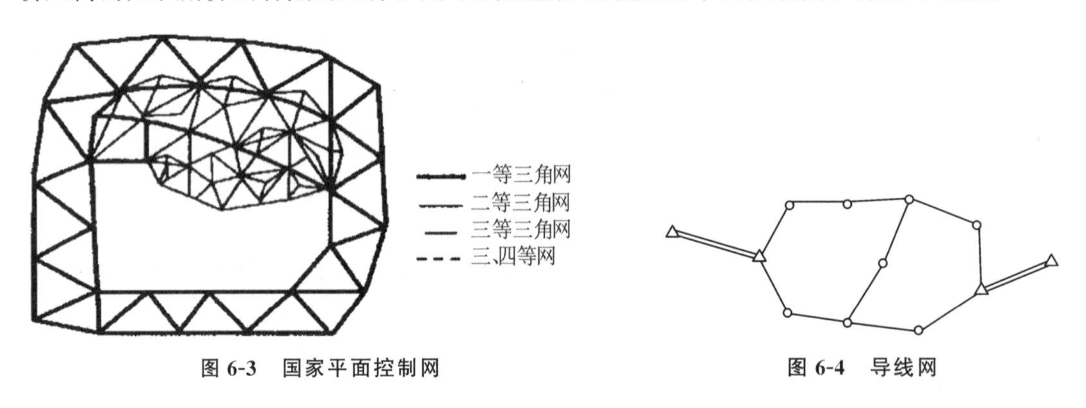

图 6-3　国家平面控制网　　　　图 6-4　导线网

在全国范围内建立三角网时，当某些局部地区采用三角测量有困难的情况下，亦可采用同等级的导线测量来代替。

导线测量也分为四个等级，即一、二、三、四等。其中一、二等导线，又称为精密导线测量。

3. GNSS 技术控制测量

传统的大地测量、工程控制测量采用三角网、导线网方法来施测，不仅费工费时，要求点间通视，而且精度分布不均匀，且在外业不知精度如何，采用 GNSS 静态测量、快速静态、RTK 控制测量，可以大大提高作业效率。目前，在建立国家平面控制网中得到广泛应用。

6.1.1.2　国家高程控制网

国家高程控制网也遵循“从整体到局部，先控制后碎部”的原则来布设，即在全国范围内布设一、二、三、四等水准，一等精度最高，四等精度最低。等级越高，其布设方法、线路选择和精度要求也相应越高。一、二等水准点一般沿铁路、公路等坡度平缓的线路布设，点的密度较稀，为科学研究提供精密可靠的高程数据，同时作为三、四等水准测量的高级控制。三、四等水准测量是对一、二等水准测量的加密，为国家经济建设提供高程依据。

6.1.2　小区域控制网

6.1.2.1　小区域平面控制网

为满足小区域测图和施工所需要而建立的平面控制网，称为小区域平面控制网。小区域平面控制网亦应由高级到低级分级建立。测区范围内建立最高一级的控制网，称为首级控制网；最低一级的即直接为测图而建立的控制网，称为图根控制网。首级控制与图根控制的关系如表 6-1 所示。

表 6-1　首级控制与图根控制的关系

测区面积/km^2	首级控制	图根控制
1～10	一级小三角或一级导线	两级图根
0.5～2	二级小三角或二级导线	两级图根
0.5 以下	图根控制	

直接用于测图的控制点，称为图根控制点，简称为图根点。图根点的密度取决于地形条件和测图比例尺，如表 6-2 所示。

表 6-2　图根点的密度

测图比例尺	1∶500	1∶1000	1∶2000	1∶5000
图根点密度（点/千米^2）	150	50	15	5

常用的平面控制测量方法有三角测量、导线测量、交会法定点，另外随着 GNSS 技术推广，利用 GNSS 技术进行控制测量已得到广泛应用。

6.1.2.2　小区域高程控制网

小区域范围的高程控制是确定控制点的高程，作为测绘地形图中地貌点、地物点的高程依据。高程控制常采用四等水准、图根水准或三角高程等方法。

本项目所讲述的平面控制测量以图根导线测量为对象，有关测量方法和精度均按图根级的要求阐述。高程控制仅介绍等水准测量和三角高程测量。

任务 6.2　平面控制测量

6.2.1　图根导线测量

导线测量（1）

6.2.1.1　导线布设形式

导线测量是建立小区域平面控制网的一种常用方法，它适用于地物分布较复杂的建筑区和平坦而通视条件较差的隐蔽区。若用经纬仪测量导线转折角，用钢尺丈量导线边长，称为经纬仪导线。若用测距仪或全站仪测量导线边长，则称为电磁波测距导线。根据测区的不同情况和要求，导线的布设形式有下列四种。

1. 闭合导线

如图 6-5 所示，导线从一个已知高级控制点 B 出发，经过若干个导线点 1、2、3、4，又回到原已知控制点 B 上，形成一个闭合多边形，称为闭合导线。这种布设形式，适合于方圆形地区。由于它本身具有严密的几何条件，故常用作独立测区的首级平面控制。

2. 附合导线

如图 6-6 所示，从一个已知高级控制点 B 和已知方向 AB 出发，经过若干个导线点 1、2、3，最后附合到另一个已知高级控制点 C 和已知方向 CD 上，称为附合导线。这种布设形式，适合于具有高级控制点的带状地区。附合导线也具有检核观测成果的作用，常用于平面控制测量的加密。

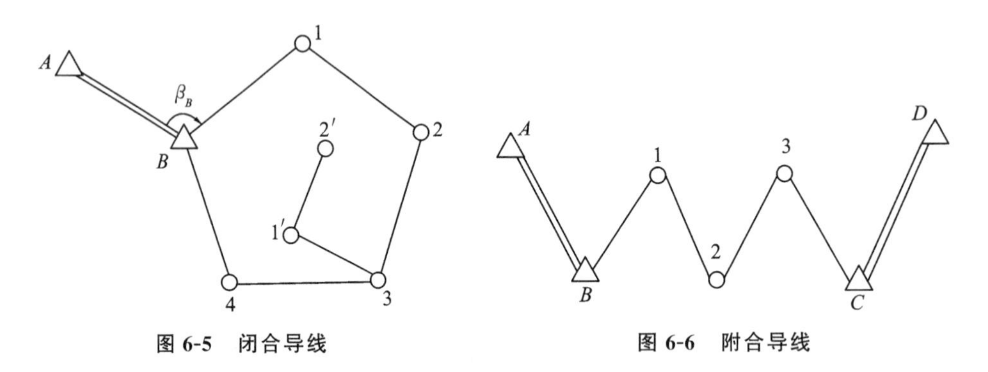

图 6-5　闭合导线　　图 6-6　附合导线

3. 支导线

图 6-5 中的 3、1′、2′，导线从一个已知点出发，经过 1～2 个导线点，既不回到原已知点上，又不附合到另一已知点上，称为支导线。由于支导线无检核条件，故导线点不宜超过 2 个。

4. 无定向附合导线

如图 6-7 所示，由一个已知点 A 出发，经过若干个导线点 1、2、3，最后附合到另一已知点 B 上，但起始边方位角不知道，且起、终两点 A、B 不通视，只能假设起始边方位角，这样的导线称为无定向附合导线。其适用于狭长地区。

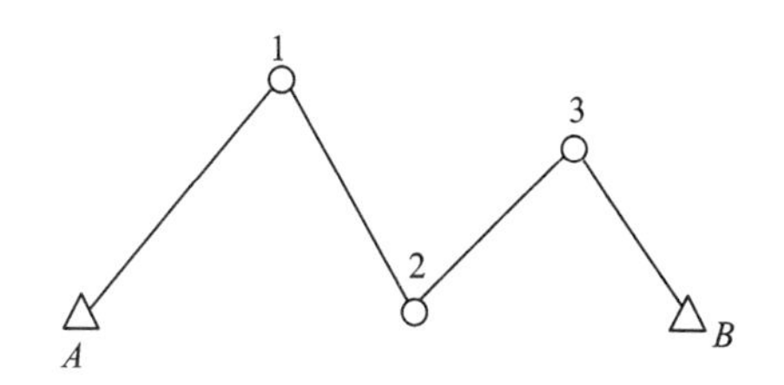

图 6-7 无定向附合导线

6.2.1.2 导线布设等级

导线按精度可分为一、二、三级导线和图根导线，其主要技术要求如表 6-3 所示，表中 n 为测角个数，M 为测图比例尺的分母。

表 6-3 导线测量的主要技术要求

等级	导线长度/m	平均边长/m	往返丈量较差相对误差	测角中误差/(″)	导线全长相对闭合差	测回数		角度闭合差/(″)
						DJ2	DJ6	
一级	4000	500	1/20000	±5	1/10000	2	4	$\pm 10\sqrt{n}$
二级	2400	250	1/15000	±8	1/7000	1	3	$\pm 16\sqrt{n}$
三级	1200	100	1/10000	±12	1/5000	1	2	$\pm 24\sqrt{n}$
图根	$\leqslant 1.0M$	≤1.5 测图最大视距	1/3000	±20	1/2000		1	$\pm 60\sqrt{n}$

6.2.1.3 导线测量的外业工作

导线测量的外业工作包括：踏勘选点及埋设标志、测边、测角、导线定向。

1. 踏勘选点及埋设标志

导线点的选择，直接影响到导线测量的精度和速度以及导线点的使用和保存。因此，在踏勘选点之前，首先要调查和收集测区已有的地形图及控制点资料，依据测图和施工的需要，在地形图上拟定导线的布设方案，然后到野外现场踏勘、核对、修改、落实点位和建立标志。如果测区没有以前的地形资料，则需要现场实地踏勘，根据实际情况，直接拟定导线的路线和形式，选定导线点的点位及建立标志。选点时，应注意以下几点：

(1) 相邻导线点间要通视，地势要较平坦，以便于量边和测角；

(2) 导线点应选在土质坚实、视野开阔处，以便于保存点的标志和安置仪器，同时也便于碎部测量和施工放样；

(3) 导线边长应大致相等，相邻边长度之比不要超过 3 倍，其平均边长要符合表 6-3 的规定；

(4) 导线点要有足够的密度，分布较均匀，便于控制整个测区。

确定导线点后，应根据需要做好标志。导线点的标志有永久性标志和临时性标志两种。若导线点需要长期保存，就要埋设石桩或混凝土桩，桩顶嵌入刻有“+”字标志的金属，也可将标志直接嵌入水泥地面或岩石上（见图 6-8）；若导线点为短期保存，只要在地面上打下一大木桩，桩顶钉一小钉作为导线点的临时标志。为了避免混乱，便于寻找和使用，导线点要统一编号，并绘制“点之记”，即选点略图，如图 6-9 所示。

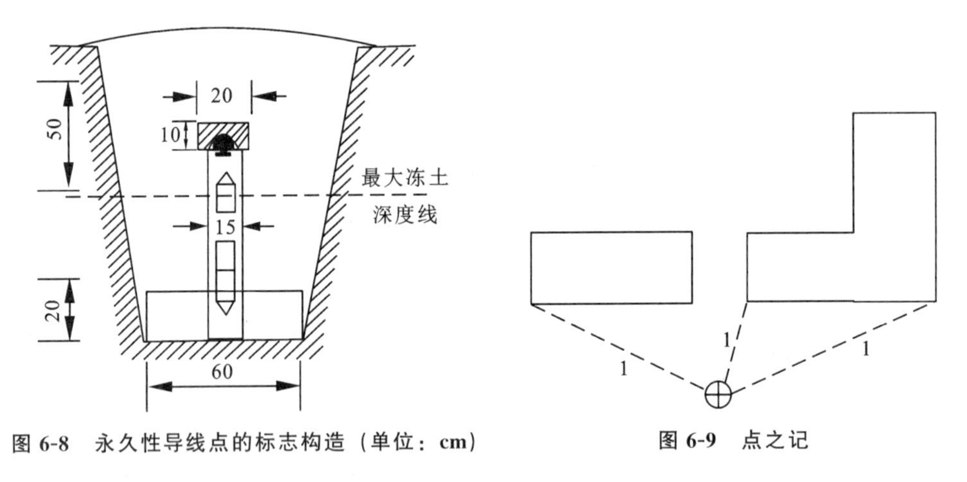

图 6-8　永久性导线点的标志构造（单位：cm）

图 6-9　点之记

2. 测边

导线边长可用电磁波测距仪或全站仪单向施测完成，也可用经检定过的钢尺往返丈量完成，但均要符合表 6-3 的要求。

3. 测角

导线的转折角有左、右之分，以导线为界，按编号顺序方向前进，在前进方向左侧的角称为左角，在前进方向右侧的角称为右角。对于附合导线，可测其左角，也可测其右角，但全线要统一。对于闭合导线，可测其内角，也可测其外角，若测其内角并按逆时针方向编号，其内角均为左角，反之均为右角。角度观测采用测回法，各等级导线的测角要求，均应满足表 6-3 的规定。

4. 导线定向

为了控制导线的方向，在导线起、止的已知控制点上，必须测定连接角，该项工作称为导线定向，或称导线连接角测量。定向的目的是为了确定每条导线边的方位角。

导线的定向有两种情况：一种是布设独立导线，只要用罗盘仪测定起始边的方位角，整个导线的每条边的方位角就可确定了；另一种情况是布设成与高一级控制点相连接的导线，先要测出连接角，如图 6-10 中的 β_B 角，再根据高一级控制点的方位角，推算出各边的方位角导线测量的内业计算。

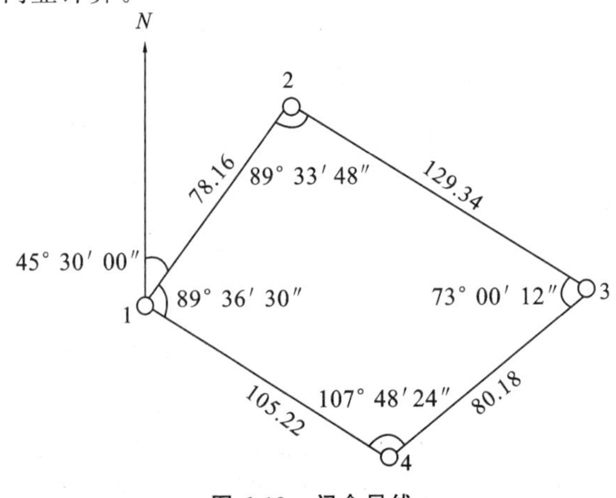

图 6-10　闭合导线

6.2.1.4 导线测量的内业计算

导线内业计算的目的，就是根据已知的起始数据和外业观测成果，通过误差调整，计算出各导线点的平面坐标。

计算之前，首先对外业观测成果进行检查和整理，然后绘制导线略图，并把各项数据标注在略图上，如图 6-10 所示。

1. 闭合导线的内业计算

现以图 6-10 所示的图根导线为例，介绍闭合导线计算步骤。

（1）角度闭合差的计算和调整。由平面几何原理可知，n 边形闭合导线内角和的理论值为：

$$\sum \beta_{理} = (n-2) \times 180° \tag{6-1}$$

在实际观测中，由于误差的存在，使实测的 n 个内角和 $\sum\beta_{测}$ 不等于理论值 $\sum\beta_{理}$，两者之差称为闭合导线角度闭合差 f_{β}，即：

$$f_{\beta} = \sum\beta_{测} - \sum\beta_{理} = \sum\beta_{测} - (n-2) \times 180° \tag{6-2}$$

各等级导线角度闭合差的允许值 $f_{\beta允}$ 列于表 6-4 中。若 $|f_{\beta}| > |f_{\beta允}|$，则说明角度闭合差超限，应分析、检查原始角度测量记录及计算，必要时应进行一定的重新观测。

若 $|f_{\beta}| \leqslant |f_{\beta允}|$，可将角度闭合差反符号平均分配到各观测角中，每个观测角的改正数应为：

$$v_{\beta} = \frac{-f_{\beta}}{n} \tag{6-3}$$

如果 f_{β} 的数值不能被导线内角数整除而有余数时，可将余数调整至短边的邻角上，使调整后的内角和等于 $\sum\beta_{理}$，而调整后的角度为：

$$\beta'_{i} = \beta_{i} + v_{\beta} \tag{6-4}$$

（2）导线各边坐标方位角的计算。根据起始边的已知坐标方位角及调整后的各内角值，计算各边坐标方位角：

$$\alpha_{前} = \alpha_{后} + 180° \pm \beta \tag{6-5}$$

上式中 $\pm\beta$，若 β 是左角，则取 $+\beta$；若 β 是右角，则取 $-\beta$。计算出来的 $\alpha_{前}$ 若大于 360°，应减去 360°；若小于 0° 时，则加上 360°，即保证坐标方位角在 0° ～ 360° 之间。

（3）坐标增量的计算。根据各边边长及坐标方位角，按坐标正算公式计算相邻两点间的纵、横坐标增量，即：

$$\begin{cases} \Delta x_{i(i+1)} = D_{i(i+1)} \cos\alpha_{i(i+1)} \\ \Delta y_{i(i+1)} = D_{i(i+1)} \sin\alpha_{i(i+1)} \end{cases} \tag{6-6}$$

（4）坐标增量闭合差的计算及调整。根据闭合导线的定义，闭合导线纵、横坐标增量代数和的理论值应等于零，即：

$$\begin{cases} \sum \Delta x_{理} = 0 \\ \sum \Delta y_{理} = 0 \end{cases} \tag{6-7}$$

实际上，测量边长的误差和角度闭合差调整后的残余误差，使纵、横坐标增量的代数和$\sum \Delta x_{测}$、$\sum \Delta y_{测}$不能等于零，则产生了纵、横坐标增量闭合差f_x、f_y，即：

$$\begin{cases} f_x = \sum \Delta x_{测} \\ f_y = \sum \Delta y_{测} \end{cases} \tag{6-8}$$

由于坐标增量闭合差的存在，使导线不能闭合，如图 6-11 所示，1-1′这段距离称为导线全长闭合差f_D。导线全长闭合差为：

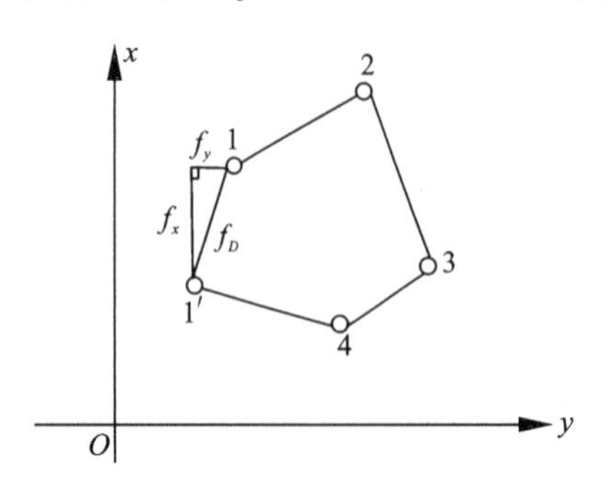

图 6-11　纵横坐标增量闭合差的表示方法

$$f_D = \sqrt{f_x^2 + f_y^2} \tag{6-9}$$

导线全长闭合差主要是由量边误差引起，一般来说导线越长，误差越大。通常用导线全长闭合差f_D与导线全长$\sum D$之比来衡量导线的精度，即导线全长相对闭合差K来表示：

$$K = \frac{f_D}{\sum D} = \frac{1}{\sum D / f_D} \tag{6-10}$$

若K值大于允许值，则说明观测成果不满足精度要求，应进行内业计算检查、外业观测检查，必要时还要进行部分或全部重新观测。若K值不大于允许值，则说明观测成果满足精度要求，可进行调整。坐标增量闭合差的调整原则是：将纵、横坐标增量闭合差反符号按与边长成正比分配到各坐标增量上。则坐标增量的改正数为：

$$\begin{cases} v_{x_{i(i+1)}} = -\dfrac{f_x}{\sum D} \cdot D_{i(i+1)} \\ v_{y_{i(i+1)}} = -\dfrac{f_y}{\sum D} \cdot D_{i(i+1)} \end{cases} \tag{6-11}$$

纵、横坐标增量的改正数之和应满足下式：

$$\begin{cases} \sum v_x = -f_x \\ \sum v_y = -f_y \end{cases} \tag{6-12}$$

改正后的坐标增量为：

$$\begin{cases} \Delta x'_{i(i+1)} = \Delta x_{i(i+1)} + v_{x_{i(i+1)}} \\ \Delta y'_{i(i+1)} = \Delta y_{i(i+1)} + v_{y_{i(i+1)}} \end{cases} \tag{6-13}$$

（5）导线点坐标的计算。根据起始点的已知坐标和改正后的坐标增量，即可按下列公式依次计算各导线点的坐标，即：

$$\begin{cases} x_{(i+1)} = x_i + \Delta x'_{i(i+1)} \\ y_{(i+1)} = y_i + \Delta y'_{i(i+1)} \end{cases} \tag{6-14}$$

导线测量（3）

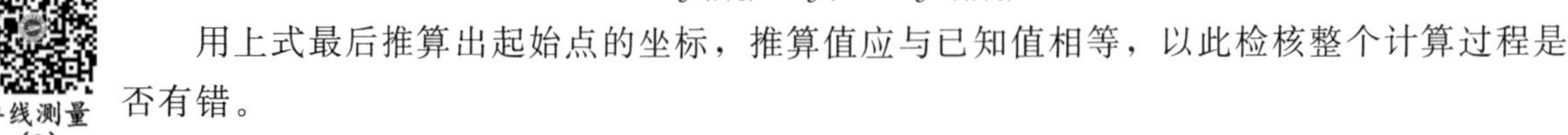

用上式最后推算出起始点的坐标，推算值应与已知值相等，以此检核整个计算过程是否有错。

闭合导线坐标计算表如表 6-4 所示。

表 6-4 闭合导线坐标计算表

日期： 天气： 仪器型号： 组别： 观测者： 记录者：

点号	观测角 β /(° ′ ″)	改正数 /(″)	改正后角值 /(° ′ ″)	坐标方位角 α /(° ′ ″)	边长 D /m	纵坐标增量 Δx			横坐标增量 Δy			坐标值		点号
						计算值 /m	改正数 /cm	改正后 /m	计算值 /m	改正数 /cm	改正后 /m	x/m	y/m	
1	2	3	4	5	6	7	8	9	10	11	12	13	14	15
1												500.00	500.00	1
				45 30 00	78.16	+54.78	+2	+54.80	+55.75	−1	+55.74			
2	89 33 48	+17	89 34 05									554.80	555.74	2
				135 55 55	129.34	−92.93	+3	−92.90	+89.96	−3	+89.93			
3	73 00 12	+16	73 00 28									461.90	645.67	3
				242 55 27	80.18	−36.50	+2	−36.48	−71.39	−1	−71.40			
4	107 48 24	+16	107 48 40									425.42	574.27	4
				315 06 47	105.22	+74.55	+3	+74.58	−74.25	−2	−74.27			
1	89 39 30	+17	89 36 47									500.00	500.00	1
				45 30 00										
Σ	359 58 54	+66	360 00 00		392.90	−0.10	+10	0.00	+0.07	−7	0.00			

辅助计算：

$$f_\beta = \sum\beta_{测} - \sum\beta_{理} = 359°58'54'' - 360° = -66'';\ f_{\beta允} = \pm 60''\sqrt{4} = \pm 120''$$

$$f_\beta < f_{\beta允}$$

$$f_x = \sum\Delta x = -0.10\text{m};\ f_y = \sum\Delta y = +0.07\text{m};\ f_D = \sqrt{f_x^2 + f_y^2} = 0.12\text{m}$$

$$K = \frac{f_D}{\sum D} = \frac{0.12}{392.90} = \frac{1}{3270};\ K_{允} = \frac{1}{2000};\ K < K_{允}$$

N 2 1 3 4 78.16 129.34 80.18 105.22 45° 30′ 00″ 89° 33′ 48″ 89° 36′ 30″ 73° 00′ 12″ 107° 48′ 24″

2. 附合导线的内业计算

附合导线的坐标计算步骤与闭合导线相同。由于两者布置形式不同，从而使角度闭合差和坐标增量闭合差的计算方法也有所不同。下面仅介绍其不同之处。

(1) 角度闭合差的计算。由于附合导线两端方向已知，则由起始边的坐标方位角和测定的导线各转折角，就可推算出导线终边的坐标方位角。

$$\alpha'_{终} = \alpha_{始} \pm \sum\beta + n \times 180° \tag{6-15}$$

由于角度观测有误差，致使导线终边坐标方位角的推算值 $\alpha'_{终}$ 与已知终边坐标方位角 $\alpha_{终}$ 不相等，其差值即为附合导线的角度闭合差 f_β，即：

$$f_\beta = \alpha'_{终} - \alpha_{终} \tag{6-16}$$

与闭合导线相同，若 $|f_\beta| \leqslant |f_{\beta允}|$，则将角度闭合差反符号平均分配给各观测角。

(2) 坐标增量闭合差计算。附合导线各边坐标增量代数和的理论值，应等于终、始两已知的高级控制点的坐标之差。

$$\begin{cases} \sum \Delta x_{理} = x_{终} - x_{始} \\ \sum \Delta y_{理} = y_{终} - y_{始} \end{cases} \tag{6-17}$$

由于调整后的各转折角和实测的各导线边长均含有误差，实测坐标增量代数和与理论值若不等，其差值为坐标增量闭合差，即

$$\begin{cases} f_x = \sum \Delta x_{测} - (x_{终} - x_{始}) \\ f_y = \sum \Delta y_{测} - (y_{终} - y_{始}) \end{cases} \tag{6-18}$$

附合导线全长闭合差、全长相对闭合差和允许相对闭合差的计算，以及坐标增量闭合差的调整，与闭合导线计算相同。附合导线的计算过程详见表 6-5。

3. 支导线计算

支导线既不回到原起始点上，又不附合到另一个已知点上，所以在支导线计算中也就不会出现两种矛盾：一是观测角的总和与导线几何图形的理论值不符的矛盾，即角度闭合差；二是从已知点出发，逐点计算各点坐标，最后闭合到原出发点或附合到另一个已知点时，其推算的坐标值与已知坐标值不符的矛盾，即坐标增量闭合差。支导线没有检核限制条件，也就不需要计算角度闭合差和坐标增量闭合差，只要根据已知边的坐标方位角和已知点的坐标，把外业测定的转折角和转折边长，直接代入式 (6-5) 和式 (6-6) 计算出各边方位角及各边坐标增量，最后推算出待定导线点的坐标。由此可知，支导线只适用于图根控制补点使用。

表 6-5　附合导线坐标计算表

日期：　　天气：　　仪器型号：　　组别：　　观测者：　　记录者：

点号	观测值 β /(° ′ ″)	改正值 /(″)	改正后角值 /(° ′ ″)	坐标方位角 /(° ′ ″)	边长 /m	纵坐标增量(Δx) 计算值 /m	纵坐标增量(Δx) 改正值 /cm	纵坐标增量(Δx) 改正后值 /m	横坐标增量(Δy) 计算值 /m	横坐标增量(Δy) 改正值 /cm	横坐标增量(Δy) 改正后值 /m	纵坐标 x/m	横坐标 y/m	点号
1	2	3	4	5	6	7	8	9	10	11	12	13	14	15
A														A
				45 00 00										
B	239 29 52	−9	239 29 43									200.00	200.00	B
				104 29 43	297.262	−74.40	−8	−74.48	+287.80	+6	+287.86			
1	147 44 20	−9	147 44 11									125.52	487.86	1
				72 13 54	187.814	+57.32	−5	+57.27	+178.85	+4	+178.89			
2	214 49 52	−10	214 49 42									182.79	666.75	2
				107 03 36	93.403	−27.40	−2	−27.42	+89.29	+2	+89.31			
C	189 41 22	−10	189 41 12									155.37	756.06	C
				116 44 48										
D														D
∑	791 45 26	−38	791 44 48		578.479	−44.48	−15	−44.63	+555.94	+12	+556.06			

辅助计算

$$\alpha'_{CD} = \alpha_{AB} + 4 \times 180° + \sum \beta_{测} = 116°45'26''$$

$$f_{\beta} = \alpha'_{CD} - \alpha_{CD} = +38''; f_{\beta允} = \pm 60''\sqrt{n} = \pm 120''; f_{\beta} < f_{\beta允}$$

$$f_x = \sum \Delta x_{测} - (x_C - x_B) = -44.48 - (-44.63) = +0.15\text{m}$$

$$f_y = \sum \Delta y_{测} - (y_C - y_B) = +555.94 - (+556.06) = -0.12\text{m}$$

$$f_D = \sqrt{f_x^2 + f_y^2} = 0.19; K = \frac{f_D}{\sum D} \approx \frac{1}{3000} < K_{允} = \frac{1}{2000}$$

6.2.2 全站仪导线测量

6.2.2.1 全站仪导线测量外业工作

全站仪导线的布设形式与普通导线一样，其外业工作主要包括以下几点。

(1) 踏勘选点。

(2) 坐标测量。在全站仪坐标测量模式下观测导线点的三维坐标（x，y，H），以此可获得各个导线点的坐标。然后再切换到距离、角度测量模式测得距离 D、水平角、高差 h，以备后用检核，并且记入记录簿。

(3) 导线起始数据确定。全站仪进行导线测量，必须知道两点的直角坐标，或是知道一个起始点的坐标和一条边的坐标方位角。起始点的坐标通常是已知的；在测区或测区附近一般可以找到。如果起始点未知，则可采用测角交会的方法求得，如前方交会、侧方交会和后方交会等。

6.2.2.2 全站仪导线测量内业计算

导线测量中的许多计算工作已由仪器内部的软件承担。由于全站仪可直接测定各点的坐标值，因此平差计算就不能像传统的导线测量那样，先进行角度闭合差和坐标增量闭合差的调整，再计算坐标。其实在这种情况下，直接按坐标平差计算，更为简便。

如图 6-12 所示，附合导线用全站仪进行坐标测量。观测时先安置仪器于 B 点上，后视 A 点，测量 2 点坐标；再将仪器安置于 2 点，后视 B 点，测量 3 点坐标；以此类推，最后测得 C 点坐标。

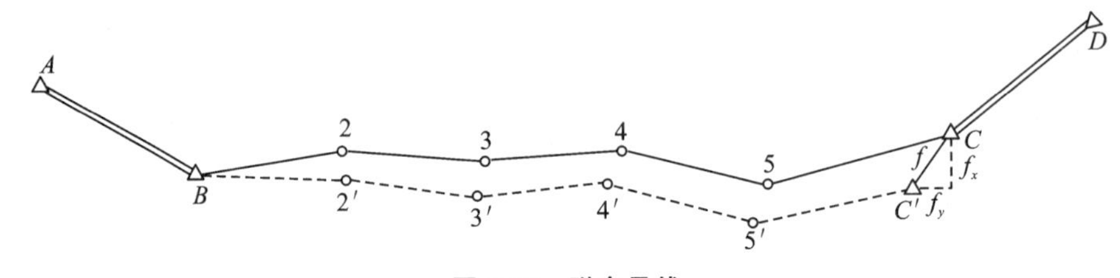

图 6-12 附合导线

已知 C 点的坐标值为 x_C、y_C，若 C 点的坐标观测值为 x'_C、y'_C，可按下列步骤进行平差计算。

1. 计算坐标闭合差

计算坐标闭合差的公式为：

$$\begin{cases} f_x = x'_C - x_C \\ f_y = y'_C - y_C \end{cases} \tag{6-19}$$

2. 计算导线全长闭合差

计算导线全长闭合差的公式为：

$$f_D = \sqrt{f_x^2 + f_y^2} \tag{6-20}$$

3. 计算导线全长相对闭合差

计算导线全长相对闭合差的公式为：

$$K=\frac{f_D}{\sum D}=\frac{1}{\sum D/f_D} \tag{6-21}$$

式中：$\sum D$—— 导线全长。

4. 计算各点坐标的改正值

当导线全长相对闭合差不大于规定的允许值时，测量结果合格，按下式计算各点坐标的改正值：

$$\begin{cases} v_{x_i}=\dfrac{-f_x}{\sum D}\cdot\sum D_i \\ v_{y_i}=\dfrac{-f_y}{\sum D}\cdot\sum D_i \end{cases} \tag{6-22}$$

式中：$\sum D_i$—— 第 i 点之前导线边长之和，即坐标改正值为累计改正。

5. 计算改正后各点坐标

计算改正后各点坐标的公式为：

$$\begin{cases} x_i=x'_i+v_{x_i} \\ y_i=y'_i+v_{y_i} \end{cases} \tag{6-23}$$

式中：x'_i、y'_i—— 第 i 点的坐标观测值；

v_{x_i}、v_{y_i}—— 第 i 点的坐标改正值。

图 6-12 所示的附合导线，以坐标为观测量的导线近似平差计算如表 6-6 所示。

表 6-6　以坐标为观测量的导线近似平差计算表

日期：　　仪器型号：　　观测者：

天气：　　组别：　　记录者：

点号	坐标观测值/m		边长/m	坐标改正值/mm		坐标/m		点号
	x	y		v_x	v_y	x	y	
A						31242.685	19631.274	A
B						27654.173	16814.216	B
			1573.261					
2	26861.436	18173.156		−5	+4	26861.431	18173.160	2
			865.360					
3	27150.098	18988.951		−8	+6	27150.090	18988.957	3
			1238.023					
4	27286.434	20219.444		−12	+10	27286.422	20219.454	4
			1821.746					
5	29104.742	20331.319		−17	+15	29104.725	20331.334	5
			507.680					
C	29564.269	20547.130		−19	+16	29564.250	20547.146	C
D			$\sum D=6006.070$			30666.511	21880.362	D

续表

点号	坐标观测值/m		边长/m	坐标改正值/mm		坐标/m		点号
	x	y		v_x	v_y	x	y	
辅助计算	$f_x = x'_C - x_C = 29564.269 - 29564.250 = +0.019\text{m} = +19\text{mm}$ $f_y = y'_C - y_C = 20547.130 - 20547.146 = -0.016\text{m} = -16\text{mm}$ $f_D = \sqrt{f_x^2 + f_y^2} = 0.025\text{m}$；$K = \dfrac{f_D}{\sum D} = \dfrac{0.025}{6006.070} = \dfrac{1}{240243}$							

说明：上述以坐标为观测量的导线近似平差方法，只考虑到了边长引起的误差，因此，这种导线测量方法具有一定的局限性，目前仅在小范围或低等级导线测量中有所应用。高等级导线测量还需用全站仪测角测边，然后进行平差处理，得到导线的点坐标。

6.2.3 交会法测量

当用导线和小三角布设的图根点密度不够时，还可用交会法进行加密。交会法是利用已知控制点，通过观测水平角或测定边长来确定未知点坐标的方法。交会法有测角交会和测边交会两种，测角交会包括前方交会、侧方交会和后方交会。

6.2.3.1 前方交会

如图 6-13 所示，已知 A、B 两点的坐标分别为（x_A，y_A）和（x_B，y_B），在 A、B 两点设站测得 α、β 两角，则未知点 P 的坐标计算公式（证明从略）如下：

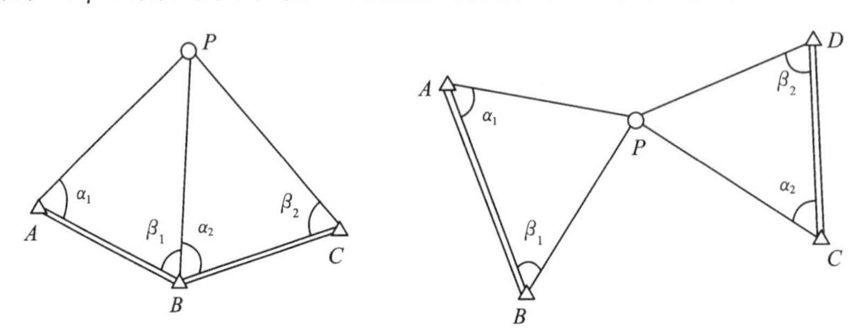

图 6-13　前方交会

$$\begin{cases} x_P = \dfrac{x_A \cdot \cot\beta + x_B \cdot \cot\alpha + (y_B - y_A)}{\cot\alpha + \cot\beta} \\ y_P = \dfrac{y_A \cdot \cot\beta + y_B \cdot \cot\alpha + (x_A - x_B)}{\cot\alpha + \cot\beta} \end{cases} \tag{6-24}$$

上式中除已知点坐标外，就是观测角余切，故称余切公式。

用计算器计算前方交会点时要注意：三角形 ABP 中的点 A、B、P 按逆时针方向编号，A、B 为已知点，P 为未知点。若 α、β 大于 90°，其余切为负值，小数取位要正确，角的余切一般取六位，坐标值取两位。

为防止外业观测的错误，提高未知点 P 的精度，测量规范要求布设有 3 个已知点的前方交会，如图 6-13 所示，这时在 A、B、C 三个已知点上向 P 点观测，测出四个角值

α_1，β_1，α_2，β_2，分两组计算 P 点坐标，若两组 P 点坐标的较差在允许范围内，则取它们的平均值作为 P 点的最后坐标，一般其较差的允许值以下式表示：

$$\Delta\varepsilon_{允}=\sqrt{\delta_x^2+\delta_y^2}\leqslant 0.2M \text{ (mm)} \tag{6-25}$$

式中：δ_x——P 点 x 坐标值的较差；

δ_y——P 点 y 坐标值的较差；

M——测图比例尺分母。

前方交会计算表如表 6-7 所示。

表 6-7 前方交会计算表

日期： 仪器型号： 观测者：

天气： 组别： 记录者：

点名	x		观测角		y	
A B P	x_A x_B x'_P	37477.54 37327.20 37194.57	α_1 β_1	40°41′57″ 75°19′02″	y_A y_B y'_P	16307.24 16078.90 16226.42
B C P	x_B x_C x''_P	37327.20 37163.69 37194.54	α_2 β_2	59°11′35″ 69°36′23″	y_B y_C y''_P	16078.90 16046.65 16226.42
中数	x_P	37194.56			y_P	16226.42
辅助计算	$\delta_x=0.03\text{m}$；$\delta_y=0\text{m}$ $\Delta\varepsilon=0.03\text{m}$；$\Delta\varepsilon_{允}=0.2\times10^{-3}M=0.2\text{m}$					

6.2.3.2 侧方交会

如图 6-14 所示，分别在已知点 A（或 B）和未知点 P 上设站，则得 α（或 β）和 γ，计算 P 点坐标时，先求出 $\beta=180°-\alpha-\gamma$，这样就和前方交会的情况相同，可应用前方交会的计算公式进行计算。

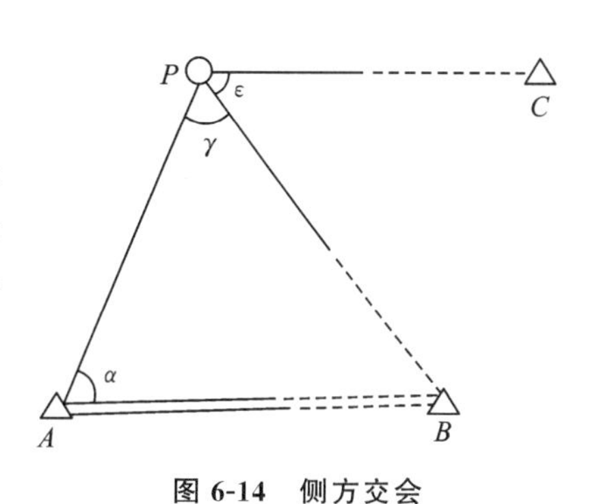

图 6-14 侧方交会

为了检核，侧方交会要多观测一个检查角 ε，利用检查角的计算值和观测值相比较达到检核的目的。在图 6-14 中，当计算出 P 点坐标后，根据坐标反算公式求得 PC、PB 的坐标方位角 α_{PC}、α_{PB} 和边长 S_{PC}，则检查角计算值为：

$$\varepsilon_{算}=\alpha_{PC}-\alpha_{PB}$$

与检查角的观测值 ε 测的较差为：

$$\Delta\varepsilon=\varepsilon_{算}-\varepsilon_{测}$$

一般要求其较差的允许值

$$\Delta\varepsilon''_{允}\leqslant\frac{0.2M}{S_{PC}}\rho'' \tag{6-26}$$

式中：S_{PC}——以 mm 为单位；

M——测图比例尺分母；

$\rho''=206\ 265''$；

$\Delta\varepsilon_{允}$ 的单位为秒（$''$）。

6.2.3.3 后方交会

后方交会是加密控制点的又一种方法，它具有布点灵活、设站少等特点，如图 6-15 所示。要测定未知点 P 的坐标，只要将仪器置于 P 上，观测 P 到已知点 A、B、C 间的夹角 α、β，就可以算出 P 点坐标。为了校核，后方交会必须观测 4 个已知点，如图 6-15 所示，可分成 A、B、C 和 B、C、D 两组，分别计算 P 点坐标，其较差的限差与前方交会相同。在限差范围内，取两组坐标平均值作为 P 点最后坐标值。

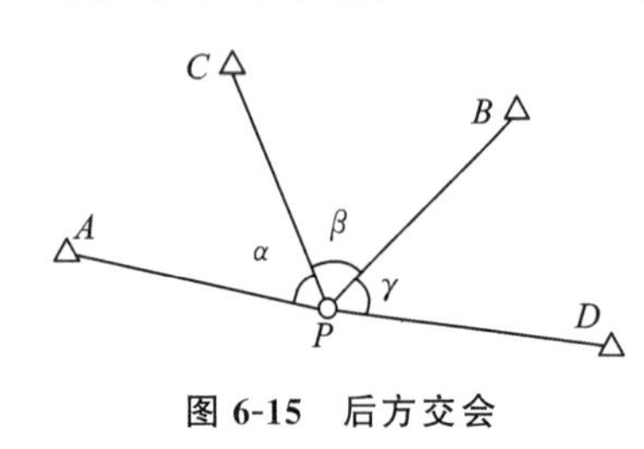

图 6-15　后方交会

解算后方交会的方法很多，这里介绍一种直接计算坐标的公式（证明从略）。在图 6-15 中，P 为待求点，A、B、C 为已知点，α、β、γ 为观测角，则 P 点坐标为：

$$\begin{cases} x_P=\dfrac{P_Ax_A+P_Bx_B+P_Cx_C}{P_A+P_B+P_C} \\ y_P=\dfrac{P_Ay_A+P_By_B+P_Cx_C}{P_A+P_B+P_C} \end{cases} \tag{6-27}$$

式中：

$$P_A=\frac{1}{\cot A\mp\cot\alpha}\qquad P_B=\frac{1}{\cot B\mp\cot\beta}\qquad P_C=\frac{1}{\cot C\mp\cot\gamma}$$

公式要求观测角与固定角组成对应的关系而与点的代号顺序无关。P_A、P_B、P_C 分母中的“$\mp$”号的决定方法：若待定点 P 位于已知点 A、B、C 组成的三角形内，或三角形三条边的外侧区域，则取“$-$”；若待定点 P 位于已知点 A、B、C 组成的三角形三顶角的延长线内则取“$+$”号；若待定点 P 与三个已知点共圆，则不论采用何种后方交会公式均无解，此圆称为危险圆，作业中应用尽量避免。

任务 6.3　高程控制测量

测量地面点的高程也要遵循“从整体到局部，从高级到低级”的原则，即先建立高程控制网，再根据高程控制网确定地面点的高程，分级布设逐级控制的原则。

高程控制测量的任务，就是在测区布设一批高程控制点，即水准点，用精确方法测定它们的高程，构成高程控制网。

国家高程控制网是用精密水准测量方法建立的，所以又称国家水准网。国家水准网分为一、二、三、四 4 个等级。一等水准网是沿平缓的交通路线布设成周长约 1500km 的环形路线。一等水准网是精度最高的高程控制网，它是国家高程控制的骨干，同时也是地学科研工作的主要依据。二等水准网是布设在一等水准环线内，形成周长为 500～750km 的环线。它是国家高程控制网的全面基础。三、四等级水准网是直接为地形测图或工程建设提供高程控制点。三等水准一般布置成附合在高级点间的附合水准路线，长度不超过200km。四等水准均为附合在高级点间的附合水准路线，长度不超过80km。

测量图根控制点高程的工作，称为图根高程测量。它是在国家高程控制网或地区首级高程控制网的基础上，采用图根水准测量或图根三角高程测量来进行的。

6.3.1 四等水准测量

三、四等水准测量是建立测区首级高程控制最常用的方法，观测方法基本相同，在一些技术要求上不完全一样。通常用DS3级水准仪和双面水准尺进行，各项技术要求如表6-8所示。

表6-8 水准测量主要技术要求

<table>
<tr><th rowspan="2">等级</th><th rowspan="2">水准仪</th><th rowspan="2">水准尺</th><th rowspan="2">附合路线长度/km</th><th rowspan="2">视线长度/m</th><th rowspan="2">视线高/m</th><th rowspan="2">前后视距差/m</th><th rowspan="2">视距累计差/m</th><th rowspan="2">观测顺序</th><th rowspan="2">黑红面读数差/mm</th><th rowspan="2">黑红面高差之差/mm</th><th colspan="2">观测次数</th><th colspan="2">往返较差、附合或环形闭合差</th></tr>
<tr><th>与已知点联测</th><th>附合或环形</th><th>平地/mm</th><th>山地/mm</th></tr>
<tr><td rowspan="2">三</td><td>DS1</td><td>因瓦</td><td rowspan="2">45</td><td rowspan="2">≤80</td><td rowspan="2">三丝能读数</td><td rowspan="2">≤2</td><td rowspan="2">≤5</td><td rowspan="2">后前前后</td><td>1.0</td><td>1.5</td><td rowspan="2">往返各一次</td><td>往一次</td><td rowspan="2">$\pm 12\sqrt{L}$</td><td rowspan="2">$\pm 4\sqrt{n}$</td></tr>
<tr><td>DS3</td><td>双面</td><td>2.0</td><td>3</td><td>往返各一次</td></tr>
<tr><td rowspan="2">四</td><td>DS1</td><td>因瓦</td><td rowspan="2">15</td><td rowspan="2">≤100</td><td rowspan="2">三丝能读数</td><td rowspan="2">≤3</td><td rowspan="2">≤10</td><td rowspan="2">后后前前</td><td rowspan="2">3.0</td><td rowspan="2">5</td><td rowspan="2">往返各一次</td><td rowspan="2">往一次</td><td rowspan="2">$\pm 20\sqrt{L}$</td><td rowspan="2">$\pm 6\sqrt{n}$</td></tr>
<tr><td>DS3</td><td>双面</td></tr>
<tr><td>图根</td><td>DS10</td><td>单面</td><td>8</td><td>≤100</td><td></td><td></td><td></td><td></td><td></td><td></td><td>往返各一次</td><td>往一次</td><td>$\pm 40\sqrt{L}$</td><td>$\pm 12\sqrt{n}$</td></tr>
</table>

6.3.1.1 四等水准测量的外业工作

以图6-16为例，某一附合水准路线，BM_A、BM_B 为已知高等级水准点，1、2、3为待测量水准点，四等水准测量的观测、记录、计算按照以下步骤进行，如表6-9所示。

1. 四等水准测量的测站观测和记录

（1）在两测点中间安置仪器，使前后视距大致相等，其差以不超过3m为准。

（2）用圆水准器整平仪器，照准后视尺黑面，转动微倾螺旋使水准管气泡严格居中，分别读取上、下、中三丝读数①、②、③。

（3）照准后视尺红面，符合气泡居中后读中丝读数④。

（4）照准前视尺黑面，符合气泡居中后分别读上、下、中三丝读数⑤、⑥、⑦。

（5）照准前视尺红面，符合气泡居中后读中丝读数⑧。

上述①，②，…，⑧ 表示观测与记录次序，一定要边观测边记录，按顺序计入

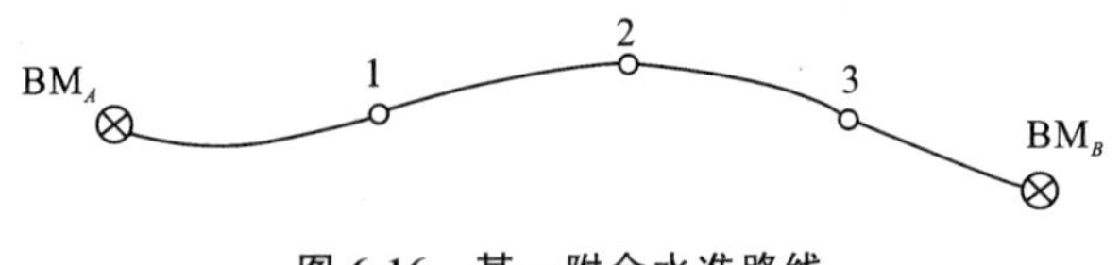

图 6-16　某一附合水准路线

表 6-9 的相应栏中。

这样的观测顺序被称为“后—后—前—前”，即“黑—红—黑—红”步骤。若在土质松软地区施测，则需要采用三等水准测量的“后—前—前—后”，即“黑—黑—红—红”观测步骤。

表 6-9　四等水准测量记录表

日期：　　　　　　　　仪器型号：　　　　　　　　观测者：

天气：　　　　　　　　组别：　　　　　　　　记录者：

测站编号	测点编号	后尺 上丝	前视 上丝	方向及尺号	水准尺读数/m		K+黑−红/mm	高差中数/m	备注
		下丝	下丝		黑面	红面			
		后视距	前视距						
		视距差 d	$\sum d$						
		①	⑤	后	③	④	⑬	⑱	
		②	⑥	前	⑦	⑧	⑭		
		⑨	⑩	后—前	⑮	⑯	⑰		
		⑪	⑫						
1	BM_A | TP_1	1.891	0.758	后 7	1.708	6.395	0	+1.1340	
		1.525	0.390	前 8	0.574	5.361	0		
		36.6	36.8	后—前	+1.134	+1.034	0		
		−0.2	−0.2						
2	TP_1 | TP_2	2.746	0.867	后 8	2.530	7.319	−2	+1.8850	K_7=4.687
		2.313	0.425	前 7	0.646	5.333	0		K_8=4.787
		43.3	44.2	后—前	+1.884	+1.986	−2		
		−0.9	−1.1						
3	TP_2 | TP_3	2.043	0.849	后 7	1.773	6.459	+1	+1.1880	
		1.502	0.318	前 8	0.584	5.372	−1		
		54.1	53.1	后—前	+1.189	+1.087	+2		
		+1.0	−0.1						
4	TP_3 | 1	1.167	1.677	后 8	0.911	5.696	+2	−0.5055	
		0.655	1.155	前 7	1.416	6.102	+1		
		51.2	52.2	后—前	−0.505	−0.406	+1		
		−1.0	−1.1						

续表

测站编号	测点编号	后尺 上丝 下丝 后视距 视距差 d	前视 上丝 下丝 前视距 $\sum d$	方向及尺号	水准尺读数/m		K+黑-红/mm	高差中数/m	备注
					黑面	红面			
检核	∑⑨－∑⑩ ＝ 185.2－186.3 ＝ －1.1； $\frac{1}{2}$[∑⑮＋∑⑯] ＝ ＋3.7015； 总高差 ＝ ∑⑱ ＝ ＋3.7015；末站的 ⑫ ＝ ∑⑨－∑⑩ ＝ 185.2－186.3 ＝ －1.1； 总视距 ＝ ∑⑨＋∑⑩ ＝ 371.5；∑[③＋④] ＝ 32.791；∑[⑦＋⑧] ＝ 25.388； 总高差 ＝ ∑⑱ ＝ $\frac{1}{2}${∑[③＋④]－∑[⑦＋⑧]} ＝ $\frac{1}{2}${32.791－25.388} ＝ ＋7.403× $\frac{1}{2}$ ＝ ＋3.7015								

2. 四等水准测量的测站计算和校核

四等水准测量的每一站都必须计算和校核，其成果符合限差要求后方可迁站。计算、校核的步骤和内容如下。

1）视距计算与校核

后视距离：

⑨＝（①－②）×100

前视距离：

⑩＝（⑤－⑥）×100

前、后视距在表内均以 m 为单位，即（上丝－下丝）×100。视距长应不大于 100m。

前后视距差：⑪＝⑨－⑩，其值不得超过 3m。

前后视距累积差：⑫＝本站的⑪＋上站的⑫，其值不得超过 10m。

2）高差的计算和校核

同一水准尺红、黑面读数差为：⑬＝③＋K－④；⑭＝⑦＋K－⑧。

K 为水准尺红、黑面常数差，一对水准尺的常数差 K 分别为 4.687 和 4.787。具体计算时按照实际使用的后视尺和前视尺常数进行计算。对于四等水准测量，红、黑面读数差不得超过 3mm。

黑面读数和红面读数所得的高差分别为：⑮＝③－⑦；⑯＝④－⑧。

黑面和红面所得高差之差⑰可按下式计算，并可用⑬－⑭来检查：

⑰＝⑮－⑯±0.1＝⑬－⑭；

式中±0.1 为两水准尺常数 K 之差。对于四等水准测量，黑、红面高差之差不得超过 5mm。

平均高差：⑱＝$\frac{1}{2}$［⑮＋⑯±0.1］

3. 每段的计算和检核

在手簿每页末或每一测段完成后，应作下列检核：

1）视距的计算和检核

$$末站的⑫ = \sum ⑨ - \sum ⑩$$

$$总视距 = \sum ⑨ + \sum ⑩$$

2）高差的计算和检核

当测站数为偶数时：

$$总高差 = \sum ⑱ = \frac{1}{2}[\sum ⑮ + \sum ⑯] = \frac{1}{2}\{\sum[③ + ④] - \sum[⑦ + ⑧]\}$$

当测站数为奇数时：

$$总高差 = \sum ⑱ = \frac{1}{2}[\sum ⑮ + \sum ⑯ \pm 0.1]$$

6.3.1.2 四等水准测量的内业计算

当一条水准路线的测量工作完成以后，首先对计算表格中的记录、计算进行详细的检查，并计算高差闭合差是否超限。确定无误后，才能进行高差闭合差的调整与高程计算，否则要局部返工，甚至要全部返工。

6.3.2 三角高程测量

三角高程测量

6.3.2.1 三角高程测量原理

三角高程测量是在测站点上安置经纬仪，观测点上竖立标尺，已知两点之间的水平距离，根据经纬仪所测得的竖直角及量取的仪器高和目标高，应用平面三角的原理算出测站点和观测点之间的高差。这种方法较之水准测量灵活方便，但精度较低，主要用于山区的高程控制和平面控制点的高程测定。

如图 6-17 所示，在已知高程的点 A 上安置经纬仪，在 B 点上竖立标杆（或标尺），照准杆顶，测出竖直角 α。设 AB 之间的水平距离 D 为已知，则 AB 之间的高差可以用下面公式计算：

$$h = D\tan\alpha + i - v \tag{6-28}$$

式中：i——经纬仪的仪器高度；

v——标杆的高度（中丝读数）；

$D\tan\alpha$——高差主值。

如果点 A 的高程为 H_A，则点 B 的高程为

$$H_B = H_A + h = H_A + D\tan\alpha + i - v \tag{6-29}$$

三角高程测量又可分为经纬仪三角高程测量（如上所述）和光电测距三角高程测量。光电测距三角高程测量常常与光电测距导线合并进行，形成所谓的“三维导线”。其原理是按测距仪测定两点间距 S 来计算高差，计算公式为：

$$h = S\sin\alpha + i - v \tag{6-30}$$

光电测距三角高程测量的精度较高，速度较快，故应用较广。

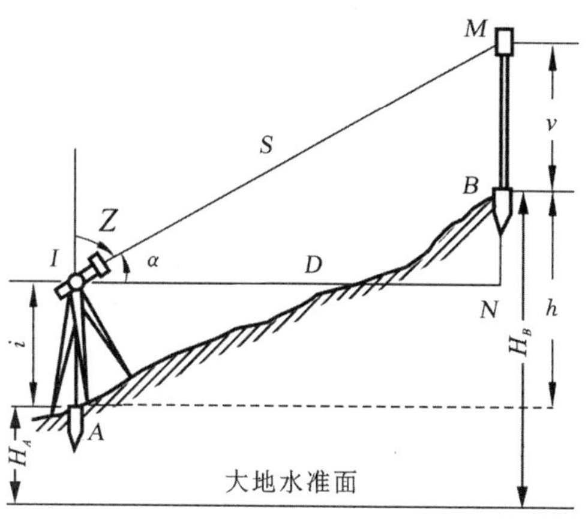

图 6-17 三角高程测量原理

6.3.2.2 球气差影响及改正方法

三角高程测量的计算公式是假定水准面为水平面，视线是直线。而在实际观测时并非如此，还必须考虑地球曲率和大气折光造成的误差。前者为地球曲率差，简称球差，后者为大气垂直折光差，简称气差。

两差（球气差）的改正数为 f：

$$f=p-r=\frac{D^2}{2R}-\frac{D^2}{14R}\approx 0.43\frac{D^2}{R} \tag{6-31}$$

式中：D——两点的水平距离；

R——地球半径，其值为 6371km。

用不同的 D 值计算出改正数列于表 6-10。

表 6-10 球气差改正值表

D/m	100	200	300	400	500	600	700	800	900	1000
f/cm	0.1	0.3	0.6	1.1	1.7	2.4	3.3	4.3	5.5	6.8

所以，加入球气差改正后的三角高程测量的计算公式为：

经纬仪三角高程测量：$$h=D\tan\alpha+i-v+f \tag{6-32}$$

光电测距三角高程测量：$$h=S\sin\alpha+i-v+f \tag{6-33}$$

6.3.2.3 三角高程测量的实施

为了消除或减少球气差，一般三角高程测量都采用往返测。在已知高程的点上安置仪器测未知点的测量过程，称为直觇；在未知点上安置仪器，测已知点的测量过程称为反觇。三角高程测量的内容与步骤如下：

（1）安置仪器于测站点上，量取仪器的高度（i）和目标高（v）两次，精确至 1mm。两次读数差不大于 3mm 时，取平均值。

(2) 瞄准标尺顶端，测竖直角一至两测回。

(3) 若是经纬仪三角高程测量，则水平距离 D 已知，若是光电测距三角高程测量，距离 S 由测距仪测出。

(4) 计算高差和高程。具体计算如表 6-11 所示。

表 6-11 三角高程路线高差计算表

日期：　　仪器型号：　　观测者：

天气：　　组别：　　记录者：

测站点	Ⅲ 10	401	401	402	402	Ⅲ 12
觇点	401	Ⅲ 10	402	401	Ⅲ 12	402
觇法	直	反	直	反	直	反
α/ (° ′ ″)	+3°24′15″	−3°22′47″	−0°47′23″	+0°46′56″	+0°27′32″	−0°25′58″
S/m	577.157	577.137	703.485	703.490	417.653	417.697
$h'=S\sin\alpha$，h'的单位为 m	+34.271	−34.024	−9.696	+9.604	+3.345	−3.155
i/m	1.565	1.537	1.611	1.592	1.581	1.601
v/m	1.695	1.680	1.590	1.610	1.713	1.708
$f=0.43\frac{D^2}{R}$，f 的单位为 m	0.022	0.022	0.033	0.033	0.012	0.012
$h=h'+i-v+f$，h 的单位为 m	+34.163	−34.145	−9.642	+9.619	+3.225	−3.250
$h_{平均}$/m	+34.154		−9.630		+3.238	
起算点高程						
所求点高程						

任务 6.4 GNSS 测量

6.4.1 GNSS 定位系统简介

GNSS 是全球导航卫星系统（Global Navigation Satellite System）的缩写，它是所有在轨工作的全球导航卫星定位系统的总称。

目前，GNSS 包含了美国的全球定位系统（Global Positioning System，GPS）、俄罗斯的格洛纳斯导航卫星系统（Glonass Navigation Satellite System，GLONASS）欧盟的伽利略导航卫星系统（Galileo Navigation Satellite System，Galileo）、中国的北斗卫星导航系统（BeiDou Navigation Satellite System，BDS），全部建成后其可用卫星数目达到 100 颗以上。

除此之外还包括相关的增强系统，如美国的 WAAS（广域增强系统）、欧洲的 EGNOS（欧洲地球静止导航重叠服务）和日本的 MSAS（多功能卫星增强系统）等，还涵盖在建和以后要建设的其他卫星导航系统。国际 GNSS 系统是个多系统、多层面、多模式的复杂组合系统。

GNSS 的整个系统由空间部分、地面控制部分、用户设备部分三大部分组成。以美国 GPS 定位系统为例介绍其组成和功能。

1. 空间部分

GPS 的空间部分是由 24 颗 GPS 工作卫星所组成，这些 GPS 工作卫星共同组成了 GPS 卫星星座，其中 21 颗为用于导航的卫星，3 颗为活动的备用卫星。这 24 颗卫星分布在 6 个倾角为 55°的轨道上绕地球运行。卫星的运行周期约为 11 小时 58 分（12 恒星时）。每颗 GPS 工作卫星都发出用于导航定位的信号。GPS 用户正是利用这些信号来进行工作的。

2. 地面控制部分

GPS 的地面控制部分由分布在全球的由若干个跟踪站所组成的监控系统所构成，根据其作用的不同，这些跟踪站又被分为主控站、监控站和注入站。主控站有一个，位于美国科罗拉多（Colorado）的空军基地，它的作用是根据各监控站对 GPS 的观测数据，计算出卫星的星历和卫星钟的改正参数等，并将这些数据通过注入站注入卫星中去；同时，它还对卫星进行控制，向卫星发布指令，当工作卫星出现故障时，调度备用卫星，替代失效的工作卫星工作；另外，主控站也具有监控站的功能。监控站有五个，除了主控站外，其他四个分别位于夏威夷（Hawaii）、大西洋的阿森松岛（Ascension Island）、印度洋的迪戈加西亚岛（Diego Garcia）、太平洋的卡瓦加兰（Kwajalein），监控站的作用是接收卫星信号，监测卫星的工作状态。注入站有三个，它们分别位于阿森松岛、迪戈加西亚岛、卡瓦加兰，注入站的作用是将主控站计算出的卫星星历和卫星钟的改正数等注入卫星中去。

3. 用户设备部分

GPS 的用户设备部分由 GPS 信号接收机、数据处理软件及相应的用户设备如计算机气象仪器等组成。GPS 信号接收机的任务是：能够捕获到按一定卫星高度截止角所选择的待测卫星的信号，并跟踪这些卫星的运行，对所接收到的 GPS 信号进行变换、放大和处理，以便测量出 GPS 信号从卫星到接收机天线的传播时间，解译出 GPS 卫星所发送的导航电文，实时地计算出测站的三维位置，甚至三维速度和时间。

静态定位中，GPS 接收机在捕获和跟踪 GPS 卫星的过程中固定不变，接收机高精度地测量 GPS 信号的传播时间，利用 GPS 卫星在轨的已知位置，解算出接收机天线所在位置的三维坐标。而动态定位则是用 GPS 接收机测定一个运动物体的运行轨迹。GPS 信号接收机所位于的运动物体叫作载体（如航行中的船舰、空中的飞机、行走的车辆等）。载体上的 GPS 接收机天线在跟踪 GPS 卫星的过程中相对地球而运动，接收机用 GPS 信号实时地测得运动载体的状态参数（瞬间三维位置和三维速度）。

接收机硬件和机内软件以及 GPS 数据的后处理软件包，构成完整的 GPS 用户设备。GPS 接收机的结构分为天线单元和接收单元两大部分。对于测地型接收机来说，两个单元一般分成两个独立的部件，观测时将天线单元安置在测站上，接收单元置于测站附近的适当地方，用电缆线将两者连接成一个整机。也有的将天线单元和接收单元制作成一个整体，观测时将其安置在测站点上。

GPS 接收机一般用蓄电池作电源。同时采用机内机外两种直流电源。设置机内电池的目的在于更换外电池时不中断连续观测。在用机外电池的过程中，机内电池自动充电。关机后，机内电池为 RAM 存储器供电，以防止丢失数据。

近几年来，国内引进了许多种类型的 GPS 测地型接收机。各种类型的 GPS 测地型接收机用于精密相对定位时，其双频接收机精度可达 5mm＋1ppm・D，单频接收机在一定距离内精度可达 10mm＋2ppm・D。用于差分定位其精度可达亚米级至厘米级。

目前，各种类型的 GPS 接收机体积越来越小，重量越来越轻，便于野外观测。GPS 和 GLONASS 兼容的全球导航定位系统接收机已经问世。

以上这三个部分共同组成了一个完整的 GPS 系统。

6.4.2 GNSS 测量的作业模式

近几年来，随着 GNSS 定位后处理软件的发展，为确定两点之间的基线向量，已有多种测量方案可供选择。这些不同的测量方案，也称为 GNSS 测量的作业模式。目前，在 GNSS 接收系统硬件和软件的支持下，较为普遍采用的作业模式主要有经典静态相对定位模式、快速静态相对定位模式、准动态相对定位模式和动态相对定位模式等。下面就这些作业模式的特点及其适用范围简要介绍如下。

6.4.2.1 经典静态相对定位模式

作业方法是采用两台（或两台以上）接收设备，分别安置在一条或数条基线的两个端点，同步观测 4 颗以上卫星，每时段长 45min 至 2h 或更多。作业布置如图 6-18 所示。基线的相对定位精度可达 5mm＋1ppm・D，D 为基线长度，单位为 km。该模式适用于建立全球性或国家级大地控制网、建立地壳运动监测网、建立长距离检校基线，进行岛屿与大陆联测、钻井定位及精密工程控制网建立等。

6.4.2.2 快速静态相对定位模式

作业方法是在测区中部选择一个基准站，并安置一台接收设备连续跟踪所有可见卫星；另一台接收机依次到各点流动设站，每点观测数分钟。作业布置如图 6-19 所示。流动站相对于基准站的基线中误差为 5mm＋1ppm・D，该模式适用于控制网的建立及其加密、工程测量、地籍测量、大批相距百米左右的点位定位。该模式的优点是作业速度快、精度高、能耗低；缺点是两台接收机同时工作时，构不成闭合图形，可靠性较差。

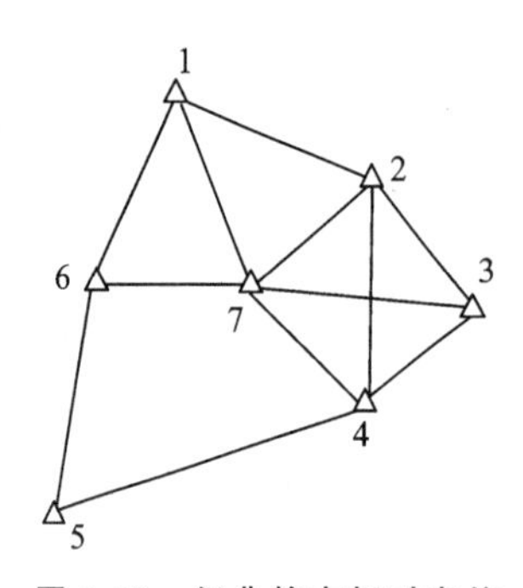

图 6-18　经典静态相对定位

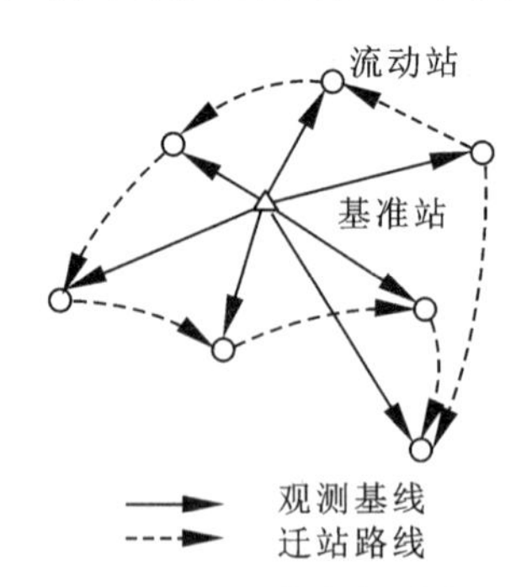

图 6-19　快速静态相对定位

6.4.2.3 准动态相对定位模式

作业方法是在测区选择一个基准点，安置接收机连续跟踪所有可见卫星；将另一台流动接收机先置于1号站（见图6-20）观测；在保持对所测卫星连续跟踪而不失锁的情况下，将流动接收机分别在2，3，4，…各点观测数秒钟。该模式应用于开阔地区的加密控制测量、工程定位及碎部测量、剖面测量及线路测量等。

6.4.2.4 动态相对定位模式

作业方法是建立一个基准点安置接收机连续跟踪所有可见卫星，如图6-21所示；流动接收机先在出发点上静态观测数分钟；然后流动接收机从出发点开始连续运动，按指定的时间间隔自动测定运动载体的实时位置。该模式适用于精密测定运动目标的轨迹、测定道路的中心线、剖面测量、航道测量等。

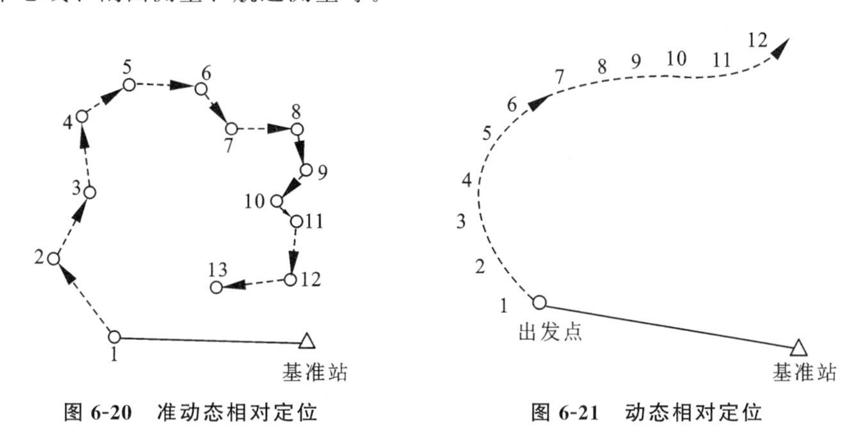

图6-20 准动态相对定位　　图6-21 动态相对定位

6.4.3 GNSS-RTK定位技术

6.4.3.1 RTK简述

RTK（real-time kinematic）实时动态差分法。这是一种新的常用的GNSS测量方法，以前的静态、快速静态、动态测量都需要事后进行解算才能获得厘米级的精度，而RTK是能够在野外实时得到厘米级定位精度的测量方法，它采用了载波相位动态实时差分方法，是GNSS应用的重大里程碑，它的出现为工程放样、地形测图及各种控制测量带来了新曙光，极大地提高了外业作业效率。

高精度的GNSS测量必须采用载波相位观测值，RTK定位技术就是基于载波相位观测值的实时动态定位技术，它能够实时提供测站点在指定坐标系中的三维定位结果，并达到厘米级精度。在RTK作业模式下，基准站通过数据链将其观测值和测站坐标信息一起传送给流动站。流动站不仅通过数据链接收来自基准站的数据，还要采集GNSS观测数据，并在系统内组成差分观测值进行实时处理，同时给出厘米级定位结果，历时不足1秒钟。流动站可处于静止状态，也可处于运动状态；可在固定点上先进行初始化后再进入动态作业，也可在动态条件下直接开机，并在动态环境下完成周模糊度的搜索求解。在整周未知数解固定后，即可进行每个历元的实时处理，只要能保持4颗以上卫星相位观测值的跟踪和必要的几何图形，则流动站可随时给出厘米级定位结果。

6.4.3.2 RTK技术应用

1. 各种控制测量

传统的大地测量、工程控制测量采用三角网、导线网方法来施测，不仅费工费时，要求点间通视，而且精度分布不均匀，且在外业不知精度如何，采用常规的GNSS静态测量、快速静态、伪动态方法，在外业测设过程中不能实时知道定位精度，如果测设完成后，回到内业处理后发现精度不符合要求，还必须返测，而采用RTK来进行控制测量，能够实时知道定位精度，如果点位精度要求满足了，用户就可以停止观测了，而且知道观测质量如何，这样可以大大提高作业效率。如果把RTK用于公路控制测量、电子线路控制测量、水利工程控制测量、大地测量，则不仅可以大大减少人力强度、节省费用，而且大大提高工作效率，测一个控制点在几分钟甚至于几秒钟内就可完成。

2. 地形测图

过去测地形图时一般首先要在测区建立图根控制点，然后在图根控制点上架上全站仪或经纬仪配合小平板测图，现在发展到外业用全站仪和电子手簿配合地物编码，利用大比例尺测图软件来进行测图，甚至于发展到最近的外业电子平板测图等，都要求在测站上测四周的地貌等碎部点，这些碎部点都与测站通视，而且一般要求至少2～3人操作，需要在拼图时一旦精度不符合要求还得外业返测，现在采用RTK时，仅需1人背着仪器在要测的地貌碎部点待上一两秒钟，并同时输入特征编码，通过手簿可以实时知道点位精度，把一个区域测完后回到室内，由专业的软件接口就可以输出所要求的地形图，这样用RTK仅需一人操作，不要求点间通视，大大提高了工作效率，采用RTK配合电子手簿可以测设各种地形图，如普通测图、铁路线路带状地形图的测设，公路管线地形图的测设，配合测深仪可以用于测水库地形图、航海海洋测图等。

3. 放样

放样是测量一个应用分支，它要求通过一定方法采用一定仪器把人为设计好的点位在实地给标定出来，过去采用常规的放样方法很多，如经纬仪交会放样、全站仪的边角放样等，一般要放样出一个设计点位时，往往需要来回移动目标，而且要2～3人操作，同时在放样过程中还要求点间通视情况良好，在生产应用上效率不是很高，有时放样中遇到困难的情况会借助于很多方法才能放样，如果采用RTK技术放样时，仅需把设计好的点位坐标输入到电子手簿中，背着GNSS接收机，它会提醒你走到要放样点的位置，既迅速又方便，由于GNSS是通过坐标来直接放样的，而且精度很高也很均匀，因而在外业放样中效率会大大提高，且只需一个人操作。

技能训练

(1) 什么是小区域平面控制网和图根控制网？

(2) 导线布设形式有哪几种？导线测量的外业工作是什么？

(3) 简述导线测量内业计算步骤，并说明闭合导线与附合导线在计算中的异同点。

(4) 根据表6-12所列数据，试计算闭合导线各点的坐标。导线点号为逆时针编号。

(5) 根据表6-13所列数据，试计算附合导线各点的坐标。

(6) GNSS系统有哪几部分组成？

(7) GNSS测量的外业工作包括哪几部分？

表 6-12 闭合导线坐标计算表

日期：　　天气：　　仪器型号：　　组别：　　观测者：　　记录者：

点号	观测角 β /(° ′ ″)	改正数 /(″)	改正后角值 /(° ′ ″)	坐标方位角 α /(° ′ ″)	边长 D /m	纵坐标增量 Δx 计算值 /m	纵坐标增量 Δx 改正数 /cm	纵坐标增量 Δx 改正后 /m	横坐标增量 Δy 计算值 /m	横坐标增量 Δy 改正数 /cm	横坐标增量 Δy 改正后 /m	坐标值 x/m	坐标值 y/m	点号
1	2	3	4	5	6	7	8	9	10	11	12	13	14	15
1												500.00	500.00	1
				97 58 08	100.29									
2	82 46 29													2
					78.96									
3	91 08 23													3
					137.22									
4	60 14 02													4
					78.67									
1	125 52 04											500.00	500.00	1
$\sum$														
辅助计算														

表 6-13　附合导线计算表

日期：　　　天气：　　　仪器型号：　　　组别：　　　观测者：　　　记录者：

点号	观测值 β /(° ′ ″)	改正值 /(″)	改正后角值 /(° ′ ″)	坐标方位角 /(° ′ ″)	边长 /m	纵坐标增量(Δx) 计算值 /m	纵坐标增量(Δx) 改正值 /cm	纵坐标增量(Δx) 改正后值 /m	横坐标增量(Δy) 计算值 /m	横坐标增量(Δy) 改正值 /cm	横坐标增量(Δy) 改正后值 /m	纵坐标 x/m	横坐标 y/m	点号
A														A
				50 00 00										
B	253 34 54											1000.00	1000.00	B
					125.37									
1	114 52 36													1
					109.84									
2	240 18 48													2
					106.26									
C	227 16 12											936.97	1291.22	C
				166 02 54										
D														D
$\sum$														

辅助计算

科普小知识

国家GPS控制网

2000国家GPS控制网由国家测绘局布设的高精度GPS A、B级网，总参测绘局布设的GPS一、二级网，中国地震局、总参测绘局、中国科学院、国家测绘局共建的中国地壳运动观测网组成。该控制网整合了上述三个大型的、有重要影响力的GPS观测网的成果，共2609个点。通过联合处理将其归于一个坐标参考框架，形成了紧密的联系体系，可满足现代测量技术对地心坐标的需求，同时为建立我国新一代的地心坐标系统打下了坚实的基础。

项目 7　大比例尺地形图的测绘与应用

学习目标

（1）掌握地形图的基本知识，学习地物、地貌的表示方法。

（2）了解大比例尺地形图测绘的方法和步骤。

（3）掌握地形图的识读及应用。

思政目标

（1）培养学生一丝不苟、精益求精的工作态度。

（2）培养学生吃苦耐劳的工匠精神。

（3）调动学生的爱国激情以及自主学习探索的热情。

任务 7.1　地形图的基本知识

地球表面是由各种各样的地物和地貌组成。所谓地物是指地球表面上的各种固定性物体，可分为自然地物和人工地物，如湖泊、河流、海洋、房屋、道路、桥梁、森林、草地等；地貌是指地球表面起伏形态的统称，如山地、丘陵和平原等，地物和地貌总称为地形。地形图是通过实地测量，将地球表面上各种地物、地貌的平面位置和高程，按一定的比例尺，用《地形图图式》统一规定的符号和注记，缩绘在图纸上的图形称为地形图。地形图既表示地物的平面位置，又表示地貌的起伏形态。只表示地物的平面位置，不表示地貌起伏形态的正射投影图称为平面图。将地球上的若干自然、社会、经济等若干现象，按一定的数学法则，采用制图的原则和比例缩绘所成的图叫作地图。

7.1.1　地形图的比例尺

地形图的基本概念

图上任一直线段长度与地面上相应线段的水平距离之比，称为地形图的比例尺。地形图比例尺常用数字比例尺和图示比例尺两种。

1．数字比例尺

用分子为 1，分母为整数的分数表示的比例尺称为数字比例尺，即

$$\frac{d}{D}=\frac{1}{M} \tag{7-1}$$

式中：d——表示图上长度；

D——表示实际实地长度；

M——为比例尺的分母，表示缩小的倍数。

按制图的原则和比例缩绘所成的图：通常把 1∶500、1∶1000、1∶2000、1∶5000 比例尺的地形图，称为大比例尺地形图；1∶10000、1∶25000、1∶50000、1∶100000 比例尺的地形图，称为中比例尺地形图；小于 1∶100000 比例尺的地形图称为小比例尺地形图。

根据数字比例尺，可以由图上线段长度求出相应实地线段水平距离，同样由实地水平距离可求出其在图上的相应长度。

例 7-1　在 1∶1000 的地形图上，量得某草坪南边界线长 5.5cm，则其实地水平距离为：

$$D=M\cdot d=1000\times5.5\text{cm}=55\text{m}$$

例 7-2　量得某公园一道路水平距离为 480m，绘在 1∶2000 的地形图上，其相应长度为：

$$d=\frac{D}{M}=\frac{480}{2000}\text{m}=0.24\text{m}=24\text{cm}$$

2. 图示比例尺

图示比例尺是直接绘在图纸上的，能直接进行图上长度与相应实地水平距离的换算。

例如，要绘制 1∶500 的图示比例尺，先在图上绘制两条平行线，再把它分成若干相等的线段，称为比例尺的基本单位，一般为 2cm；再将最左边的一段基本单位分成 10 等分，每等分为 0.2cm，相当于实地长度 1m，如图 7-1 所示。图示比例尺可随着图纸一起伸缩，在测图或用图时可以避免因图纸伸缩引起的误差。

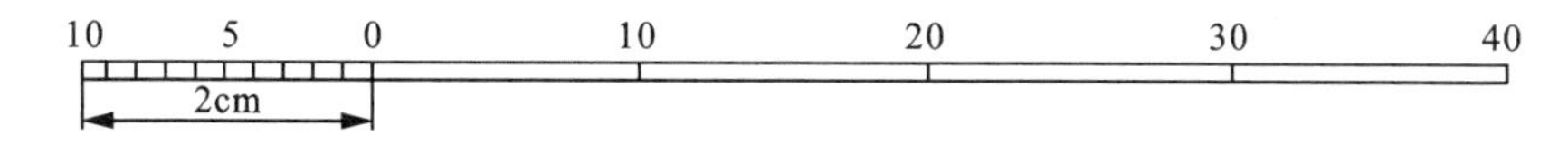

图 7-1　图示比例尺

通常情况下，人们用肉眼能分辨的图上最短长度为 0.1mm，即在图纸上当两点的长度小于 0.1mm 时，人眼就无法分辨。因此，把相当于图纸上 0.1mm 的实地水平距离称为比例尺精度。几种常用的工程图的比例尺精度如表 7-1 所示。

表 7-1　几种常用的工程图的比例尺精度

比例尺	1∶500	1∶1000	1∶2000	1∶5000
比例尺精度/m	0.05	0.10	0.20	0.50

比例尺精度对测图和用图都具有十分重要的意义。一方面，比例尺精度越高，比例尺

就越大，利用比例尺精度，根据比例尺可以推算出测图时量距应准确到什么程度。例如，1∶1000地形图的比例尺精度为0.1 m，测图时量距的精度只需0.1m，小于0.1m的距离在图上表示不出来。反之，根据图上表示实地的最短长度，可以推算测图比例尺。例如，欲表示实地最短线段长度为0.5m，则测图比例尺不得小于1∶5000。另一方面，根据甲方要求确定比例尺大小和精度要求。比例尺愈大，采集的数据信息愈详细，精度要求就愈高，测图工作量和投资往往成倍增加，因此使用何种比例尺测图，应从实际需要出发，不应盲目追求更大比例尺的地形图。

7.1.2 地物、地貌的表示方法

地形图的表示

7.1.2.1 地物的表示方法

地物是用地物符号和注记来表示的。一般将地物符号分为比例符号、非比例符号、线状符号。常见的地物符号的表示方法如表7-2所示。

1. 比例符号

当地物较大时，如房屋、运动场、湖泊、森林、田地等，可将其形状、大小和位置按测图比例尺缩绘在图上的符号，称为依比例符号，这类符号能表示地物的轮廓特征。

2. 非比例符号

当地物轮廓较小，或无法将其形状和大小按比例画到图上的地物，如三角点、水准点、独立树、里程碑、水井和钻孔等，就采用一种统一规格、概括形象特征的象征性符号表示，这种符号称为非比例符号，只表示地物的中心位置，不表示地物的形状和大小。

3. 半比例符号

对于一些线状而延伸的地物，如河流、道路、通信线、管道、垣栅等，其长度能按比例缩绘，但其宽度不能按比例缩绘，这种符号称为半比例符号，这种符号一般表示地物的中心位置，但是城墙和垣栅等，其准确位置在其符号的底线上。

4. 地物注记

有些地物除了用相应的符号表示外，对于地物的性质、名称等在图上还需要用文字和数字加以注记。文字注记如地名、路名、单位名等，数字注记如房屋层数、等高线高程、河流的水深、流速等。

地物符号随着地形图采用的比例尺不同而有所变化，比例符号可能变成非比例符号，线状符号可能变成比例符号。如蒙古包、水塔、烟囱等在1∶500的地形图中为比例符号，在1∶2000的地形图中为非比例符号；铁路、传输带、小路等在1∶2000地形图中为线状符号，在1∶500的地形图中为比例符号。常见的1∶500～1∶2000的地形图图式如表7-2所示。

表 7-2 常见的 1∶500～1∶2000 的地形图图式（摘录）

编号	符号名称	图例
1	坚固房屋 4—房屋层数	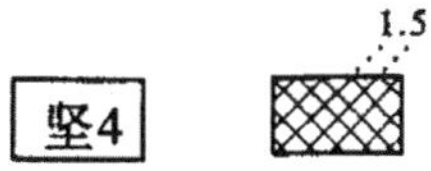 坚4 1.5
2	普通房屋 2—房屋层数	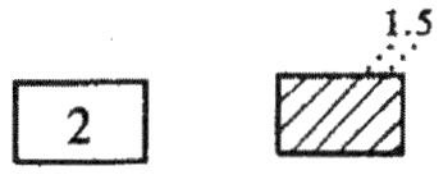 2 1.5
3	窑洞 1. 住人的 2. 不住人的 3. 地面下的	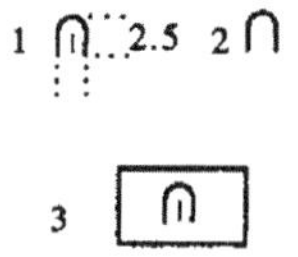 1 2.5 2 3
4	台阶	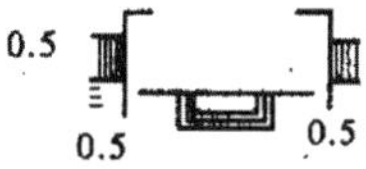 0.5 0.5 0.5
5	花圃	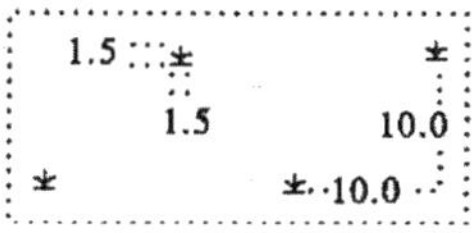 1.5 1.5 10.0 10.0
6	草地	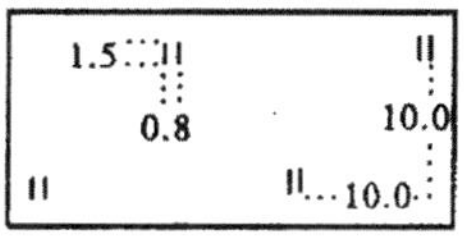 1.5 0.8 10.0 10.0
7	经济作物地	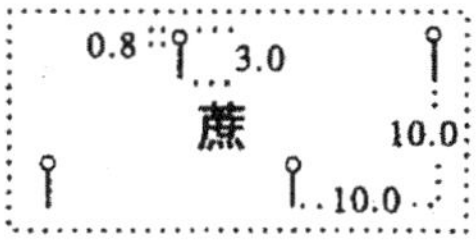 0.8 3.0 蔗 10.0 10.0
8	水生经济作物地	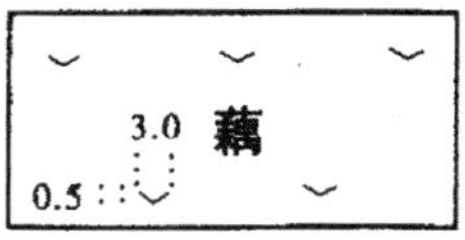 3.0 藕 0.5
9	水稻田	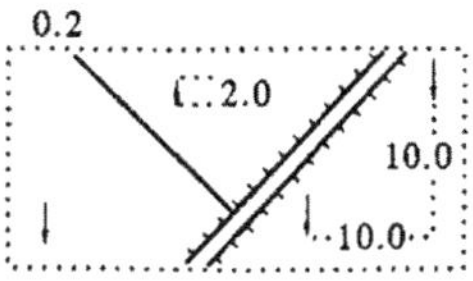 0.2 2.0 10.0 10.0
10	旱地	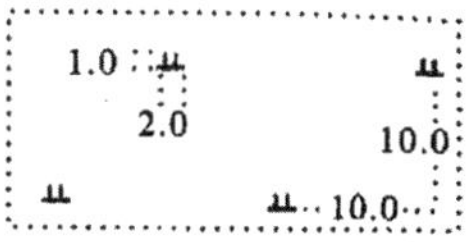 1.0 2.0 10.0 10.0
11	灌木林	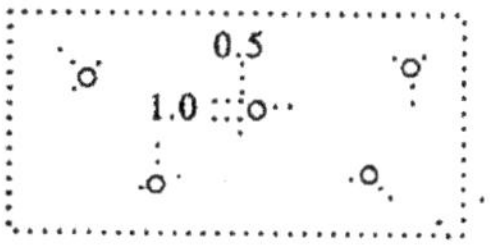 0.5 1.0
12	菜地	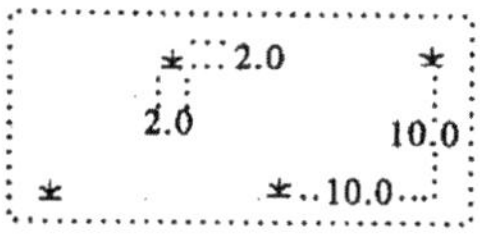 2.0 2.0 10.0 10.0
13	高压线	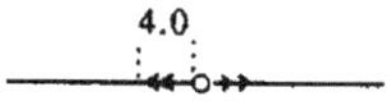 4.0
14	低压线	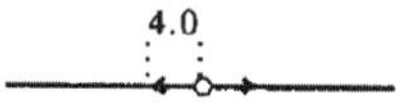 4.0
15	电杆	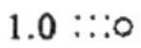 1.0
16	电线架	
17	砖、石及混凝土围墙	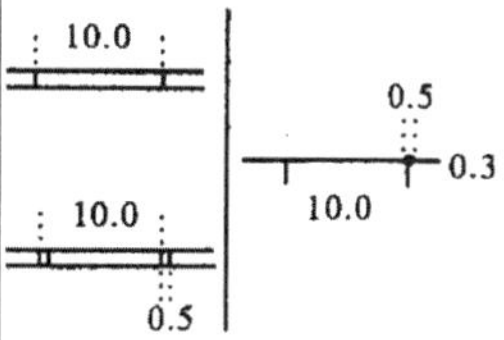 10.0 10.0 0.5 0.5 0.3 10.0
18	土围墙	
19	栅栏、栏杆	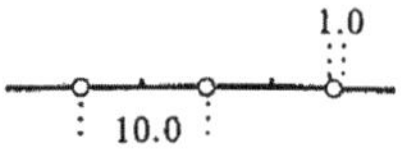 1.0 10.0
20	篱笆	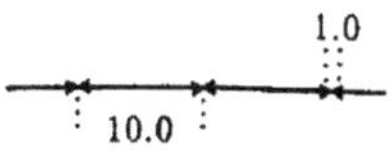 1.0 10.0

续表

编号	符号名称	图　　例
21	活树篱笆	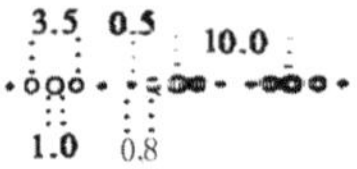 3.5　0.5　10.0　1.0　0.8
22	沟渠 1. 有堤岸的 2. 一般的 3. 有沟堑的	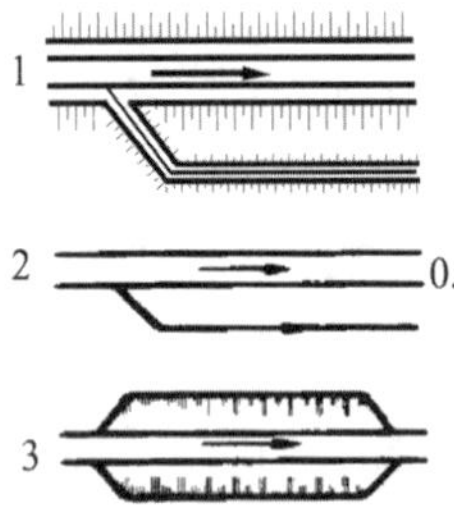 1 2　0.3 3
23	公路	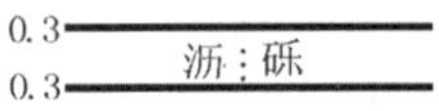 0.3　沥：砾　0.3
24	简易公路	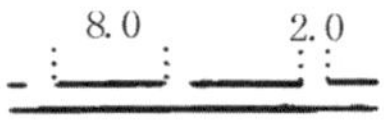 8.0　2.0
25	大车路	 0.15　0.3　碎石
26	小路	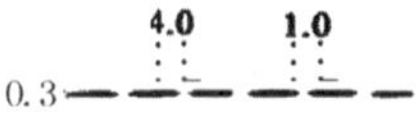 4.0　1.0　0.3
27	三角点 凤凰山——点名 394.468——高程	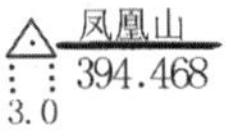 凤凰山 394.468 3.0
28	图根点 1. 埋石的 2. 不埋石的	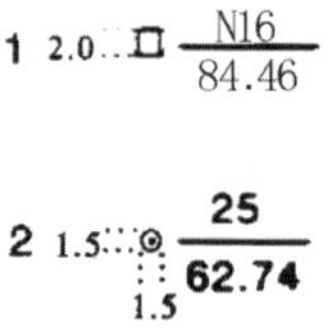 1　2.0　N16/84.46 2　1.5　1.5　25/62.74
29	水准点	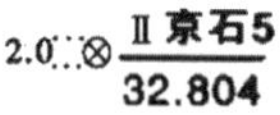 2.0　Ⅱ京石5/32.804
30	旗杆	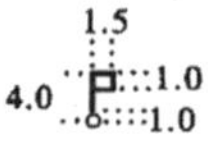 1.5　4.0　1.0　1.0
31	水塔	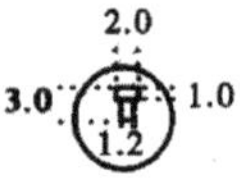 2.0　3.0　1.0　1.2
32	烟囱	 3.5　1.0
33	气象站（台）	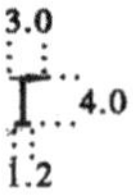 3.0　4.0　1.2
34	消火栓	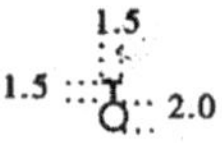 1.5　1.5　2.0
35	阀门	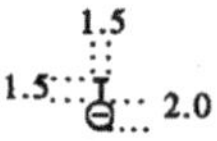 1.5　1.5　2.0
36	水龙头	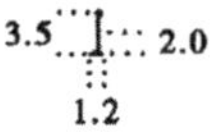 3.5　2.0　1.2
37	钻孔	 3.0　1.0
38	路灯	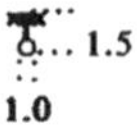 1.5　1.0
39	独立树 1. 阔叶 2. 针叶	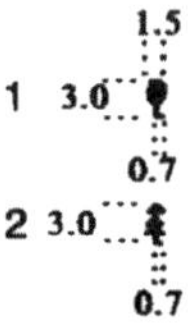 1.5 1　3.0　0.7 2　3.0　0.7
40	岗亭、岗楼	 90°　3.0　1.5
41	等高线 1. 首曲线 2. 计曲线 3. 间曲线	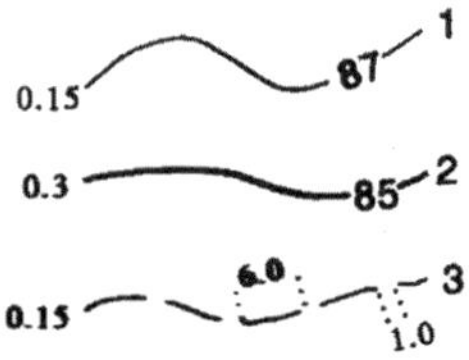 0.15　87　1 0.3　85　2 0.15　6.0　1.0　3

7.1.2.2 地貌的表示方法——等高线

1. 等高线原理

地面上高程相等的各相邻点所连成的闭合曲线，称为等高线。

如图 7-2 所示，设想平静的湖水中有一座山头，当水面的高程为 90m 时，水面与山头相交得一条高程为 90m 的等高线；当水面上涨到 95m 时，水面与山头相交又得一条高程为 95m 的等高线；当水面继续上涨到 100m 时，水面与山头相交又得一条高程为 100m 的等高线。将这三条等高线垂直投影到水平面上，并注上高程，则这三条等高线的形状就显示出该山头的形状。因此，根据等高线表示地貌的原理，各种不同形状的等高线表示各种不同形状的地貌。

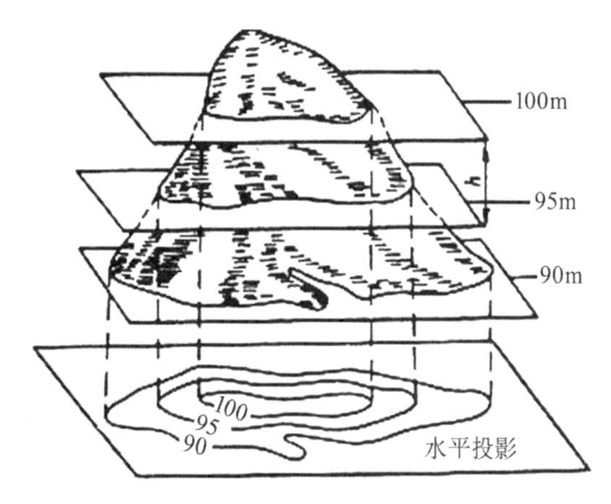

图 7-2 等高线表示地貌的原理

2. 等高距和等高线平距

地形图上相邻等高线之间的高差 h，称为等高距，图 7-2 中的等高距为 5m。同一幅地形的等高距是相同的，因此地形图的等高距也称为基本等高距。相邻等高线间的水平距离 d，称为等高线平距。坡度与平距成反比，d 愈大，表示地面坡度愈缓，反之愈陡。

用等高线表示地貌：等高距越小，用等高线表示的地貌细部越详尽；等高距越大，表示的地貌细部越粗略。但是，当等高距过小时，等高线过于密集，将会影响图面的清晰度。因此，应根据地形图比例尺、地形类别参照表 7-3 选用等高距。

表 7-3 地形图的基本等高距

地形类别	比例尺/基本等高距			
	1∶500	1∶1000	1∶2000	1∶5000
平地	0.5m	0.5m	1.0m	2.0m
丘陵	0.5m	1.0m	2.0m	5.0m
山地	1.0m	1.0m	2.0m	5.0m
高山地	1.0m	2.0m	2.0m	5.0m

3. 等高线的种类

(1) 首曲线。根据基本等高距测绘的等高线称为首曲线，又称基本等高线。故首曲线的高程必须是等高距的整倍数。在图上，首曲线用细实线描绘，如图 7-3 所示。

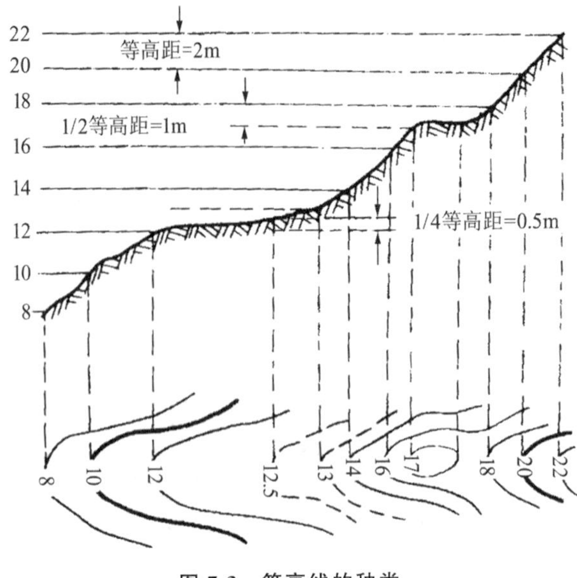

图 7-3　等高线的种类

(2) 计曲线。为了读图方便，每隔四根等高线加粗描绘一根等高线，并在该等高线上的适当部位注记高程，该等高线称为计曲线，也叫加粗等高线。

(3) 间曲线。为了显示首曲线不能表示的详细地貌特征，可按 1/2 基本等高距描绘等高线，这种等高线称为间曲线，又称半距等高线，在地形图上用长虚线描绘。

(4) 助曲线。按 1/4 基本等高距描绘的等高线称为助曲线，在图上用短虚线描绘。间曲线和助曲线都是用于表示平缓的山头、鞍部等局部地貌，或者在一幅图内坡度变化很大时，也常用来表示平坦地区的地貌。间曲线和助曲线都是辅助性曲线，在图幅中何处加绘没有硬性规定，在图幅中也可不需自行闭合。

4. 典型地貌及其等高线

地球表面高低起伏的形态千变万化，但经过仔细研究分析就会发现它们都是由几种典型的地貌综合而成的。典型地貌主要有：山头和洼地（盆地）、山脊和山谷、鞍部、陡崖和悬崖等。

(1) 山头和洼地（盆地）。隆起而高于四周的高地称为山，图 7-4（a）为表示山头的等高线；四周高而中间低的地形称为洼地，图 7-4（b）则为表示洼地的等高线。

山头和洼地的等高线均表现为一组闭合曲线。区别在于：山头的等高线由外圈向内圈高程逐渐增加；洼地的等高线由外圈向内圈高程逐渐减少，这样就可以根据高程注记区分山头和洼地。山头和洼地也可用示坡线来表示，示坡线是从等高线起向下坡方向垂直于等高线的短截线。示坡线从内圈指向外圈，为山头或山丘；示坡线从外圈指向内圈为洼地或盆地。

(2) 山脊和山谷。山坡的坡度和走向发生改变时，在转折处就会出现山脊或山谷地貌。山脊的等高线均向下坡方向凸出，两侧基本对称，山脊线是山体延伸的最高棱线，也

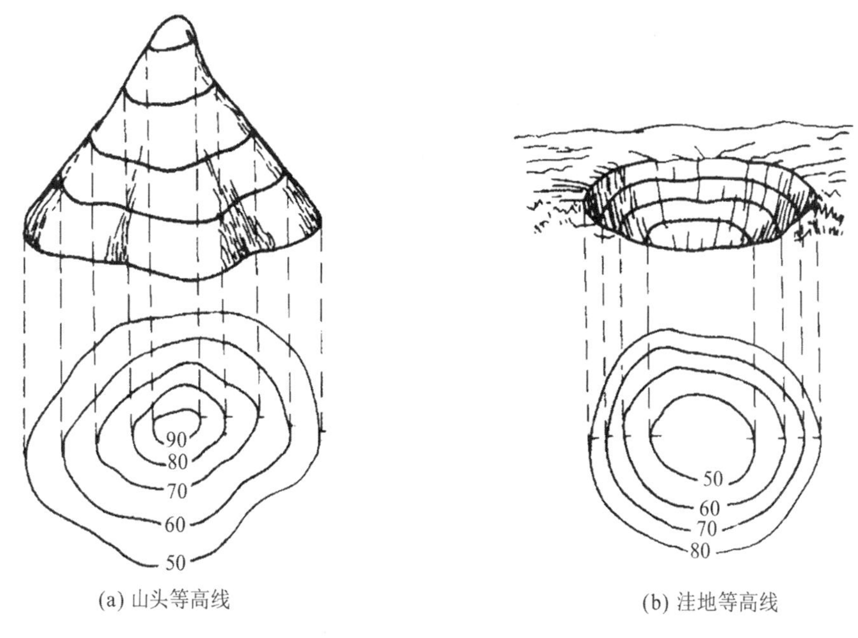

图 7-4 山头和洼地

称分水线，如图 7-5（a）所示。山谷的等高线均凸向高处，两侧也基本对称，山谷线是谷底点的连线，也称集水线，如图 7-5（b）所示。

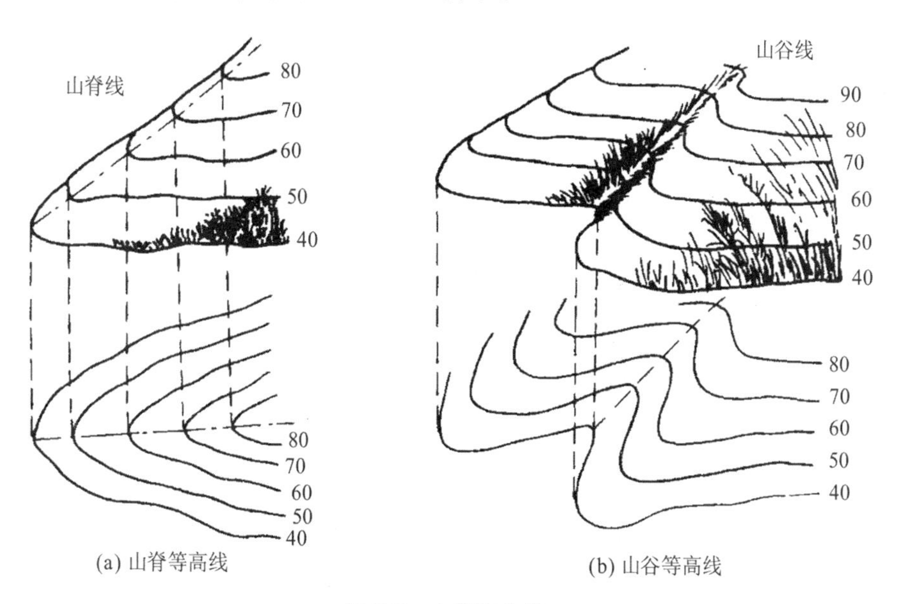

图 7-5 山脊和山谷

山脊线和山谷线统称为地性线，在工程规划及设计中，要考虑地面的水流方向、分水线、集水线等问题，因此，山脊线和山谷线在地形图测绘及应用中具有重要的作用。

（3）鞍部。鞍部是相邻两山头之间低凹部位且呈马鞍形的地貌，如图 7-6 所示。鞍部（S 点处）俗称垭口，是山区道路选线的重要位置。鞍部左右两侧的等高线是近似对称的两组山脊线和两组山谷线。

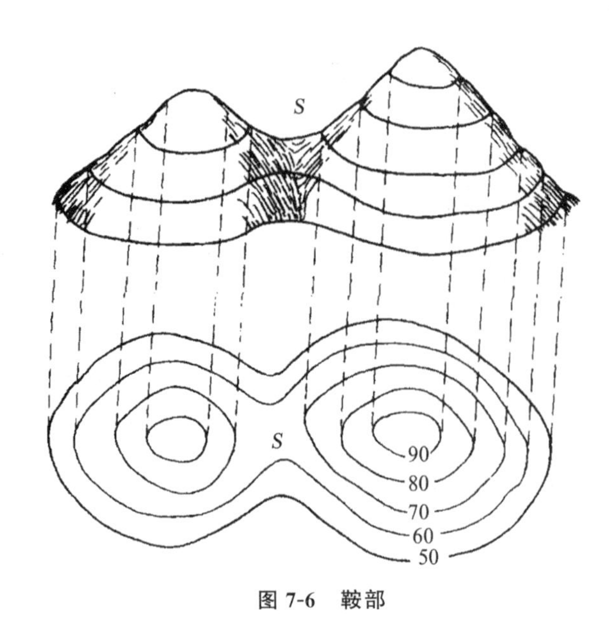

图 7-6 鞍部

(4) 陡崖和悬崖。陡崖是坡度在 70°以上的陡峭崖壁，有石质和土质之分。如果用等高线表示，将是非常密集或重合为一条线，因此采用陡崖符号来表示，如图 7-7 是石质峭壁的表示符号。悬崖是上部突出中间凹进的陡崖，悬崖上部的等高线投影到水平面时，与下部的等高线相交，下部凹进的等高线部分用虚线表示，如图 7-8 所示。

(5) 其他。地面上由于各种自然和人为的原因而形成的形态还有雨裂、冲沟、陡坎等，这些形态用等高线难以表示，可参照《地形图图式》规定的符合配合使用。

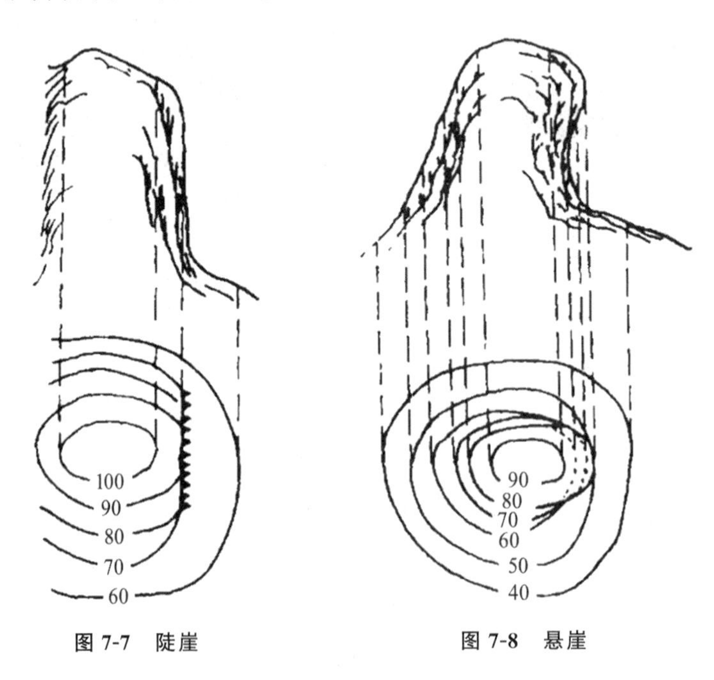

图 7-7 陡崖　　图 7-8 悬崖

熟悉了典型地貌的等高线特征，就容易识别各种地貌，图 7-9 是某地区综合地貌示意图及其对应的等高线图，可仔细对照阅读。

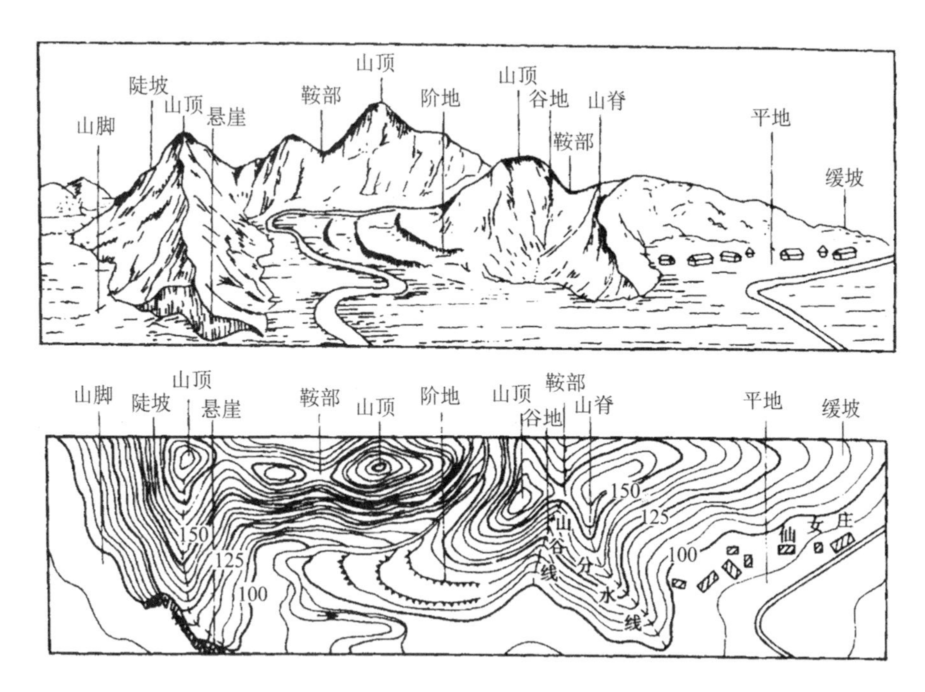

图 7-9 某地区综合地貌示意图及其对应的等高线图

5. 等高线的特性

根据等高线的原理和典型地貌的等高线，可概括出等高线的特性如下。

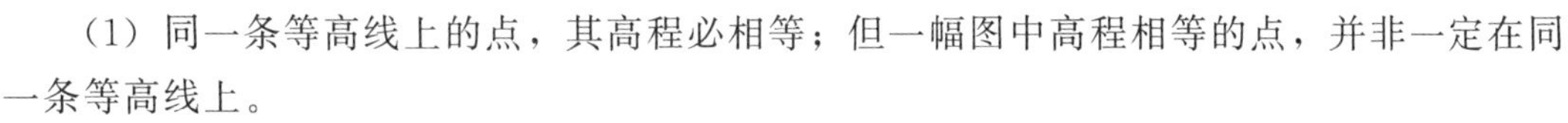

(1) 同一条等高线上的点，其高程必相等；但一幅图中高程相等的点，并非一定在同一条等高线上。

(2) 等高线均是闭合曲线，如不在本图幅内闭合，则必在图外闭合，故等高线必须延伸到图幅边缘。

(3) 除在悬崖或峭壁处以外，等高线在图上不能相交或重合。

(4) 等高线与山脊线、山谷线呈正交。

(5) 一幅图中，等高线的平距小表示坡度陡，平距大则坡度缓，即平距与坡度成反比。

任务 7.2 大比例尺地形图的测绘

地面的控制测量完成之后，测区内所有的控制点均为已知点。地形图测绘时，首先要把控制点展绘在图纸上，然后根据已知的控制点的实地位置和图上位置，测定控制点周围的所有地物、地貌的特征点的位置。所谓的地物特征点，就是地物形状轮廓线的转折点，或地物的中心点。所谓的地貌特征点，就是地貌方向变化点或坡度变化点。地形图测绘的主要工作就是根据控制点测定地物、地貌特征点在图上位置，再根据地物、地貌特征点，用地物符号对地物进行描绘、用等高线对地貌进行勾绘，并对描绘和勾绘的对象进行检查、整饰、注记，使之符合地形图图式标准。本任务主要介绍大比例尺地形图测绘工作的全过程。

7.2.1 测图前的准备工作

为了顺利完成地形测图工作，测图前应收集整理测区内可利用的已知控制点成果，明确测区范围，实地踏勘，拟定实测方案和确定技术要求，准备仪器工具、图纸和展绘控制点等工作。

7.2.1.1 图纸准备

目前聚酯薄膜图纸已广泛取代了绘图纸，它具有伸缩性小、透明度好、不怕潮湿等优点，可直接着墨晒图和制版，图纸出厂时，已经印刷坐标格网，可直接使用，可将图纸用透明胶带纸固定在图板上。若选用白纸测图，为保证测图的质量，应选用优质白纸，并绘制坐标格网。

7.2.1.2 坐标格网的绘制

为了准确地展绘图根控制点，首先要在图纸上绘制 10cm×10cm 的平面坐标格网。

绘制方格网的常用方法是直尺对角线法，用直尺在图纸上绘出两条对角线，从交点 O 为圆心沿对角线量取等长（大于 70.711/2）线段，得 A、B、C、D 点，并连接得矩形 $ABCD$。再从 A、B 两点起各沿 AD、BC 方向每隔 10cm 定一点，从 A、D 两点起各沿 AB、DC 方向每隔 10cm 定一点，连接矩形对边上的相应点，即得坐标格网，如图 7-10 所示。

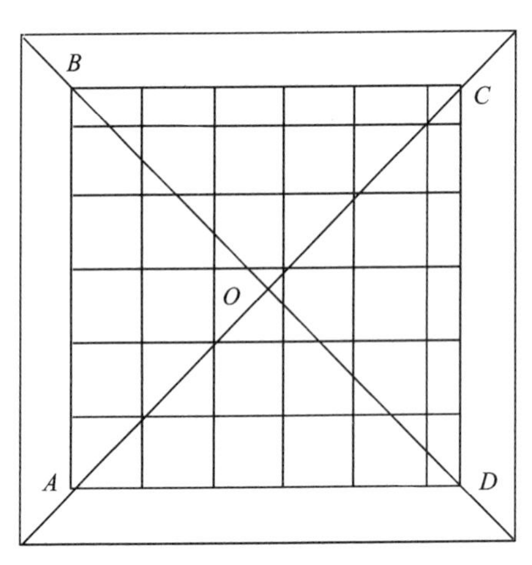

图 7-10 坐标格网的绘制

绘好坐标格网后，要进行格网边长和垂直度的检查。每一个小方格的边长检查，可用比例尺量取，各方格线交点应在一条直线上，其值与 10cm 的误差不应超过 0.2mm；每一个小方格对角线长度与 14.14cm 的误差不应超过 0.3mm。方格网垂直度的检查，可用直尺检查格网的交点是否在同一直线上，其偏离值不应超过 0.2mm，若检查值超限，则应重新绘制方格网。

7.2.1.3 展绘控制点

1. 标注坐标格网线的坐标值

根据控制点的最大和最小坐标值来确定坐标格网线的坐标值，使控制点位于图纸上的适当位置，坐标值要注在相应格网边线的外侧，如图 7-11 所示。

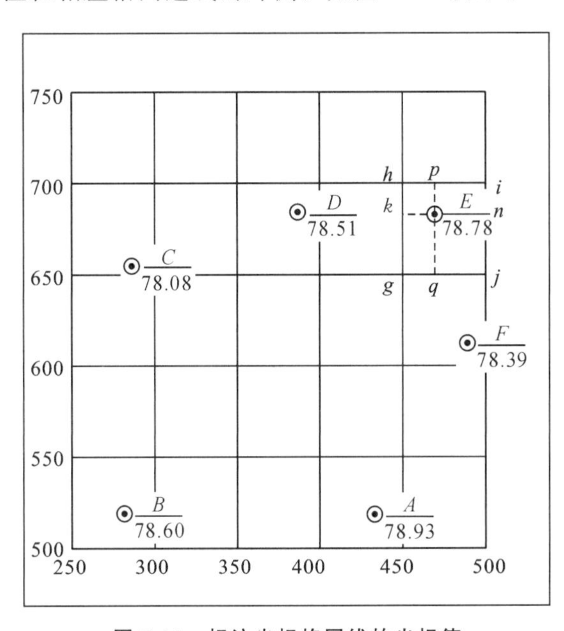

图 7-11 标注坐标格网线的坐标值

2. 展绘控制点

根据控制点的坐标，确定控制点所在的方格，展绘其位置。如 E（683.20，465.80）应在方格 $ghij$ 中，分别从 g、j 往上用比例尺截取 33.20m（683.20－650＝33.20），得 k、n 两点；分别由 g、h 往右用比例尺截取 15.80m（465.80－450＝15.80），得 p、q 两点；分别连接 kn、pq 得一交点，即控制点 E 在图纸上的位置。同法可展绘其他图根点的位置。

3. 展绘控制点的检查

用比例尺量取各相邻图根控制点间的距离是否与成果表上或与控制点坐标反算的距离相符，其差值在图上不得超过 0.3mm，否则重新展点，然后对控制点注记点名和高程。图纸上的控制点要注记点名和高程，可在控制点的右侧以分数形式注明，分子为点名，分母为高程，如图 7-11 中 B 点注记为$\frac{B}{78.60}$。

7.2.2 碎部点的选择和立尺线路

碎部点选择及测量方法

7.2.2.1 碎部点选择

地形图测绘的主要工作就是根据控制点测定地物、地貌特征点在图上位置，再用地物符号对地物特征点进行描绘、用等高线对地貌特征点进行勾绘，并对描绘和勾绘的对象进行检查、整饰、注记，使之符合地形图图式标准。因此测绘地形图时，碎部点应选择地物、地貌的特征点，如房屋的四个角点、围墙的转折点、道路的转弯点或交叉点等都是地物的特征点；山顶、鞍部、山脊、山谷等都是地貌的特征点，如图 7-12 所示，所有池塘轮廓线的转折点都是碎部点。如图 7-13 所示，所有地貌方向变化点或坡度变化点都是碎部点。如山脊线、山谷线是地貌形态变化的棱线，我们称之为地性线，地形测图时绝不可漏测。

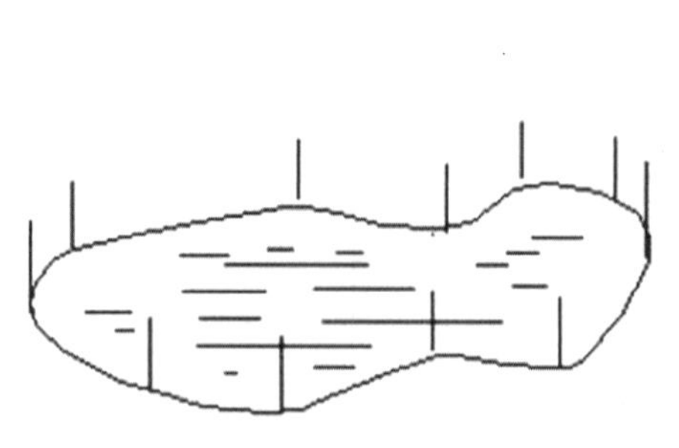

图 7-12　池塘碎部点示意图

图 7-13　地貌碎部点示意图

为了保证测图的质量，图上碎部点应有一定的密度，地貌在坡度变化很小的地方，图上也应每隔 2～3cm 有一个点。

为了能详尽地表示地貌形态，除对明显的地貌特征点必须选测外，还需在其间保持一定的立尺密度，使相邻立尺点间的最大间距不超过表 7-4 的规定。

表 7-4　地貌点间距表

测图比例尺	立尺点最大间隔/m
1∶500	15
1∶1000	30
1∶2000	50
1∶5000	100

7.2.2.2　立尺线路

立尺时要注意按照一定的线路，这样可以减少立尺的路线长度，提高工作效率。一般平坦地区有“由近及远”和“由远及近”两种方法。测绘建筑物集中地区时，也可以按照不同地物逐一进行测量的方法进行。测绘完全地貌地区时，可以按照沿着等高线立尺和地性线立尺等不同方法进行。

7.2.3　碎步点测定的基本方法

碎步测量的主要内容是测定地形特征点的平面位置和高程，平面位置的测定方法有极坐标法、直角坐标法、角度交会法和距离交会法，大比例尺地形图一般采用极坐标法测定地形特征点的位置。

1. 极坐标法

极坐标法是将仪器安置在控制点上（测站点）测定已知边和碎部点方向的水平夹角，测定测站点至碎部点的距离和高程，即可确定点的位置。如图 7-14 所示，A、B、C、D 是导线点，1、2、3、4 是房屋的特征点，安置仪器于 A 点，在 2 点竖立标尺，测水平角 $\angle 2AB$ 即 β_1，测 $2A$ 水平距离 D_1，若需要高程，则测定 $2A$ 的高差，根据 A 点已知高程推算出 1 点的高程。同法在其他导线点分布测出 1、3、4 点。根据距离和角度将各点绘在图上，就可勾绘出房屋的平面位置图。

2. 直角坐标法

碎部点的平面位置可以用碎部点到导线的垂距和该垂足到导线点的距离确定。如图 7-15 所示，以 B、C 两个图根点的连线为基线，选 C 为起点，量取房屋角点 3、4 至垂足 $3'$、$4'$的横距，再量取起点到各垂足的纵距。以测图比例尺，用小三角板按纵横距绘出点的位置。此方法适用于测量狭窄的街道两侧的地物。

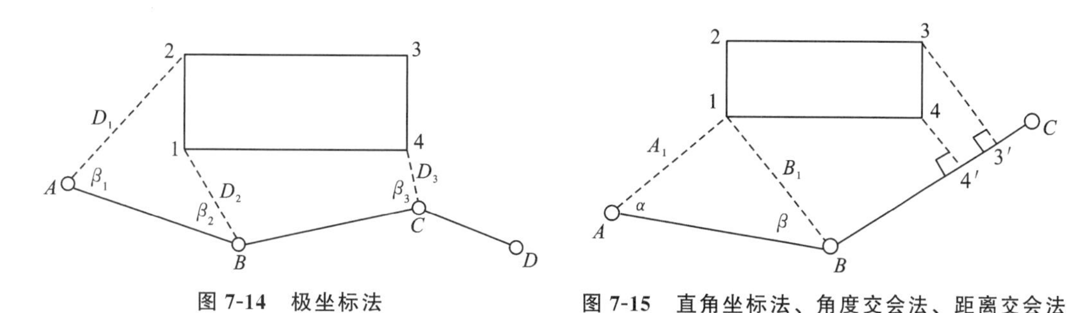

图 7-14 极坐标法

图 7-15 直角坐标法、角度交会法、距离交会法

3. 角度交会法

如图 7-15 所示，角度交会法是分别在两个导线点 A、B 安置仪器，测出导线边和碎部点的水平夹角 α、β，利用图解法得碎部点的位置。此方法适用于目标较远或不能到达的碎部点。

4. 距离交会法

如图 7-15 所示，分别从导线点 A 和 B 量至碎部点的水平距离 A_1、B_1，按比例尺在图上用圆规即可交出碎部点的位置，称为距离交会法。此方法适用于距离控制点较近的碎部点，距离不超过一整尺。

7.2.4 大比例尺地形图的测绘方法与要求

地形图测绘的方法有多种，大平板仪测图法、小平板仪与经纬仪联合测图法、经纬仪测绘法，全站仪测绘法。这里主要介绍经纬仪测图法。

7.2.4.1 经纬仪测图

经纬仪测图是将经纬仪安置在测站上，测定测站到碎部点与导线边的夹角及其距离和高差，绘图板安置在旁边，边测边绘，方法简单灵活，不受地形限制，适用于各类测区，具体操作方法如下。

1. 安置仪器

如图 7-16 所示，经纬仪安置在测站（控制点）A 上，量取仪器高 i，记入碎部测量记录手簿（见表 7-5），绘图板安置在旁边。

图 7-16　经纬仪测图

表 7-5　碎部测量记录手簿

日期：　　仪器型号：　　观测者：

天气：　　组别：　　记录者：

仪器高：1.41m　　定向点：B　　测站高程：78.93m

测站	碎部点	视距尺读数/m			竖盘读数	竖直角	高差/m	水平角	水平距离/m	高程/m	备注
		中丝	下丝	上丝							
A	1	1.35	1.768	0.932	90°24′	−0°24′	−0.52	45°23′	83.60	78.41	
	2	1.52	1.627	1.413	89°39′	+0°21′	+0.01	47°34′	19.70	78.94	
	3	1.55	1.810	1.490	90°01′	−0°01′	−0.15	56°25′	32.00	78.78	

2. 定向

经纬仪瞄准另一控制点 B，调整水平度盘读数为 0°00′00″，作为起始方向即零方向。

3. 跑尺

在地形特征点（碎部点）上立尺的工作通称为跑尺。跑尺点的位置、密度、远近及跑尺的方法影响着成图的质量和功效。跑尺前，跑尺员应弄清实测范围和实地情况，并与观测者、绘图员共同商定跑尺路线，依次将视距尺立置于地物、地貌特征点上。

4. 观测

转到照准部，瞄准碎部点上的视距尺，读取上、中、下三丝的读数，转动竖盘指标水准管微动螺旋，使竖盘指标水准管气泡居中，读取竖盘读数，最后读取水平度盘读数，分别记入碎部测量记录手簿。对于有特殊作用的碎部点，如房角、山头、鞍部等，应在备注中加以说明。

5. 计算

根据上下丝读数算得视距间隔 l，由竖盘读数算得竖角 α，利用视距公式计算水平距距 D 和高差 h，并根据测站的高程算出碎部点的高程，分别记入碎部测量记录手簿（见表 7-5）。

$$D=D'\cos\alpha=Kl\ \cos^2\alpha$$

$$H_{测点}=H_{测站}+D\tan\alpha+i-v$$

6. 展绘碎部点

用细针将量角器的圆心插在图上测站点 A 处，如图 7-17 所示，转动量角器，将量角器上等于水平角值的刻划线对准起始方向线，此时量角器的底边便是碎部点方向，然后用测图比例尺按测得的水平距离在该方向上定出碎部点的位置。当水平角值小于 180°时，应沿量角器底边右面定点；水平角大于 180°时，应沿量角器底边左面定点，并在点的右侧注明其高程，字头朝北。

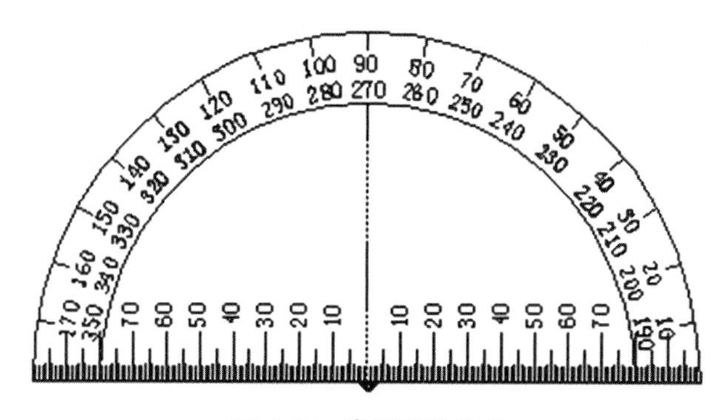

图 7-17 半圆形量角器

同法，测出其余各碎部点的平面位置与高程，展绘于图上，并随测随绘。为了检查测图质量，仪器搬到下一测站时，应先观测前站所测的某些明显碎部点，以检查由两个测站测得该点平面位置和高程是否相同，如相差较大，则应纠正错误，再继续进行测绘。

7.2.4.2 大比例尺地形图的精度要求

无论采用何种方法成图，城市大比例尺地形图的精度应执行以下要求。

1. 图根点、测站点精度

图根点相对于图根起算点的点位中误差，不得大于图上 0.1mm；高程中误差，不得大于测图基本等高距的 1/10。

测站点相对于邻近图根点的点位中误差，不得大于图上 0.3mm；高程中误差：平地不得大于 1/10 基本等高距，丘陵地不得大于 1/8 基本等高距，山地、高山地不得大于 1/6 基本等高距。

2. 地形图平面精度

地形图平面精度应符合表 7-6 的规定。

表 7-6　地形图平面精度

地区分类	点位中误差/mm	邻近地物点间距中误差/mm
城市建筑区和平地、丘陵地	≤0.5	≤0.4
山地、高山地和设站施测困难的旧街坊内部	≤0.75	≤0.6

3. 地形图高程精度

城市建筑区和基本等高距为 0.5m 的平坦地区，其高程注记点相对于邻近图根点的高程中误差 1∶500 地形图不得大于±0.15m；1∶1000 地形图不得大于±0.20m；1∶500 地形图不得大于±0.30m。

其他地区地形图高程精度以等高线插求点的高程中误差来衡量，等高线插求点相对于邻近图根点的高程中误差应符合表 7-7 的规定。

表 7-7　等高线插求点相对于邻近图根点的高程中误差

地形类别	平地	丘陵地	山地	高山地
高程中误差（等高距）	≤1/3	≤1/2	≤2/3	≤1

7.2.5　地形图的绘制与整饰

地形测图的外业完成之后，图纸上显示的地物、地貌只是按比例缩小的草图。在较大的测区测图，地形图是分幅测绘的。为了使图纸清晰、美观、准确、无误、符合国家规定的图式标准、成为合格的成果，测完图后，还需要对图纸上的地物进行描绘，对地貌进行勾绘，对图纸拼接图边、检查、整饰。为便于规划设计、工程施工等，还需要对所绘制的地形图进行复制。

7.2.5.1　地物、地貌的绘制

1. 地物的测绘

当图纸上展绘出多个地物点后，要及时将有关的点连接起来，绘出地物图形。绘制时，要依据《地形图图式》。

（1）居民点的绘制。这类地物都具有一定的几何形状，外轮廓一般都呈折线形，应根据测定点和地物特性勾绘出地物轮廓，并由图式样式进行填充或标注。

（2）道路、水系、管线的绘制。若宽度大于 $0.4\times M$ 时，应绘制出轮廓形状；若宽度小于 $0.4\times M$ 时，连接成线状图式，并适当测注高程。

（3）独立地物的绘制。如水塔、烟囱、纪念碑等，它们是判定方位、确定位置、指出目标的重要标志，必须准确测绘其位置；凡地物轮廓图上大于符号尺寸的均依比例尺表示，加绘符号；小于符号尺寸的用非比例符号表示，并测注高程；有的独立地物应加注其

性质，如油井应加注“油”字样。

（4）植被的测绘。如森林、果园、草地等，它们是地面各类植物的总称，主要是测绘各种植被的边界，并在其范围内配置相应的符号；对耕地的轮廓测绘，还应区别是旱田还是水田等。

2. 地貌的勾绘

碎部测量中，当图纸上有足够数量的地貌特点时，要及时将山脊线、山谷线勾绘出来，如图7-18所示，用细实线表示山脊线，用细虚线表示山谷线。但地貌点的高程必须是等高距的整数倍，所以勾绘等高线时，首先必须根据这些标注高程的地貌点位，按内插法求出符合等高线高程的点位，最后再将高程相等的相邻点用平滑的曲线连接起来。

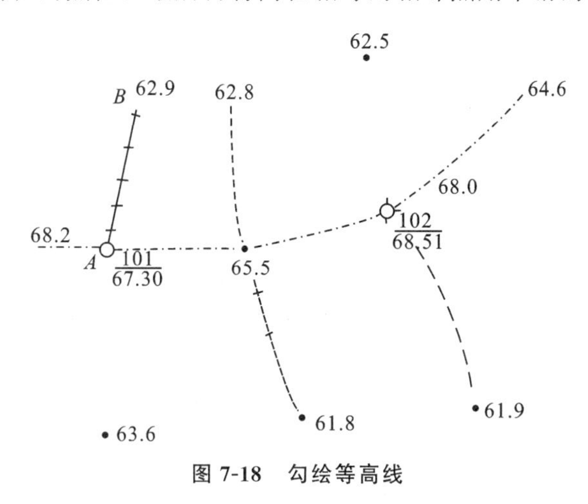

图7-18 勾绘等高线

内插等高线高程的点位有以下三种方法。

1）解析法

如图7-19所示，已知几个地貌点的平面位置和高程，要在图上绘出等高距为1m的等高线。首先用解析法确定各相邻两地貌点间的等高线通过点。

例如A、B两点，根据A点和B点的高程可知，在A—B连线上有67m、66m、65m、64m和63m的等高线通过，求出A、B两点的高差为4.4m（67.3－62.9＝4.4），在图上量出AB两点间的长度为30.8mm；然后计算出相邻两条等高线间的平距为7mm（30.8/4.4＝7），那么A、B两点间的等高线通过点分别距离A点为2.1mm、9.1mm、16.1mm、23.1mm和30.1mm，用直尺自A点沿AB方向量出这些长度，即得相应高程的等高线通过点。同法解析内插出其他相邻两地貌点间的等高线通过点。最后根据实际地貌情况，把高程相同的相邻点用圆滑的曲线连接起来，勾绘成等高线图，如图7-19所示。

2）图解法

如图7-20所示，在一张透明纸上绘出等间隔若干条平行线，覆盖在等待勾绘等高线的图上，转动透明纸，使A、B两点分别位于平行线间的0.3和0.1的位置上，则直线AB和5条平行线的交点，便是高程为67m、66m、65m、64m及63m的等高线位置。

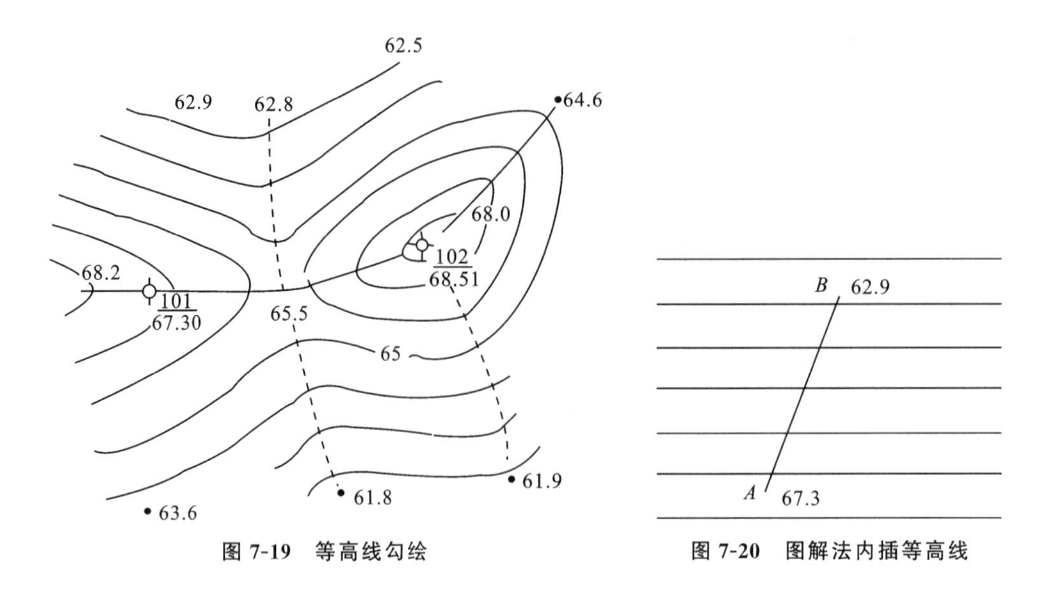

图 7-19　等高线勾绘　　　　图 7-20　图解法内插等高线

3）目估法

由于解释法计算烦琐，所以实际采用目估法勾绘等高线。目估法勾绘等高线的基本方法是定两头、分中间，即先确定碎部点两头等高线通过的点，再等分碎部点中间等高线通过的点。如图 7-21（a）所示，高程仍然为 72.7m、77.4m 的图上 A、B 两点，仍然用 1m 的等高距勾绘等高线，欲定 A、B 之间通过的 73m、74m、75m、76m、77m 五条等高线的点，具体的方法如下。

用铅笔轻轻画出 A、B 连线，如图 7-21（a）所示，计算出 B 点高程的整数与 A 点高程的整数差为 5m。将 AB 连线目估 5 等分，得 a、b、i、h 四点（实际上仅取首和尾的两个点，如 a、h 点），如图 7-21（b）所示，则每相邻等分点的高差约小于 1m。自 B 点沿 BA 方向，取 Ba 线段的 4/10 略多一些为 g 点，则 B 与 g 的高差约为 0.4m，g 点的高程为 77m；自 A 向 B 取 Ah 线段的 3/10 略多一些为 c 点，则 A 与 c 的高差约为 0.3m，c 点高程为 73m，如图 7-21 的（c）所示。擦掉 a、h 两点（见图 7-21（d）），目估 4 等分 cg，得 d、e、f 点，则 d 点的高程为 74m，e 点的高程为 75m，f 点的高程为 76m，如图 7-21（e）所示。如果感觉两头的线段与中间等分的线段比例不协调，可进行适当调整。用同样的目估法定出图 7-22（a）中各相邻碎部点间高程为规定等高距的整数倍的点，用光滑的曲线把其中高程相等的各相邻点依次相连，形成一条条的等高线，如图 7-22（b）所示。

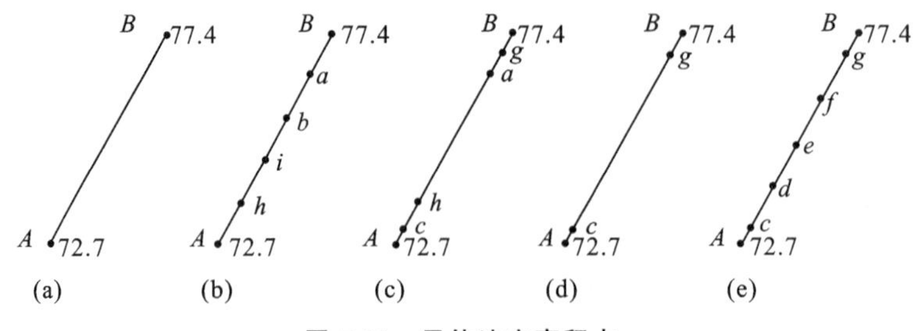

图 7-21　目估法定高程点

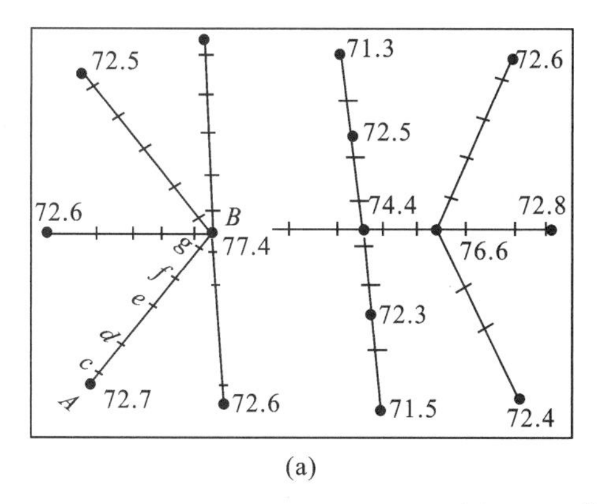

(a)

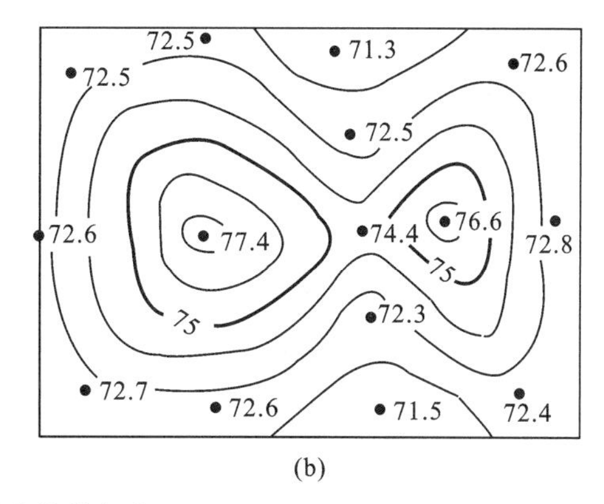

(b)

图 7-22 等高线的勾绘

7.2.5.2 地形图的拼接、检查与整饰

1. 地形图的拼接

1）聚酯薄膜测图的拼接

当采用聚酯薄膜测图时，利用薄膜的透明性，可将相邻图幅直接叠合起来进行拼接。首先按图廓点和坐标网，使公共图廓线严格重合，两图幅同值坐标线严密对齐；然后仔细观察拼接线上两边各地物轮廓线是否相接，地形的总貌和等高线的走向是否一致，等高线是否接合，各种符号、注记名称、高程注记是否一致，有无遗漏，取舍是否一致，等等。若接边误差不大于表 7-6 和表 7-7 规定值的 $2\sqrt{2}$ 倍时，可将接边误差平均配赋在相邻两幅图内，即两图幅各改正一半。改正直线地物时，应将相邻图幅中直线的转折点或直线两端的地物点用直线连接。改正等高线位置时，应顾及连接后直线的平滑性和协调性，这样才能使地物轮廓线或等高线合乎实地形状，自然流畅地接合。

2）裱糊图纸的拼接

当测图用的是裱糊图纸，则须用一条宽 4～5cm，长度与图边相应的透明纸条，如图 7-23 所示，先蒙在西图幅的东拼接边上，用铅笔把坐标网线、地物、等高线描在透明纸上，然后把透明纸条按网格对准蒙在东图幅的西拼接边上，并将其地物和等高线也描绘上去，就可看出相应地物和等高线的偏差情况。如遇图纸伸缩，应按比例改正，一般可按图廓格网线逐格地进行拼接。然后同聚酯薄膜测图拼接方法一样进行拼接，若接边误差不超限，在接图边上进行误差配赋，再依其改正原图。接图时，若接合误差超限时，则应分析原因并到超限处实地进行检查和重测。

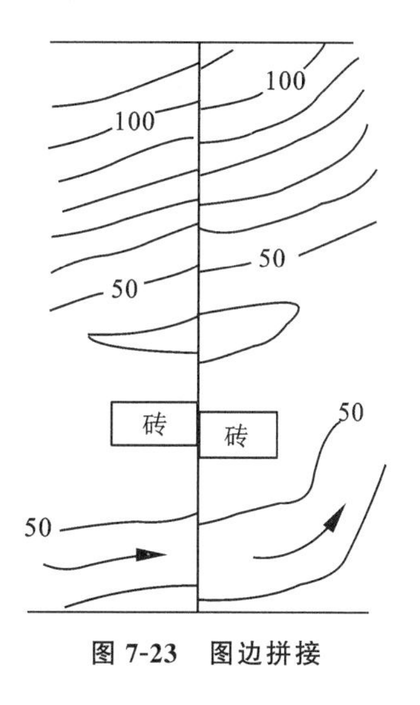

图 7-23 图边拼接

为了保证相邻图幅的拼接，每一幅图的各边均应测出图廓线外 5mm。线状地物若图幅外附近有转弯点（或交叉点）时，则应测至图外的转变点（或交叉点）。图边上具有轮廓的地物，若范围不太大时，则应完整地测绘出其轮廓。

2. 地形图的检查

（1）室内检查。观测和计算手簿的记录是否齐全、清楚和正确，各项限差是否符合规定；图上地物、地貌的真实性、清晰性和易读性，各种符号的运用、名称注记等是否正确，等高线与地貌特征点的高程是否符合，有无矛盾或可疑的地方，相邻图幅的接边有无问题等。如发现错误或疑点，做好记录，然后到野外进行实地检查修改。

（2）外业检查。首先进行巡视检查，以室内检查为依据，按预定的巡视路线，进行实地对照查看，然后再进行仪器设站检查。巡视检查主要查看原图的地物、地貌有无遗漏，勾绘的等高线是否合理，符号、注记是否正确等。如果发现错误太多，应进行补测或重测。

3. 地形图的整饰

当原图经过拼接和检查后，要进行整饰，使图面更加合理、清晰、美观。整饰应遵循先图内后图外，先地物后地貌，先注记后符号的原则进行。

（1）用橡皮擦掉不必要的点、线、符号、文字和数字注记，对地物、地貌按规定符号描绘。

（2）文字注记应该在适当位置，既能说明注记的地物和地貌，又不遮盖符号。一般要求字头朝北，河流名称、等高线高程等注记可随线状弯曲的方向排列，高程的注记应注于点的右方，字体要端正清楚。一般居民地名用宋体或等线体，山名用长等线体，河流、湖泊用左斜体。

（3）画图廓边框，注记图名、图号，标注比例尺、坐标系统及高程系统、测绘单位、测绘日期等。图上地物以及等高线的线条粗细、注记字体大小均按规定的图式进行绘制。

4. 地形图的清绘

在整饰好的铅笔原图上用绘图笔进行清绘。一般清绘的次序为图廓、注记、控制点、独立地物、居民地、道路、水系、建筑物、植被、地类界、地貌等。

如用聚酯薄膜测图时，在清绘前先把图面冲洗干净，晾干后才可清绘。清绘时，线划接头处一定要等先画好的线划干后再连接，以免搞脏图面。绘图笔移动的速度要均匀，使划线粗细一致。若清绘有误，可用刀片刮去，用沙橡皮轻轻擦毛后再清绘。

5. 地形图的复制

经过清绘的地形图原图，通过缩放、描图、晒蓝图或静电复印等，可制作成各种地形图，以利于规划设计、工程施工等使用，为生产和建设提供依据。

任务 7.3　大比例尺数字测图

数字化测图是以计算机为核心，外加输入、输出设备，通过数据接口将采集的地物、地貌信息传输给计算机进行处理，转化为数字形式，得到内容丰富的电子地图。在实际工作中，大比例尺数字测图主要指野外实地测量即地面数字测图，也称野外数字化测图。

7.3.1　数字测图概述

随着计算机制图技术的发展，各种高科技的测绘仪器的应用，以及数字成图软件的开发完善，一种采用以数字坐标表示地物、地貌的空间位置、以数字代码表示地形图符号（地物符号、地貌符号、注记符号）的测图方法称为数字化测图。以数字的形式表示的地形图称为数字地形图。数字地形图的精度，根据坐标数据采集所采用的仪器的精度不同而不同。在同等的仪器设备下数字地形图比手工绘图具有精度高、速度快、图形美观、易于更新、便于保存的特点，且可根据用户的不同需要，同一幅分层储存的数字地形图可输出不同比例尺、不同图幅大小的各种用图，如地籍图、管线图、断面图等。

数字化测图是地形测图的发展方向。本节主要介绍大比例尺数字化测图的作业方法和大比例尺数字化测图的作业过程。

大比例尺数字测图（1）

7.3.1.1 大比例尺数字化测图的作业方法

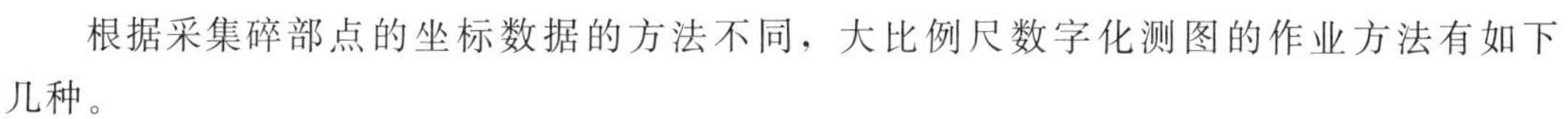

根据采集碎部点的坐标数据的方法不同，大比例尺数字化测图的作业方法有如下几种。

1. 经纬仪视距测量数据采集

该方法与地形图测绘中所采用的经纬仪测绘法相同，只是要把观测的数据用手工一个一个地输入到某种便携式或掌上式电脑（如 RD-EB1 电子手簿、MG 2001 测图精灵），或台式计算机，或某种记录器中，由电脑或记录器的内部程序处理，生成数字成图软件能够识别的三维坐标数据文件。这种方法人工输入工作量大、较烦琐，容易发生错误。

2. 电子经纬仪＋红外测距仪＋便携式电脑联合数据采集

该方法与经纬仪视距测量数据采集的方法基本相同，只是测站点到碎部点棱镜的斜距由红外测距仪测定，也是通过人工输入，由电脑内部程序生成三维坐标数据文件。这种方法比经纬仪视距测量数据采集在测距方面精度更高一些。

3. 航测数据采集

该方法根据航空摄影的相片，利用解析测图仪或自动记数的立体坐标量测仪记录相片上地物、地貌的像点坐标，经计算机处理，获取地面三维坐标数据文件。该方法自动化水平高，但价格昂贵。

4. 全站仪数据采集

该方法可利用各种系列的全站仪，采用与经纬仪测绘法基本相同的方法，在一图根控制点上安置全站仪，输入有关数据，照准后视点定向后，瞄准碎部点上的棱镜，启用坐标测量功能，获取碎部点三维坐标，并按一定的通信参数设置，输出数字成图软件能够识别的三维坐标数据文件。这种方法是目前最常用的数字化测图作业方法。

5. GNSS RTK 数据采集

GNSS RTK 是英文缩写词 NAVSTAR/GNSS RTK 的简称，全名为 Navigation System Timing and Ranging/Global Positioning System Real Time Kinematic 的缩写，它的含义是授时与测距导航系统/全球定位系统、实时动态测量，简称全球定位系统、实时动态测量。它的作业方法是：选择一已知控制点作为基准站，在其上安置 GNSS 接收机，流动站在欲测的碎部点上与基准站同时跟踪 5 颗以上的卫星，基准站借助电台将其观测所得数据不断地发送给流动站接收机，流动站接收机将自己采集的 GNSS 数据和来自基准站的数据组成差分观测值，进行实时处理，求得碎部点的三维坐标，经处理后成为三维坐标数据文件。这种方法速度快，一个碎部点仅需 1～2 秒钟，但设备昂贵。

6. 数字化仪数据采集和扫描矢量化数据采集

这两种方法都是在已有的地形图上，利用数字化仪获取碎部点的三维坐标，或扫描仪配合矢量化软件操作，将纸质地形图化为数字地形图。

按照采集碎部点三维坐标数据时，是否输入操作码，大比例尺数字化测图的作业方法又可分为草图法作业和简码法作业。所谓的操作码是采集坐标数据时，成图软件默认的地物的简单代码，以及自动绘图时，地物点之间连接的点号和线型的代码。操作码均由字母和数字等简易符号组成，如 CASS 成图软件中的 22（U0）表示曲线型未加固陡坎第 22 点，23（+）表示 22 点连接 23 点，29（5+）表示 23 点连接 29 点。而在 RDMS 成图软件中，未加固陡坎代码是 810。

（1）草图法作业。

该方法要求采集数据时，专门安排一名绘图员，将测区的地物、地貌画成一张草图。当仪器测量每一个碎部点时，绘图员在草图上相应点的位置，标注与仪器内存记录相同的点号，并注明碎部点的属性信息（如测量某点 5 层混合结构房角时，全站仪屏幕上显示点号为 24，绘图员在草图相应房角处标注“24”，并在该房子中央注明“混 5”）。草图法内业工作时，以三维坐标数据文件为基础，在数字化成图软件中，展测点点号、高程点，根据草图，移动鼠标，选择相应的地形图图式符号（数字化成图软件按图式标准已制作好），将所有的地物绘制出来。进而建立数字地面模型（DTM），追踪等高线，编辑平面图。最后还可以启动三维图形漫游功能和着色功能，将地形图变为立体的自然景观图，从不同的角度查看自己所测绘的地物、地貌与测区的真实情况是否吻合。

（2）简码法作业。

简码法作业与草图法作业不同的是，在采集每一个碎部点数据时，都要在记录器、或电脑、或全站仪上输入地物点的操作码。简码法作业绘图时，通过数字化成图软件中“简码识别”菜单，将带简码格式的坐标数据文件转换成数字化成图软件能够识别的内部码（绘图码）；再选择“绘平面图”菜单，屏幕上会自动绘出地物平面图；最后建立数字地面模型，追踪等高线，编辑平面图。

由于简码法作业在数据采集时，每观测一个碎部点都要输入操作码，采集花费的时间比草图法更多，再加上野外数据采集须在白天进行，为了抢时间，所以野外进行数据采集时，通常采用草图法。

7.3.1.2 大比例尺数字化测图的作业过程

大比例尺数字化测图的作业过程分为数据采集、数据处理、数据输出三个步骤。

（1）数据采集。采用不同的作业方法，采集、储存碎部点三维坐标，生成数字化成图软件能够识别的坐标格式文件，或带简码格式的坐标数据文件。

（2）数据处理。设置通信参数，采用通信电缆和命令，将坐标数据文件输入电脑，启动数字化成图软件，编辑地物、地貌，注记文字，图幅整饰，加载图框，生成地形图文件。

（3）数据输出。与绘图仪连接，启动打印命令，将地形图文件输出，打印成地形原图。

大比例尺数字化测图的作业流程图如图 7-24 所示。

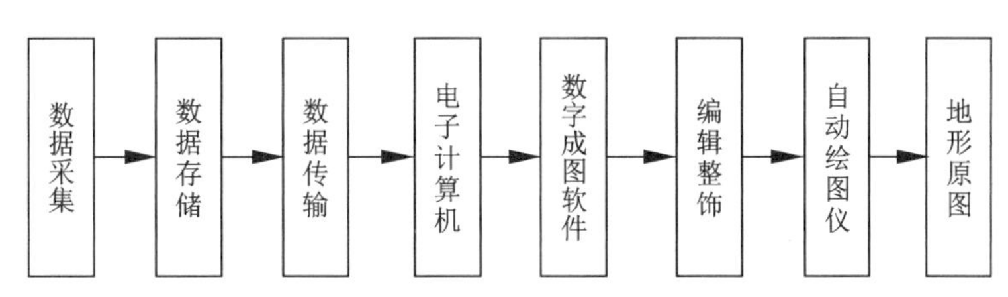

图 7-24 大比例尺数字化测图的作业流程图

7.3.2 全野外数字测图

全野外数字测图法需要的生产设备为全站仪（或测距仪和经纬仪）、掌上电脑或笔记本电脑、计算机和数字化测图软件。

根据所使用的设备不同，全野外数字测图主要有草图法、电子平板法、简码法、数字仪录入法等多种成图作业方式。由于从实用性和篇幅考虑，本项目只介绍草图法，其他几种方法读者可参阅有关书籍。

7.3.2.1 草图法工作流程

草图法是在野外利用全站仪采集并记录观测数据或坐标，同时勾绘现场地物属性关系草图，回到室内，再自动或手动连线成图。其工作流程图如图 7-25 所示。

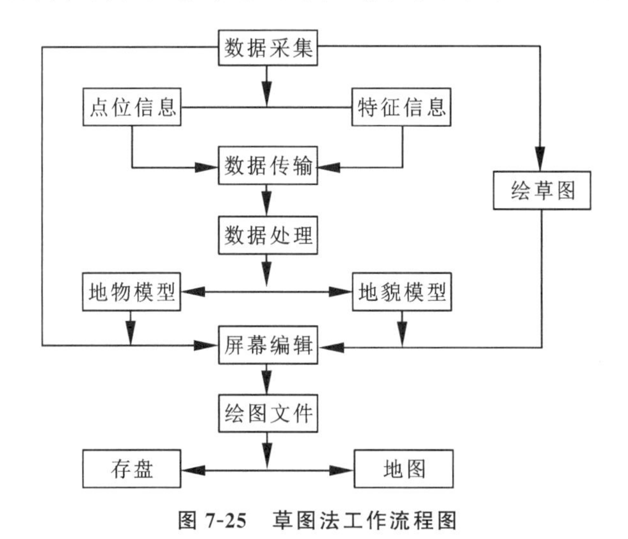

图 7-25 草图法工作流程图

具体过程如下。

（1）在野外，利用全站仪采集并记录观测数据或坐标，同时勾绘现场地物连接关系草图。

（2）回到室内，记录数据下载到电脑，得到观测数据文件或坐标数据文件。

（3）将数据预处理为 .dat 格式。

（4）直接展绘点位。

（5）编辑修改，最终出图。

草图法是一种十分实用、快速的测图方法。其优点是：在野外作业时间短，大大降低外业劳动强度，提高作业效率。由于免去了外业人员记忆图形编码的麻烦，因而这种作业方法更易让一般用户接受。其缺点为：不直观，容易出错，当草图有错误时，可能还需要到实地查错。

7.3.2.2 将野外采集数据传输到计算机并转换数据格式

打开传输软件CASS，设置与全站仪一致的通信参数，包括“通讯口”“波特率”“数据位”和“校验位”。单击“下载”按钮，将全站仪采集的数据导入计算机。在传输软件上单击“转换”按钮，在“打开位置”输入下载下来的路径和文件夹，指定坐标转换的格式（CASS）和保存路径，单击“转换”按钮，将野外采集的数据自动转换扩展名为.dat的数据文件。

大比例尺数字测图（2）

7.3.2.3 绘图处理

绘图处理分定显示区和展野外测点点号两步进行。

1. 定显示区

定显示区的作用是根据要输入的CASS坐标数据文件中的坐标值定义绘图区域的大小，以保证所有点都可见。

例如，执行下拉菜单“绘图处理\定显示区”命令，在弹出的图7-26所示的“输入坐标数据文件名”对话框，选择CASS自带的坐标数据文件“YMSJ.DAT”，单击“打开”按钮完成定显示区的操作。同时在命令行给出了下列提示：

图7-26 “输入坐标数据文件名”对话框

最小坐标（米）：X=31067.315，Y=54075.471

最大坐标（米）：X=31241.270，Y=54220.000

2. 展野外测点点号

展野外测点点号是将CASS坐标数据文件中点的三维坐标展绘在绘图区，并在点位的右边注记点号，以方便用户结合野外绘制的草图绘制地物。该命令位于下拉菜单“绘图处理\展野外测点点号”命令，其创建的点位和点号对象位于“zdh”（意为展点号）图层，其中点位对象是AutoCAD的Point对象，用户可以执行AutoCAD的Ddptype命令修改点样式。

例如，执行下拉菜单“绘图处理\展野外测点点号”命令，在弹出的对话框中，仍然可以选择“YMSJ.DAT”文件，单击“打开”按钮完成展点操作。用户可以在绘图区看见展绘好的碎部点点位和点号。

要说明的是，虽然没有注记点的高程值，但点位本身是包含高程坐标的三维空间点。用户可以 AutoCAD 的 Id 命令，打开“节点”拾取任一碎部点来查看。如 40 号点的坐标和高程在命令行显示为：

指定点：X = 54106.1300　　Y = 31206.4300　　Z = 494.7000

7.3.2.4　绘平面图

根据野外作业的草图，内业绘制平面图。单击屏幕菜单中的“定位方式”中的“坐标定位”按钮。选择相应的地形图图式符号，然后在屏幕中将所有的地物绘制出来。系统中所有地形图图式符号都是按照图层来划分的，例如所有表示测量控制点的符号都放在“KZD”这一层，所有表示独立地物的符号都放在“DLDW”这一层，所有表示植被的符号都放在“ZBTZ”这一层，所有的居民地符号都放在“JMD”这一层。

根据外业草图，选择相应的地图图式符号在屏幕上将平面图绘出来，如图 7-27 所示。

1. 绘制居民地

由 33、34、35 号点连成一间普通房屋。这时便可单击屏幕菜单“居民地”命令，系统便弹出图 7-28 所示的“居民地和垣栅”对话框。

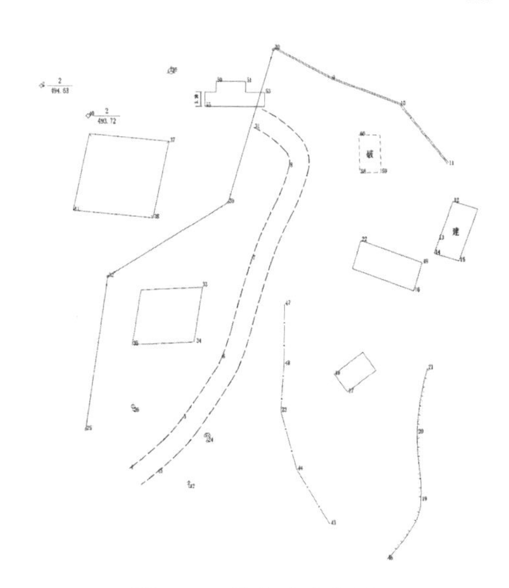

图 7-27　外业作业草图

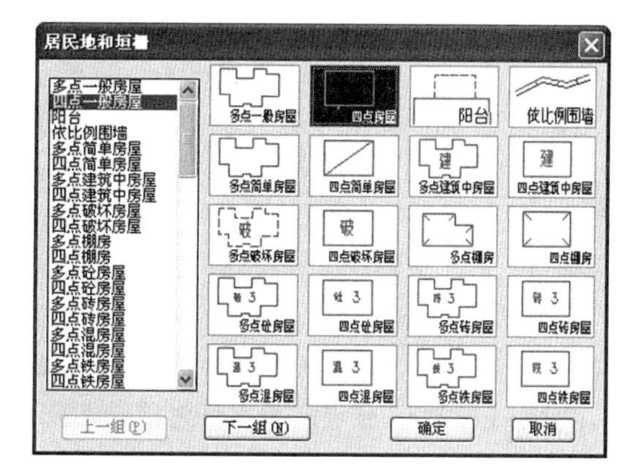

图 7-28　“居民地和垣栅”对话框

选择“四点房屋”命令，这时命令区提示：

已知三点\2. 已知两点及宽度\3. 已知四点＜1＞：Enter

单击 33、34、35 号点（插入点）完成。

将 27、28、29 号点绘成四点房屋；37、38、41 号点绘成四点棚房；60、58、59 号点绘成四点破坏房子；12、14、15 号点绘成四点建筑中房屋。

注意：

①已知三点是指测矩形房子时测了三个点；已知两点及宽度则是指测矩形房子时测了两个点及房子的一条边；已知四点则是测了房子的四个角点。

②当房子是不规则的图形时，可用“实线多点房屋”或“虚线多点房屋”来绘。

③绘房子时，点号必须按顺序选择，如上例的点号按 34，33，35 或 35，33，34 的顺序，否则绘出来房子就不对。

依草图绘对多点一般房屋，如图 7-29 所示，测量了 50、51、53、55 四个点和丈量了一边长为 3.18m。绘制多点一般房屋的步骤为：

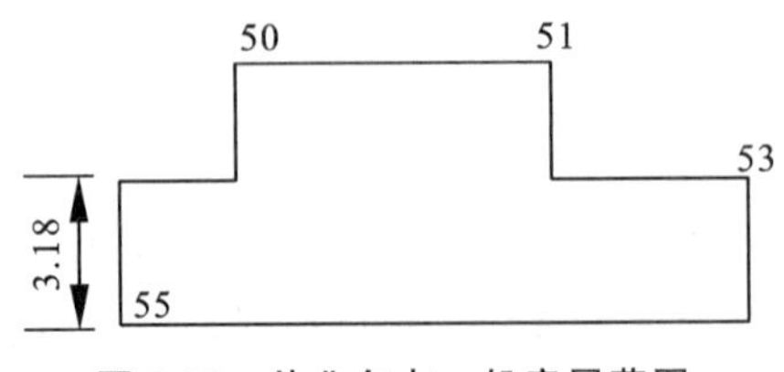

图 7-29　外业多点一般房屋草图

单击屏幕菜单的“居民地”选择多点一般房屋，单击 50、51 号点，这时在命令行提示：

曲线 Q 图边长交会 B \ 隔一点 J \ 微导线 A \ 延伸 E \ 插点 I \ 回退 U \ 换向 H＜指定点＞：

输入 J，回车，单击 53 号点；输入 J，回车，单击 55 号点；输入 A，回车，命令行提示：

微导线＜键盘输入角度（K）\ 指定方向点（只确定平行和垂直方向）＞

输入 K，回车，按提示输入角度（度．分秒）270.0000；回车，输入距离（米），键入 3.18 回车，单击 50 号点完成多点一般房屋的绘制。

2. 绘制交通设施

由 4，5，6，7，8，31 连接成平行建筑等外公路。单击屏幕菜单中的“交通设施”命令，弹出“交通及附属设施类”对话框，选择“平等建筑等外公路”按钮并单击“确定”按钮，根据命令行提示分别捕捉 4，5，6，7，8，31 六个点按回车结束指定点位操作，命令行提示如下：

拟合线＜N＞? y

一般选择拟合，键入 y 单击回车命令行提示如下：

1. 边点式 \ 2. 边宽式 \ （按 ESC 键退出）：＜1＞ Enter

用鼠标点取 45 号点完成平行建筑等外公路的绘制。

7.3.2.5　绘制等高线

1. 展高程点

白纸测图中，等高线是通过对测得的碎部点进行线性内插，手工勾绘而成的，这样勾绘的等高线精度较低。而在数字测图中，等高线是在 CASS 中通过创建数字地面模型 DTM 后自动生成的，生成的等高线精度相当高。

DTM 是指在一定的区域范围内，规则格网或三角形点的平面坐标（X，Y）和其他地形属性的数据集合。如果该地形属性是该点的高程坐标 H，则此数字地面模型又称为数字高程模型 DEM。DTM 从微分角度三维地描述了测区地形的空间分布，应用它可以按用户设定的等高距生成等高线、任意方向的断面图、坡度图、透视图、渲染图，与数字 DOM 复合生成景观图，或者计算对象的体积、覆盖面积等。

展高程点的作用是将CASS坐标数据文件中点的三维坐标展绘在绘图区，并根据用户给定的间距注记点位的高程值。该命令位于下拉菜单“绘图处理\展高程点”，其创建的点位对象位于“GCD”（意为高程点）图层，其中点位对象是半径为0.5的实心圆。

例如，执行下拉菜单“绘图处理\展高程点”命令，命令行提示如下：

绘图比例尺1：＜500＞

输入绘图比例尺的分母值后，按回车键，在弹出的标准文件选择对话框中，选择“DGX.dat”，单击“打开”按钮，命令行提示如下：

注记高程点的距离（米）：

输入了注记高程点的距离后，按回车键完成展高程点操作。此时点位和高程注记对象与前面绘制的点位和点号对象重叠。为了绘制地物的方便，用户可以先关闭“GCD”图层。

2. 建立DTM

执行下拉菜单“等高线\建立DTM”命令，弹出如图7-30所示的“建立DTM”对话框。在该对话框中有两种建立DTM的方式：一种是“由数据文件生成”；另一种是“由图面高程点生成”。默认是“由数据文件生成”。在建模过程中有两种情况可供我们选择：一种要考虑陡坎，一种要考虑地性线，不选也可以。在结果显示中有三种供我们选择：一是“显示建三角网结果”；二是“显示建三角网过程”；三是“不显示三角网”。默认是“显示建三角网结果”。在此时选择“DGX.dat”，并单击“确定”按钮后，显示图7-31所示的三角网，在命令行提示：连三角网完成，共224个三角形。

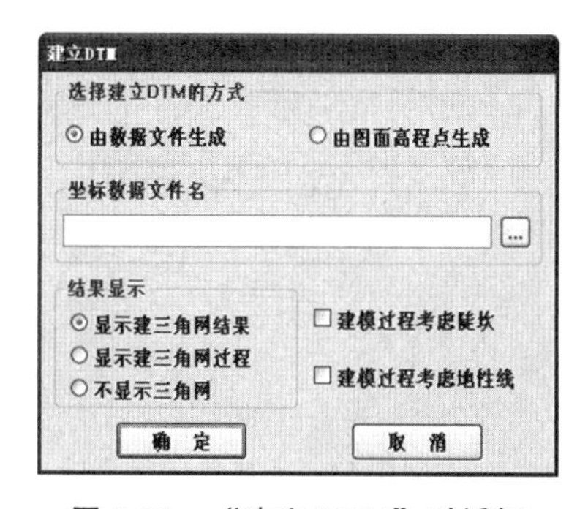

图7-30 “建立DTM”对话框

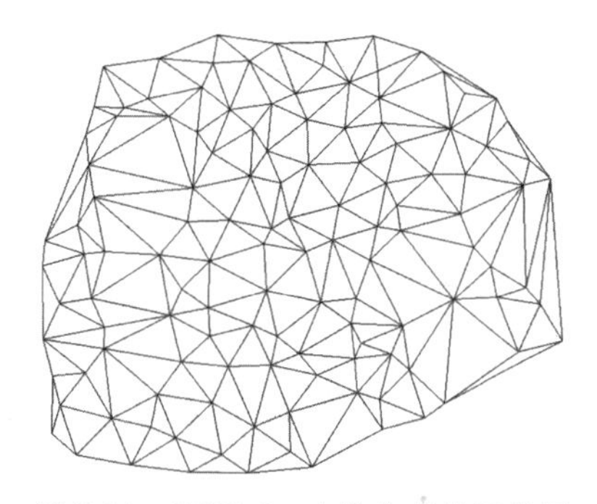

图7-31 DGX.dat文件生成的三角网

3. 修改数字地面模型

由于现实地貌的多样性、复杂性和某些点的高程缺陷（如控制点在楼顶），直接使用外业采集的碎部点很难一次性生成准确的数字地面模型，这就需要生成的数字地面模型进行修改，它是通过修改三角网来实现的。

（1）删除三角形。如果在某局部内没有等高线通过的，则可将其局部内相关的三角形删除。删除三角形的操作方法是：选择“等高线\删除三角形”命令，提示“Select objects:”，这时便可选择要删除的三角形，如果误删，可用“U”命令恢复。

（2）过滤三角形。如果CASS在建立三角网后无法绘制等高线或生成的等高线不光滑，可用此功能过滤掉部分形状特殊的三角形。这是由于某些三角形的内角过小或边长差距过大所致。

(3) 增加三角形。如果要增加三角形时，可选择“等高线”菜单中的“增加三角形”项，依照屏幕的提示在要增加三角形的地方用鼠标点取，如果点取的地方没有高程点，CASS会提示输入高程。

(4) 三角形内插点。选择此命令后，可根据提示输入要插入的点：“在三角形中指定点（可输入坐标或用鼠标直接点取），提示高程（米）＝”时，输入此点高程。通过此功能可将此点与相邻的三角形顶点相连构成三角形，同时原三角形会自动被删除。

(5) 删三角形顶点。用此功能可将所有由该点生成的三角形删除。这个功能常用在发现某一点坐标错误时，要将它从三角网中剔除的情况下。

(6) 重组三角形。指定两相邻三角形的公共边，系统自动将两三角形删除，并将两三角形的另两点连接起来构成两个新的三角形，这样做可以改变不合理的三角形连接。

(7) 删三角网。生成等高线后就不再需要三角网了，可以用此功能将整个三角网全部删除。

(8) 修改结果存盘。通过以上命令修改了三角网后，选择“等高线”菜单中的“修改结果存盘”项，把修改后的数字地面模型存盘。要注意的是，修改了三角网后一定要进行此步操作，否则修改无效！当命令区显示“存盘结束!”时，表明操作成功。

4. 绘制等高线

执行下拉菜单“等高线\绘制等高线”命令，弹出图7-32所示的“绘制等值线”对话框。在该对话框中显示最小高程、最大高程和拟合方式。输入等高距值后单击“确定”按钮，显示图7-33所示的等高线，它位于“SJW”（意为三角网）图层。

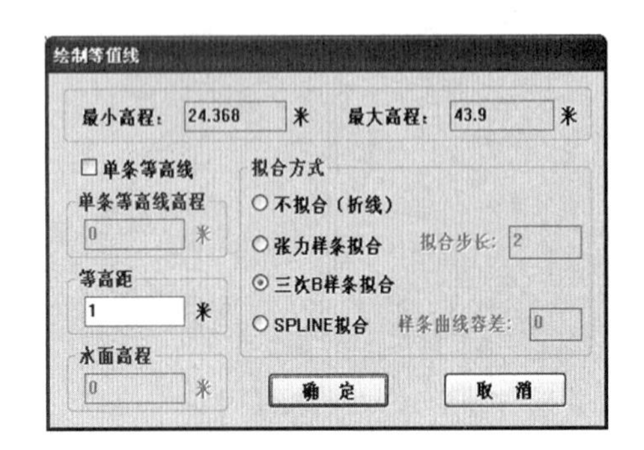

图7-32 “绘制等值线”对话框

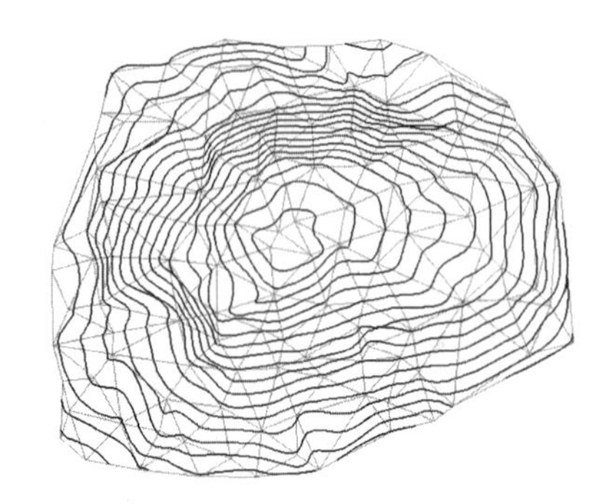

图7-33 完成绘制等高线

5. 三维模型

建立了DTM之后，就可以生成三维模型，观察立体效果。

该命令位于下拉菜单“等高线\三维模型\绘制三维模型”项，单击左键，命令区提示：

最大高程：43.90米，最小高程：24.37米

输入高程乘系数＜1.0＞：键入5

整个区域东西向距离＝276.96米，南北向距离＝224.77米

输入格网间距＜8.0＞：键入5

是否拟合？(1) 是 (2) 否 ＜1＞Enter

如果用默认值，建成的三维模型与实际情况一致。如果测区内的地势较为平坦，可以输入较大的高程乘系数值，将地形的起伏状态放大。因为坡度变化不大，输入高程乘系数

值 5 将其夸张显示。这时将显示此数据文件的三维模型，如图 7-34 所示，它位于 SHOW 图层。

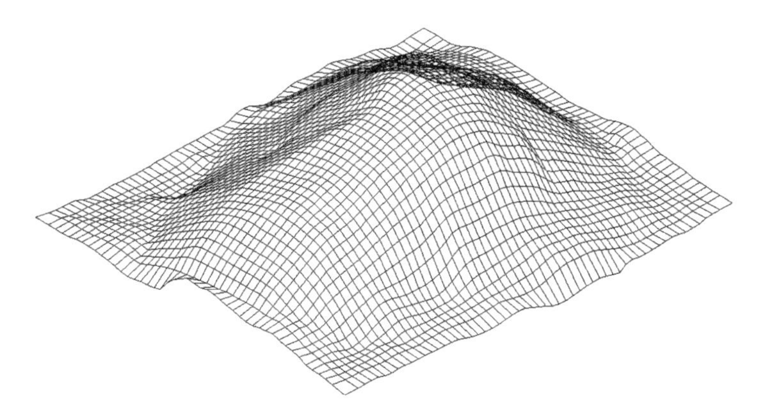

图 7-34 DGX. dat 文件生成的高程系数等于 5 格网间距等于 5 的三维模型效果图

要说明的是，执行“绘制三维模型”命令后，为了更清晰地观察三维地面模型效果，CASS 自动冻结了除 SHOW 图层以外的全部图层，并将 SHOW 图层设置为当前图层。

另外，利用“低级着色方式”“高级着色方式”功能还可对三维模型进行渲染等操作，利用“显示”菜单下的“三维静态显示”的功能可以转换角度、视点、坐标轴，利用“显示”菜单下的“三维动态显示”功能可以绘出更高级的三维动态效果。

等高线的修饰，由于篇幅限制我们在这里就不介绍了，读者可参阅有关书籍或使用说明书。

7.3.2.6 地形图编辑与图幅整饰

在大比例尺数字测图的过程中，由于实际地形、地物的复杂性，漏测、错测是难以避免的，这时必须要有一套功能强大的图形编辑系统，对所测地图进行屏幕显示和人机交互图形编辑，在保证精度情况下消除相互矛盾的地形、地物，对于漏测或错测的部分，及时进行外业补测或重测。另外，对于地图上的许多文字注记说明，如道路、河流、街道等也是很重要的。

图形编辑的另一重要用途是对大比例尺数字化地图的更新，根据实测坐标和实地变化情况，随时对地图的地形、地物进行增加或删除、修改等，以保证地图具有现势性。

对于图形的编辑，CASS 提供“编辑”和“地物编辑”两种下拉菜单。其中，“编辑”是由 AutoCAD 提供的编辑功能，即图元编辑、删除、断开、延伸、修剪、移动、旋转、比例缩放、复制、偏移拷贝等，“地物编辑”是对地物进行编辑，即线型换向、植被填充、土质填充、批量删剪、批量缩放、窗口内的图形存盘、多边形内图形存盘等。下面只对改变比例尺、线型换向、图形分幅和图幅整饰加以说明。

1. 改变比例尺

执行“文件 \ 打开已有图形”命令，打开“STUDY. DWG”，屏幕上将显示，如图 7-35 所示的 STUDY. DWG 文件图形。

执行“绘图处理 \ 改变当前图形比例尺”，命令区提示：

当前比例尺为 1∶500

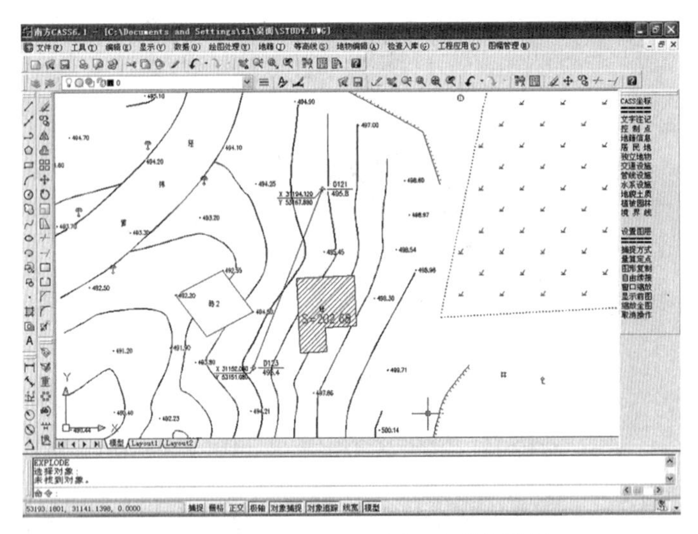

图 7-35　STUDY. DWG 图形文件示意图

输入新比例尺＜1：500＞1：100（键入 100 的单击 Enter）

是否自动改变符号大小？（1）是（2）否 ＜1＞ Enter

这时屏幕显示的 STUDY. DWG 图就转变为 1：100 的比例尺，各种地物包括注记、填充符号都已按 1：100 的图示要求进行了转变。

2. 线型换向

通过屏幕菜单绘出未加固陡坎、加固斜坡、不依比例围墙各一个，如图 7-36（a）所示。

图 7-36　线性换向前后示意图

执行“地物编辑 \ 线型换向”命令，命令区提示：

请选择实体

用鼠标单击需要换向的实体，完成换向，结果如图 7-36（b）所示。

3. 图形分幅

执行“绘图处理 \ 批量分幅 \ 建立格网”，命令区提示：

请选择图幅尺寸：（1）50 * 50（2）50 * 40（3）自定义尺寸＜1＞ Enter

输入测区一角：

输入测区另一角：

输入测区一角：在图形左下角单击左键。输入测区另一角：在图形右上角单击左键。

这样CASS自动以各个分幅图的左下角的X坐标和Y坐标来命名，如“31.05.－53.10”“31.05－53.15”等，如图7-37所示。

执行“绘图处理\批量分幅\批量输出”命令，CASS则自动将各个分幅图保存在用户指定的路径下。

4. 图幅整饰

执行“文件\CASS参数配置\图框设置”命令，屏幕显示如图7-38所示。完成设置后单击“确定”按钮。

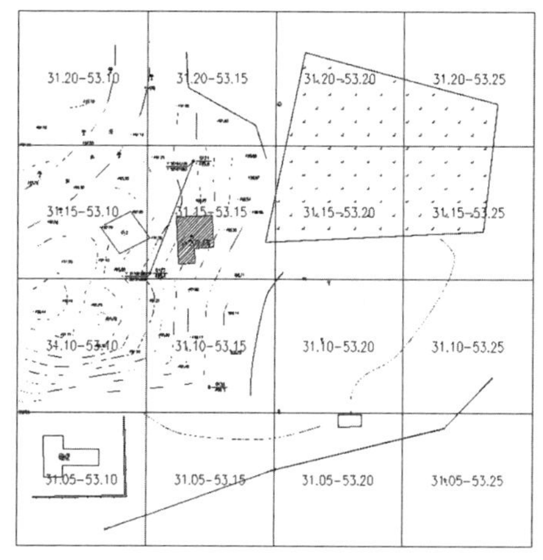

图7-37 批量分幅建立的格网

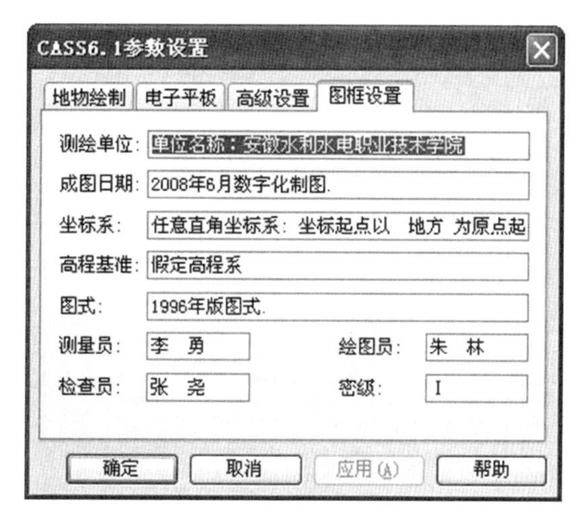

图7-38 CASS参数设置中的图框设置

打开“31.15-53.15.dwg”文件图框显示如图7-39所示。因为CASS系统所采用的坐标系统是测量坐标，即1∶1的真坐标，加入50cm×50cm图廓后。

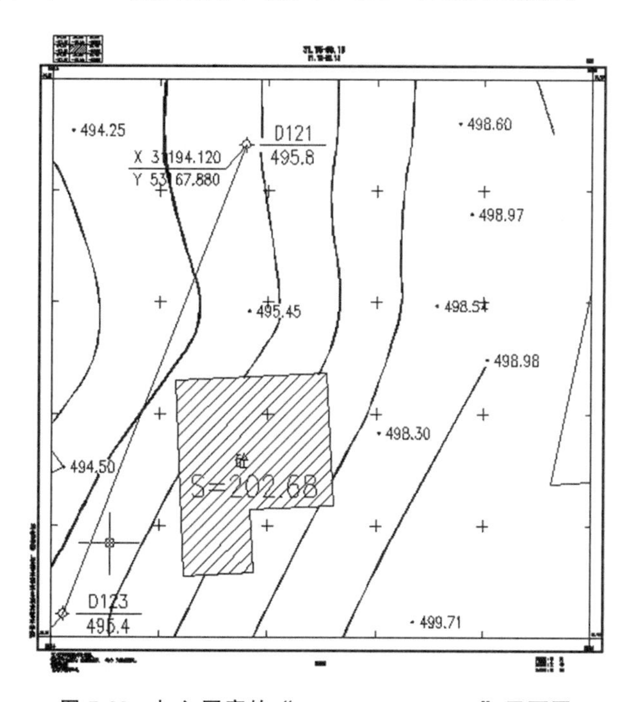

图7-39 加入图廓的“31.15—53.15.dwg”平面图

任务 7.4 地形图的应用

地形图是国家各个部门、各项工程建设中必需的基础资料，在地形图上可以获取多种、大量的信息，并且从地形图上可确定地物的位置和相互关系及地貌的起伏形态等情况，比实地更全面、更方便、更迅速。

7.4.1 地形图应用的基本内容

7.4.1.1 求算点的平面位置

1. 求图上一点的平面直角坐标

如图 7-40 所示，平面直角坐标格网的边长为 100m，P 点位于 a、b、c、d 所组成的坐标格网中，欲求 P 点的直角坐标，可以通过 P 点作平行于直角坐标格网的直线，交格网线于 e、f、g、h 点。用比例尺（或直尺）量出 ae 和 ag 两段长度分别为 27m、29m，则 P 点的直角坐标为：

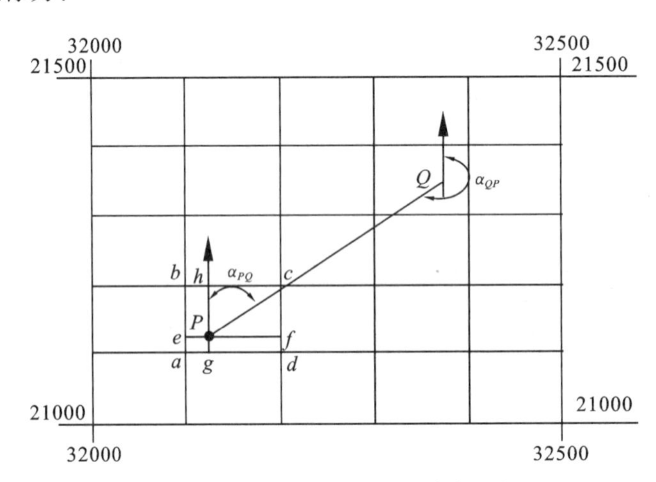

图 7-40 求图上一点的平面直角坐标

$$x_P = x_a + ae = 21100 + 27 = 21127\text{m} \tag{7-2}$$

$$y_P = y_a + ag = 32100 + 29 = 32129\text{m} \tag{7-3}$$

若图纸伸缩变形后坐标格网的边长为 99.9m，为了消除误差，可以采用下列公式计算 P 点的直角坐标：

$$x_P = x_a + \frac{ae}{ab} \cdot l = 21100 + \frac{27}{99.9} \times 100 = 21127.03\text{m} \tag{7-4}$$

$$y_P = y_a + \frac{ag}{ad} \cdot l = 32100 + \frac{29}{99.9} \times 100 = 32129.03\text{m} \tag{7-5}$$

式中：l——相邻格网线间距。

2. 求图上一点的地理坐标

在求某点的地理坐标时，首先根据地形图内、外图廓中的分度带，绘出经纬度格网，接着作平行于该格网的纵、横直线，交于地理坐标格网，然后按照求算直角坐标的方法即可计算出点的地理坐标，具体计算可参考前面例题。

7.4.1.2 求算两点间的距离及方向

1. 求算两点间的距离

1）根据两点的平面直角坐标计算

欲求图7-40中 PQ 两点间的水平距离，可先求算出 P、Q 的平面直角坐标（x_P，y_P）和（x_Q，y_Q），然后再利用下式计算：

$$D_{PQ}=\sqrt{(x_Q-x_P)^2+(y_Q-y_P)^2} \tag{7-6}$$

2）根据数字比例尺计算

当精度要求不高时，可使用直尺在图7-40上直接量取 PQ 两点的长度，再乘以地形图比例尺的分母，即得两点的水平距离。

3）根据测图比例尺直接量取

为了消除图纸的伸缩变形给计算距离带来的误差，可以在图7-40上用分规量取 PQ 间的长度，然后与该图的直线比例尺进行比较，也可得出两点间的水平距离。

4）量取折线和曲线的长度

地形图上的通信线、电力线、上下水管线等都为折线，它们的总长度可分段量取，各线段的长度相加便可求得；分段量测较费事且精度不高，可用分规逐段累加，截取最后累加得到的直线段，在直线比例尺上读出它的长度即可。曲线的长度，可将曲线近似地看作折线，用量测折线长度的方法量取；或先用伸缩变形很小的细线与曲线重合，然后拉直该细线，用直尺量取长度并计算出其实际距离；使用曲线仪也可方便量出曲线长度，但精度较低。

2. 求图上两点间的方位角

1）根据两点的平面直角坐标计算

欲求图7-40中直线 PQ 的坐标方位角 α_{PQ}，可由 P、Q 的平面直角坐标（x_P，y_P）和（x_Q，y_Q）得：

$$\alpha_{PQ}=\arctan\frac{y_Q-y_P}{x_Q-x_P} \tag{7-7}$$

求得的 α_{PQ} 在平面直角坐标系中的象限位置，将由 x_Q-x_P 和 y_Q-y_p 的正、负符号确定。

2）用量角器直接量取

如图7-40所示，若求直线 PQ 的坐标方位角 α_{PQ}，当精度要求不高时，可以先过 P 点作一条平行于坐标纵线的直线，然后用量角器直接量取坐标方位角 α_{PQ}。

7.4.1.3 求算点的高程

根据地形图上的等高线，可确定任一地面点的高程。如果地面点恰好位于某一等高线上，则根据等高线的高程注记或基本等高距，便可直接确定该点高程。如图 7-41 所示，p 点的高程为 20m。

在图 7-41 中，当确定位于相邻两等高线之间的地面点 q 的高程时，可以采用目估法确定。更精确的方法是，先过 q 点作一条直线，与相邻两等高线相交于 m、n 两点，再依高差和平距成比例的关系求解。

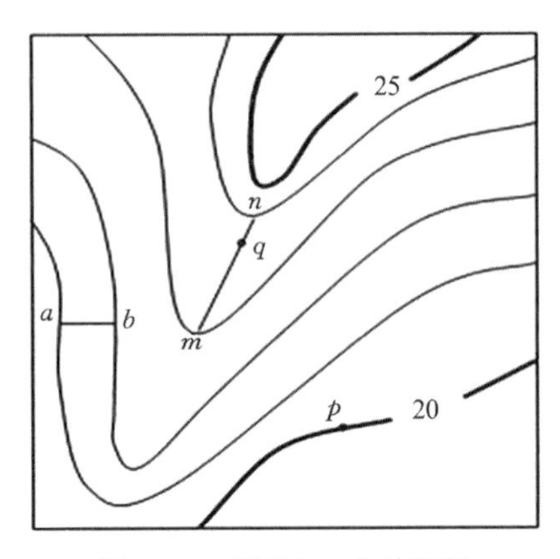

图 7-41 求图上一点的高程

若图 7-41 中的等高线基本等高距为 1m，mn、mq 的长度分别为 20mm 和 16mm，则 q 点高程 H_q 为：

$$H_q = H_m + \frac{mq}{mn} \cdot h = \left(23 + \frac{16}{20} \times 1\right) \text{m} = 23.8\text{m} \tag{7-8}$$

如果要确定图上任意两点间的高差，则可采用该方法确定两点的高程后相减即得。

7.4.1.4 求算地面坡度

1. 计算法

如图 7-41 所示，欲求 a、b 两点之间的地面坡度，可先求出两点的高程 H_a、H_b，计算出高差 $h_{ab} = H_b - H_a$，然后再求出 a、b 两点的水平距离 D_{ab}，按下式即可计算地面坡度：

$$i = \frac{h_{ab}}{D_{ab}} \times 100\% \tag{7-9}$$

或

$$\alpha_{ab} = \arctan \frac{h_{ab}}{D_{ab}} \tag{7-10}$$

2. 坡度尺法

使用坡度尺，可在地形图上分别测定 2～6 条相邻等高线间任意方向线的坡度。量测时，先用分规量取图上 2～6 条等高线间的宽度，然后到坡度尺上比量，在相应垂线下面就可读出它的坡度值。此时要注意，量测几条等高线就要在坡度尺上相应比对几条。如图7-42所示，所量两条等高线处地面的坡度为2°。

当地面两点间穿过的等高线平距不等时，等高线间的坡度则为地面两点平均坡度。

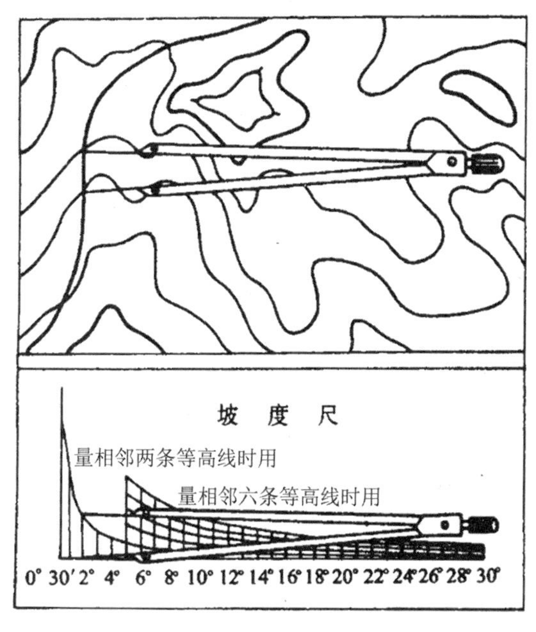

图7-42 坡度尺法量测坡度

7.4.2 地形图在工程规划与建设中的应用

7.4.2.1 按一定方向绘制断面图

断面图对于路线、管线、隧路、涵洞、桥梁等的规划进行设计，有着重要的意义和作用，如进行填挖土方量的概算及合理地确定线路的纵坡，都需要详细地了解线路方向上的地面高低起伏情况，因此，我们可以根据地形图上的等高线来绘制地面的断面图。

如图7-43所示，现要绘制 MN 方向的断面图。先将直线 MN 与图上等高线的交点标出，如 a、b、c 等点。绘制断面图时，以 $M'N'$ 为横轴，代表水平距离，MN 为纵轴，代表高程。然后在地形图上，沿 MN 方向量取 a，b，…，N 各点至 M 点的水平距离，将这些距离按比例尺展绘在 MN 线上，得 M，a，b，…，N 各点；通过这些点作 MN 的垂线，在垂线上，按高程比例尺分别截取 M，a，b，…，N 各点的高程。将各垂线上的高程点连接起来，就得到直线 MN 方向上的断面图，为了明显地表示地面的起伏状况，高程比例尺一般都是水平比例尺的10倍或20倍。

7.4.2.2 按限制坡度选择最短路线

道路、渠道、管线等的设计，均有坡度限制，我们可以根据工程项目的技术要求，在地形图上规划设计路线的位置，走向和坡度，选定一条最短路线。

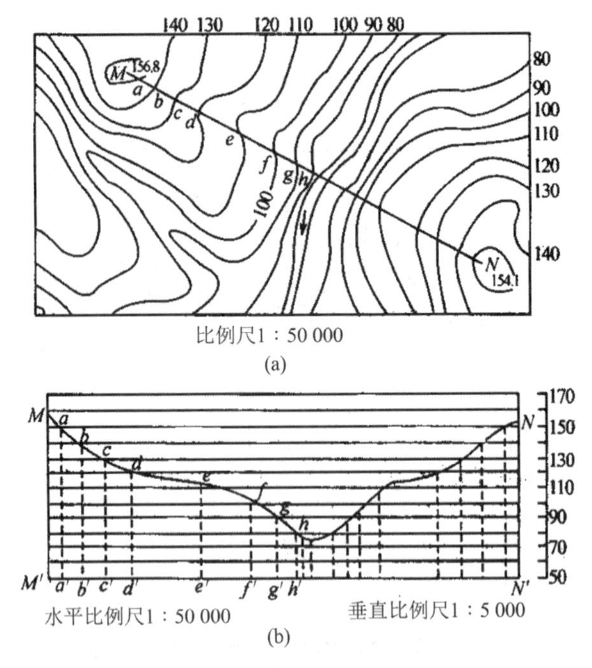

图 7-43　绘制断面图

如图 7-44 所示，地形图的等高距为 1m，设其比例尺为 1∶2000。现根据园林道路工程规划，需在该地形图上选出一条由车站 A 至某工地 D 的最短线路，并且要求在该线路任何处的坡度都不超 5%，操作步骤如下。

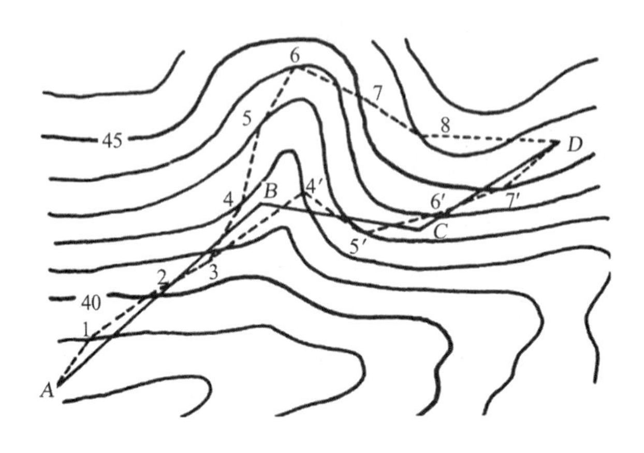

图 7-44　按规定坡度在图上选线

(1) 将分规在坡度尺上截取坡度为 5%时相邻两等高线间的平距，也可以按下式计算相邻等高线间的图上最小平距：

$$d=\frac{h}{iM}=\frac{1}{0.05\times 2000}=0.01\text{m}=1\text{cm} \tag{7-11}$$

(2) 用两脚规以 A 为圆心，以 1cm 为半径画弧，与 39m 等高线交于 1 点；再以 1 为圆心，以 1cm 为半径画弧，与 40m 等高线交于 2 点；依此画法，直到 D 点为止。将各点连接即得限制坡度的路线 A—1—2—3—4—5—6—7—8—D。

这里还会得到另一条路线，即在 3 点之后，将 2—3 直线延长，与 42m 等高线交于 4′点，3、4′两点距离大于 1cm，故其坡度不会大于规定坡度 5%，再从 4′点开始按上述方法选出 A—1—2—3—4′—5′—6′—7′—D 的路线。

(3) 图 7-44 中，设最后选择 A—1—2—3—4′—5′—6′—7′—D 为设计线路，按线路设计要求，将其去弯取直后，设计出图上线路导线 A—B—C—D。

7.4.2.3 确定汇水面积的边界线及蓄水量的计算

在水库、涵洞、排水管等工程设计中，都需要确定汇水面积。地面上某区域内雨水注入同一山谷和河流，并通过某一断面，这个区域的面积成为汇水面积。确定汇水面积首先要确定出汇水面积的边界线，即汇水范围。汇水面积的边界线是由一系列山脊线（分水线）连接而成。

图 7-45 中虚线所包围的范围就是汇水面积。

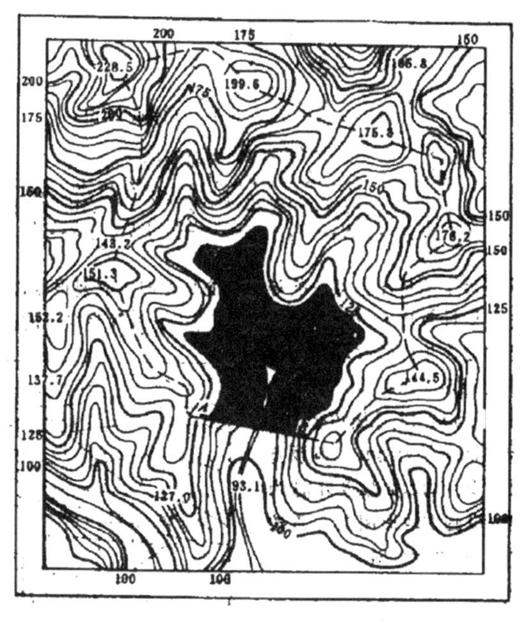

图 7-45 汇水面积的计算

进行水库的设计时，如坝的溢洪道高程已定，就可以确定水库的淹没面积，如图 7-45 中的阴影部分，淹没面积以下的蓄水量即为水库的库容。

计算库容一般用等高线法。先求出图 7-45 中阴影部分各条等高线所围成的面积，然后计算各相邻等高线之间的体积，其总和即为库容。设 S_1 为淹没线高程的等高线所围成的面积，S_2，S_3，…，S_n，S_{n+1} 为淹没线以下各等高线所围成的面积，其中 S_{n+1} 为最低一根等高线所围成的面积，h 为等高距，h'为最低一根等高线与库底的高差，则相邻等高线之间的体积及最低一根等高线与库底之间的体积分别为

$$V_1=\frac{1}{2}(S_1+S_2)h$$

$$V_2=\frac{1}{2}(S_2+S_3)h$$

$$\cdots$$

$$V_n=\frac{1}{2}(S_n+S_{n+1})h$$

$$V'_n=\frac{1}{3}\times S_{n+1}\times h'\text{（库底体积）}$$

因此，水库的库容为

$$V=V_1+V_2+\cdots+V_n+V'_n=\left(\frac{S_1}{2}+S_2+S_3+\cdots+\frac{S_{n+1}}{2}\right)h+\frac{1}{3}S_{n+1}h' \tag{7-12}$$

如溢洪道高程不等于地形图上某一根等高线的高程时，就要根据溢洪道高程用内插法求出水库淹没线，然后计算库容。这时水库淹没线与下一条等高线之间的高差不等于等高距，上面的公式要进行相应的改动。

地形图在工程规划与建设中应用（2）

7.4.2.4 地形图在平整土地中的应用及方量的计算

平整场地是指按照工程需要，将施工场地自然地表整理成符合一定高程的水平面或一定坡度的均匀地面。在建筑、水利、农田等基本建设中，均需要进行土地平整工作。平整场地中常用的方法有方格网法、断面法和等高线法等。

1. 方格网法

该法适用于地形起伏不大或地形变化比较规律的地区。一般要求在满足填挖方平衡的条件下把划定范围平整为同一高程的平地。

(1) 在地形图上绘制方格网。在拟平整的范围打上方格，方格边长取决于地形变化和土方估算的精度要求，如取 10m、20m、50m 等，然后根据等高线内插求出各方格顶点的地面高程，注于相应点右上方。

(2) 计算设计高程。先把每一格四个顶点的高程加起来除以 4，得到每一方格的平均高程，再把各个方格的平均高程加起来除以方格格数，即得设计高程。

$$H_{设}=\frac{1}{n}(H_1+H_2+\cdots+H_n) \tag{7-13}$$

式中：n——方格数；

H_i——第 i 方格的平均高程。

(3) 绘出填挖分界线。根据设计高程，在图上用内插法绘出设计高程的等高线，即为填挖分界线，它就是不挖不填的位置，通常称为零线。

(4) 计算填挖深度。各方格顶点的地面高程与设计高程之差，即为填挖深度，并注在相应顶点的左上方，即

$$h=H_{地}-H_{设} \tag{7-14}$$

式中：h 为“+”号表示挖方，“−”表示填方。

(5) 计算填挖土石方量。从图 7-46 中可以看出，有的方格全为挖土，有的方格全为填土，有的方格有填有挖，计算时，填挖要分开计算，图 7-46 中计算得到设计高程为 64.84m，以方格 2、10、6 为例计算填挖方量。

方格 2 为全挖方，方量为：

$$V_{2挖}=\frac{1}{4}(1.25+0.62+0.81+0.30)S_2=0.75S_2\,\text{m}^3$$

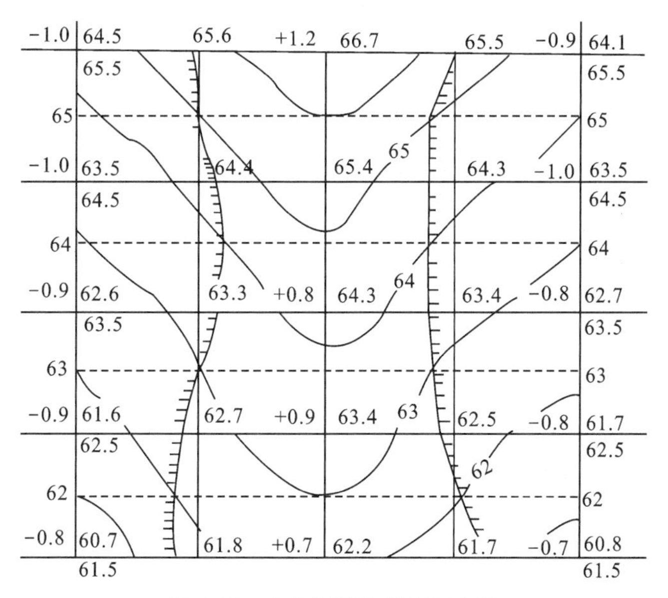

图 7-46 方格网法估算土石方量

方格 10 为全填方，方量为：

$$V_{10填}=\frac{1}{4}\ (-0.21-0.51-0.47-0.73)\ S_{10}=-0.48S_{10}\,\mathrm{m}^2$$

方格 6 既有挖方，又有填方：

$$V_{6挖}=\frac{1}{3}\ (0.3+0+0)\ S_{6挖}=0.1S_{6挖}$$

$$V_{6填}=\frac{1}{5}\ (0-0.09-0.51-0.21-0)\ S_{6填}=-0.16S_{6填}$$

式中：S_2——方格 2 的面积；

S_{10}——方格 10 的面积；

$S_{6挖}$——方格 6 中挖方部分的面积；

$S_{6填}$——方格 6 中填方部分的面积。

最后将各方格填、挖土方量各自累加，即得填挖的总土方量。

2. 断面法

在地形变化较大的山区，可用断面法来估算土方。在图 7-47 中 *ABCD* 是在山梁上计划拟平整场地的边线。设计要求：平整后场地的高程为 67m；*AB* 边线以北的山梁要削成 1∶1 的斜坡；分别估算挖方和填方的土方量。

结合这个例子，把场地分为两部分来讨论。

1）*ABCD* 场地部分

根据 *ABCD* 场地边线内的地形图，每隔一定间距（本例采用的是 10m）画一幅垂直于左右边线的断面图，图 7-47 即为 *A*—*B*、1—1、2—2、7—7 和 8—8 的断面图（其他断面省略）。断面图的起算高程定位 67m，这样一来，在每个断面图上，凡是高于 67m 的地面和 67m 高程起算线所围成的面积即为该断面处的填方面积。

在分别求出每一断面处的挖方面积和填方面积后，即可计算相邻断面间的挖方和填

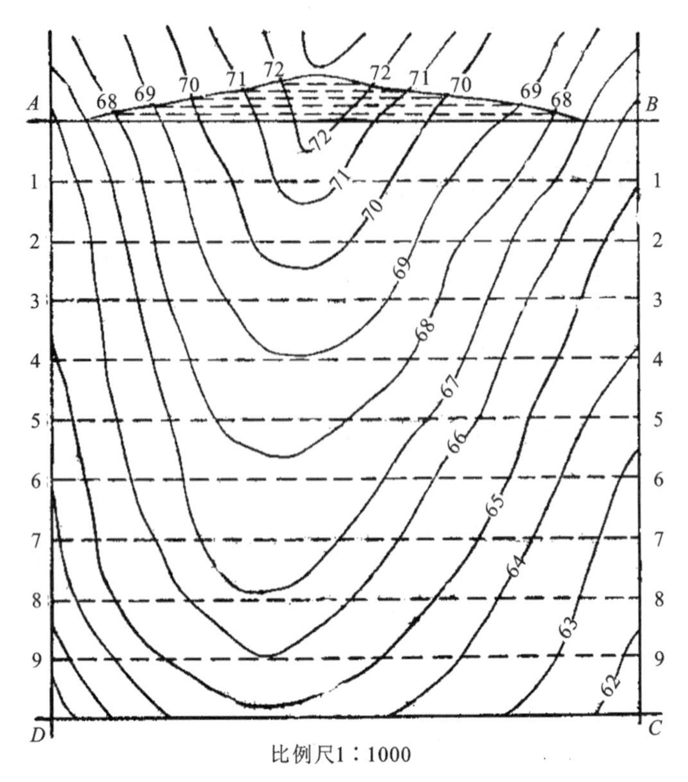

图 7-47　断面法计算土方量

方，例如，$A—B$ 断面和 1—1 断面间的挖方为：

$$V_{A-B}=\frac{A_{A-B}+A_{1-1}}{2}\times l \tag{7-15}$$

填方为：

$$V'_{A-B}=\frac{A'_{A-B}+A'_{1-1}}{2}\times l \tag{7-16}$$

$$V''_{A-B}=\frac{A''_{A-B}+A''_{1-1}}{2}\times l$$

式中：A——断面处的挖方面积；

A'和A''——断面处的填方面积；

l——两相邻横断面间的间距。

同法可计算其他相邻断面的土方量。最后求出 $ABCD$ 场地部分的总挖方量和总填方量。

2）AB 以北的山梁

首先按与地面等高线间距相同的间距和设计坡度，算出斜坡设计等高线间的水平距离。在这个例子中，地面等高线间距是 1m，斜坡设计坡度给定 1∶1，所以设计等高线间的水平距离是 1m，按照地形图的比例尺，在边线 AB 以北画出这些彼此平行且等高距为 1m 的设计等高线，如图中 AB 边线以北的虚线所示。每一条斜坡设计等高线与同高的地面等高线相交的点，称为零点，把这些零点用曲线连接起来，即为一条不填不挖的零线。在零线范围内，就是需要挖土的地方。

为了计算土方，要画出每一条设计等高线处的断面图（图画出了68—68和69—69两条设计等高线处的断面图）。在画出设计等高线处的断面图时，其起算高程要等于该设计等高线的高程。有了每一设计等高线处的断面图后，即可计算相邻两断面的挖方。

例如，A—B 断面和68—68断面间的挖方为：

$$V_{68-68}=\frac{A_{A-B}+A_{68-68}}{2}\times l' \tag{7-17}$$

68—68和69—69断面间的挖方为

$$V_{69-69}=\frac{A_{68-68}+A_{69-69}}{2}\times l' \tag{7-18}$$

式中：l'——相邻断面间水平距离。此例中 $l'=1\text{m}$。

最后，第一部分和第二部分的总和即为总挖方，填方的总和即为总填方。

3. 等高线法

当地面高低起伏较大且变化较多时，可以采用等高线法。此法是先在地形图上求出各条等高线所围成的面积，然后计算相邻等高线所围面积的平均值，乘上此两等高线间的高差，得各等高线间的土方量，再求总和。类似于计算库容的方法，这里不再赘述。

7.4.2.5 面积量算

1. 图解法

1）几何图形法

如图7-48所示，当欲求面积的边界为直线时，可以把该图形分解为若干个规则的几何图形，如三角形、梯形或平行四边形等，然后量出这些图形的边长，就可以利用几何公式计算出每个图形的面积。将所有图形的面积之和乘以该地形图比例尺分母的平方，即为其实地面积。

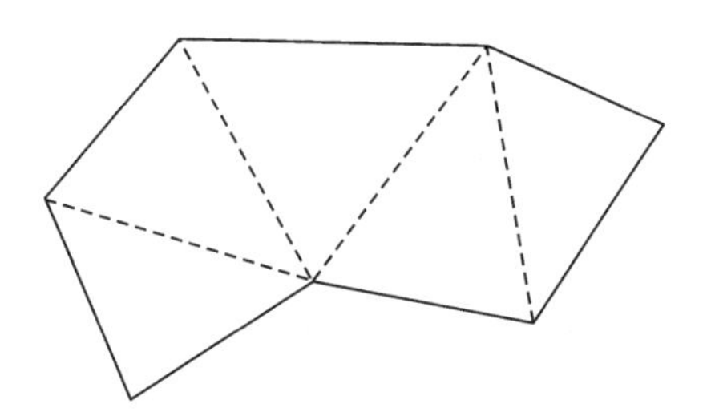

图7-48 几何图形法测算面积

2）透明方格纸法

对于不规则图形，可以采用透明方格纸法求算图形面积。通常使用绘有方格网的透明纸覆盖在待测图形上，统计落在待测图形轮廓线以内的方格数来测算面积。

透明方格法通常是在透明纸上绘出边长为 d（可用1mm、2mm、5mm）的小方格，如图7-49所示，测算图上面积时，将透明方格纸固定在图纸上，先数出图形内完整小方格数 n_1，再数出图形边缘不完整的小方格数 n_2，然后按下式计算整个图形的实际面积：

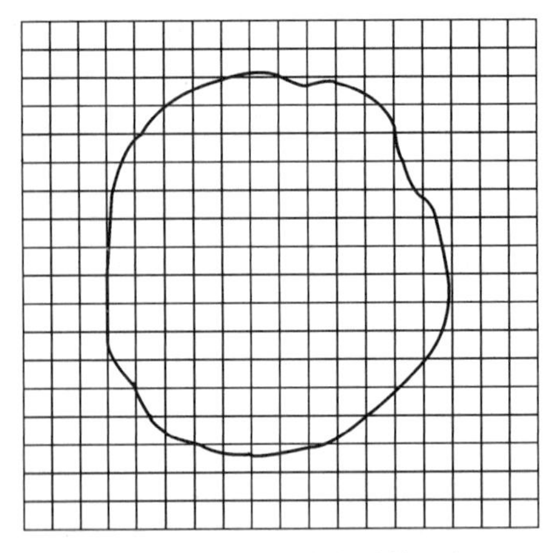

图 7-49　透明方格法测算面积

$$S=\left(n_1+\frac{n_2}{2}\right)\cdot\frac{d^2\cdot M^2}{10^6} \tag{7-19}$$

式中：M——地形图比例尺分母；

d——方格边长（单位：mm）。

3）网点法

网点法是利用网点板覆盖在待测图形上，统计落在待测图形轮廓线以内的网点数来测算面积。网点法与透明方格纸法不同的是数网点数，计算方法相同。

为了提高测算精度，图形面积要测算 3 次，每次必须改变方格或网点的位置，最后取其平均值作为结果。

4）平行线法

透明方格纸法和网点法的缺点是数方格和网点困难，为此，可以使用透明平行线法。在透明模片上制作相等间隔的平行线，如图 7-50 所示。

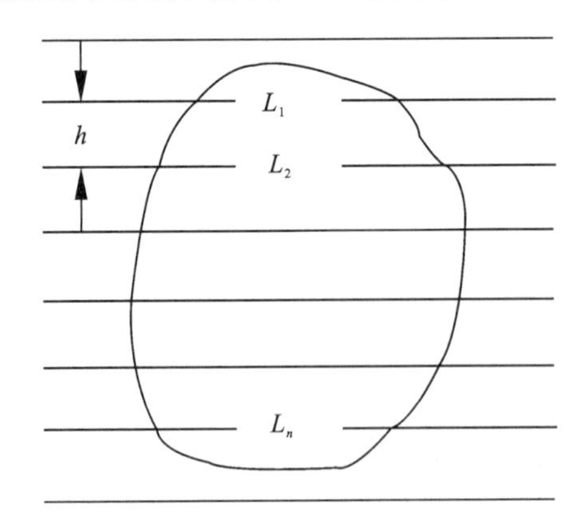

图 7-50　平行线法测算面积

测算时把透明模片放在欲量测的图形上，使整个图形被平行线分割成许多等高的梯形，设图中梯形的中线分别为 L_1，L_2，…，L_n，量其长度大小，则所测算的面积为：

$$S=h(L_1+L_2+\cdots+L_n)=h\sum_{i=1}^{n}L_i \tag{7-20}$$

2. 解析法

如果图形为任意多边形，并且各顶点的坐标已知，则可以利用坐标计算法精确求算该图形的面积。如图 7-51 所示，各顶点按照逆时针方向编号，则面积为：

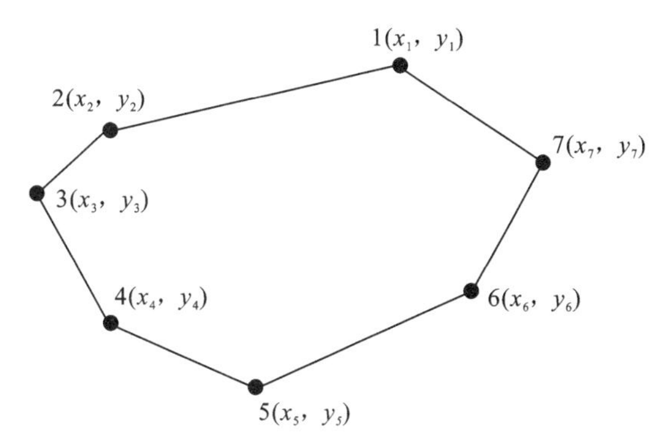

图 7-51 解析法测算面积

$$S=\frac{1}{2}\sum_{i=1}^{n}x_i(y_{i-1}-y_{i+1}) \tag{7-21}$$

式中：当 $i=1$ 时，y_{i-1} 用 y_n 代替；当 $i=n$ 时，y_{i+1} 用 y_1 代替。

技能训练

(1) 何谓比例尺？比例尺有哪几种？

(2) 何谓比例尺精度？1∶5000 地形图的比例尺精度为多少？

(3) 某单位要求测绘一幅图上能反映 0.05m 地面线段精度的地形图，测绘单位至少应选用多大比例尺进行测图？

(4) 在 1∶2000 图上得 A、B 两点的长度为 0.1646m，则 A、B 两点实地的水平距离为多少米？

(5) 名词解释：平面图、地形图、比例尺、比例尺精度、等高线、等高距、等高线平距、首曲线、计曲线。

(6) 判别下列物体哪些是地物？哪些是地貌？

山顶　停车场上公交车　挖渠堆集的土堆　峭壁　滑坡　水准点　河中的捞沙船

(7) 何谓首曲线和计曲线？

(8) 某幅地形图的等高距为 2m，图上绘有 38、40、42、44、46、48、50、52 等 8 条等高线，其中哪几条为计曲线？

(9) 测图前的准备工作包括哪几项内容？

(10) 用对角线法绘制一幅 10cm×10 cm 坐标方格网，其中每小方格的边长为 2cm。

(11) 已知导线点 A、B、C，其坐标 $X_A=647.4$，$Y_A=425.8$；$X_B=690.2$，$Y_B=538.4$；$X_C=725.6$，$Y_C=442.6$。在题 10 绘制的方格网中用 1∶2000 的比例展绘出来。

(12) 确定碎部点平面位置的方法有哪些？各方法适用哪些地方？

(13) 什么叫作碎部点？测绘地形图时，如何选择碎部点？

(14) 如图 7-52 所示的控制点 A、B，仪器安置在 A 点上，后视 B 点（$0°00'00''$瞄准

B 点）后进行碎部测量，测得 1 点的平距为 12.0m，水平角为 60°03′，H_1＝103.4m；测得 2 点的平距为 15.6m，水平角为 181°00′；H_2＝100.4m，将 1、2 点展绘出来。

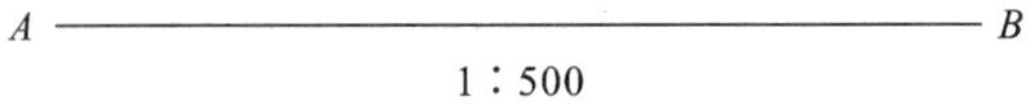

A ———————————————————— B

1∶500

图 7-52　技能训练题（14）图

（15）根据图 7-53 地形点用 1m 的等高距勾绘等高线。

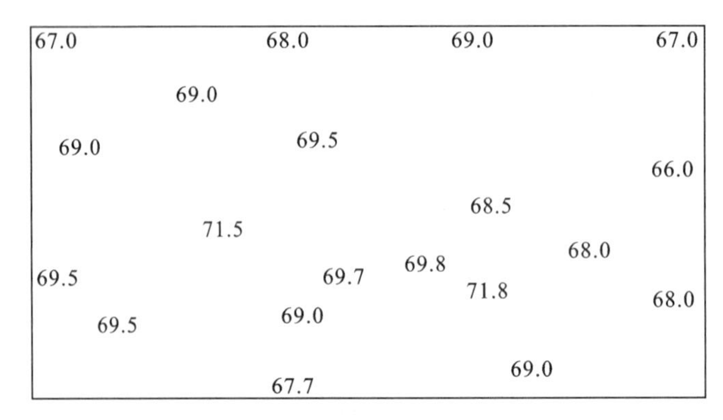

图 7-53　技能训练题（15）图

（16）在图 7-54 中（比例尺为 1∶2000），完成下列工作：

①在地形图上用圆括号符号绘出山顶（△），鞍部的最低点（×），山脊线（—·—·—），山谷线（……）。

②B 点高程是多少？AB 水平距离是多少？

③A、B 两点间，B、C 两点间是否通视？

④由 A 选一条既短且坡度又不大于 3%的线路到 B 点。

⑤绘 AB 断面图，平距比例尺为 1∶2000，高程比例尺为 1∶200。

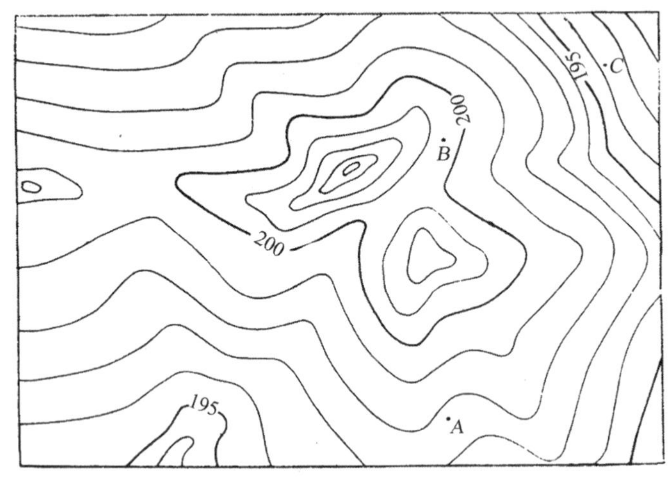

图 7-54　技能训练题（16）图

科普小知识

马王堆出土西汉地图

1973年，中国长沙马王堆三号汉墓出土了3幅古地图。这个墓的下葬年代是西汉文帝十二年（公元前168），所以图的绘制时间当在2100多年前。绘在帛上，制图人不详。

第一幅为《西汉初期长沙国深平防区图》，又名《地形图》，长宽各96cm，为正方形地图。主区为汉初长沙国桂阳郡的中部地区，相当今湖南潇水的中上游流域，比例尺约十万分之一，上南下北，方位与今相反，精度较高。邻区以赵佗割据的岭南地区为主，包括今北江以西、桂江以东的珠江流域，属示意性质。图上用粗细均匀的曲线、绘有河流30多条，河名注记有一定位置，有的还加注了河源名称。主要河流的平面图形和交汇关系大体正确。山脉采用闭合曲线内加晕线表示，虽无注记，但脉络分明，形态逼真。九嶷山则在山形线的闭合曲线内，加绘鱼鳞状层叠交错的涡纹线，使峰峦起伏的山区特征更为醒目。山上画有舜庙及其石碑，山名寓意其中。图上表示了80多个居民点，其中县治8个，用方框表示。经考古查证，位置相当准确。乡、里绘在河谷两岸，用圆形符号表示。地名一律注在框内。道路用细线表示，未加注记。现代地形图上的四大基本要素，即水系、山脉、道路和居民点，图上都有比较详细的表示。

第二幅为《长沙国南部驻军图》（见图7-55），长98cm，宽78cm，是用红、黑、田青三种颜色绘成的守备地图。其范围相当于西汉初期长沙国深平防区图主区的东南隅，大体包括今潇水上源地区，比例尺约五万分之一。此图突出军事内容，山川作衬托，置于第二平面。用黑底套红勾框，着重表示9支驻军的驻地及其指挥中心。用红线沿四周山脊绘出防区界线，界上又用红三角符号表示烽火台。图上49个与军事有关的居民点，大多用红圈表示。圈内注地名，圈外注户数及其迁徙情况。有的还注出乡里间的里程。道路用红点线表示。图上有河流20多条，用浅淡的田青色表示。河名注在上源处。山脉以黑色的特殊山形曲线表示，重要的山加注山名。

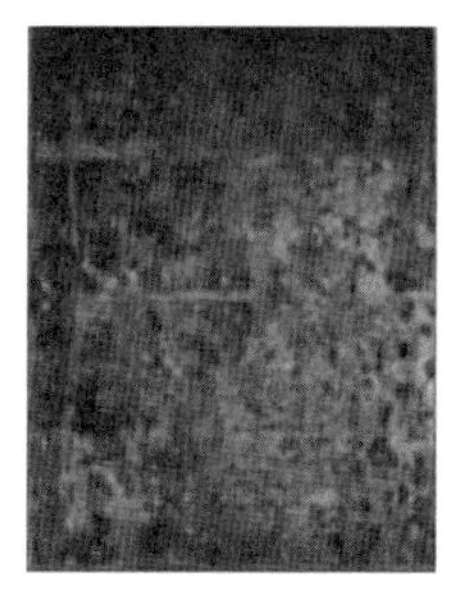

《长沙国南部驻军图》

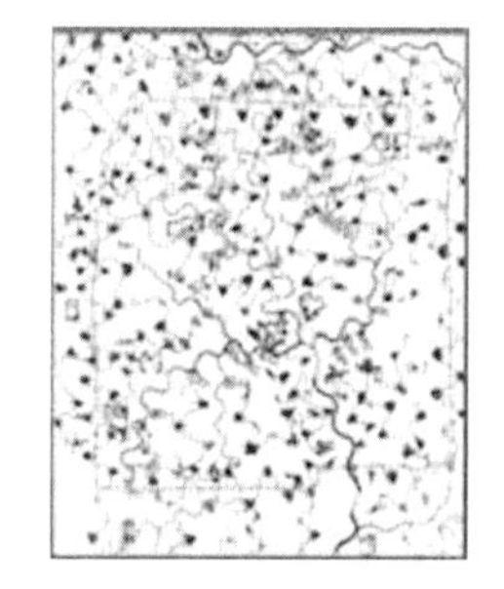

《长沙国南部驻军图》摹本

图7-55 《长沙国南部驻军图》及其摹本

第三幅《禹贡地域图》，图残破严重，依稀可看出绘有的建筑物。

《马王堆出土西汉地图》反映了秦汉时期中国制图技术的高度水平，其中《地形图》是目前世界上传世下来的最早以实测为基础的地图，《驻军图》是世界上现存最早的彩色军事地图。它们的出土为研究当时的历史地理、军事思想提供了珍贵的实物资料。

当泰始四年（公元268年）裴秀出任司空时，经过了东汉末年和三国时期的战乱，汉朝留下的地图已经相当有限，而且质量不高，不能满足日常需要。另一方面，在消灭蜀国和吴国的过程中，魏国当局很注意收集两国的地图。尤其是在平定蜀国期间，还专门派遣人员，随军队对沿途的地形、地势、山脉、河流、道路进行调查，然后在地图上核对修改。因而当时已经积累了不少地理资料和原始地图，为编绘新的高质量地图创造了条件。

由于地图所绘的内容越来越多，又不采用适当的比例尺，所以全国性的地图越绘越大，当时的一幅《天下大图》竟用了80匹缣〔jian 肩〕（双丝的细绢），不仅查阅不便，而且也不精确。裴秀采用“一分为十里，一寸为百里”的比例尺，将这幅巨型地图缩小到一丈见方的“方丈图”。但图的内容还是相当丰富，“备载名山都邑”。由于采用了适当的比例尺，真实感很强，使查阅的人“可以不下堂而知四方”。

裴秀鉴于自先秦以来，由于年代久远，记载在古代的地理书《禹贡》中的山川地名已经有了很大的改变，但后代的学者往往任意作出牵强附会的解释和引证，内容越来越混乱，错误百出，因此他根据文献资料作了严密考证。本着宁缺毋滥的原则，对有疑问的地点一律不收，凡当时已经不存在的古代地名也都注在相应的位置。就这样，裴秀绘制成了18篇《禹贡地域图》。

《禹贡地域图》是一部以疆域政区为主的历史地图集，也是目前所知中国第一部历史地图集。图集所覆盖的年代上起《禹贡》时代，下至西晋初年，内容则包括从古代的九州直到西晋的十六州，州以下的郡、国、县、邑及它们间的界线，古国及历史上重大政治活动的发生地，水陆交通路线等，还包括山脉、山岭、海洋、河流、平原、湖泊、沼泽等自然地理要素。从图集分为18篇以及以后的历史地图集的编排方式来推测，这部图集很可能是采取以时期分幅和以主题分幅两种方法，既以时间为序绘制不同时期的疆域政区沿革图，又按山、水或其他类型绘成不同的专题图。

由于西晋统一的时间很快就结束了，十六国和南北朝的长期分裂和战乱使地图很难得到保存和流传，所以《禹贡地域图》不久就失传了。但7世纪初隋朝的建筑学家宇文恺曾提到裴秀的“舆图”采用“二寸为千里”（大致1：900万）的比例尺，这“舆图”很可能就是《禹贡地域图》的残卷。此后就再也未见到关于《禹贡地域图》流传的记载了。

参考文献

［1］杜玉柱．水利工程测量技术［M］．2版．北京：中国水利水电出版社，2023.
［2］谢跃进，于春娟．测量学基础［M］．郑州：黄河水利出版社，2012.
［3］中华人民共和国国家标准《工程测量标准》（GB 50026—2020）［S］．北京：中国计划出版社，2021.
［4］中华人民共和国国家标准《国家基本比例尺地图图式》（GB/T 20257.1—2017）［S］．北京：中国标准出版社，2017.
［5］中华人民共和国行业标准《建筑变形测量规范》（JGJ 8—2016）［S］．北京：中国建筑工业出版社，2016.
［6］中华人民共和国行业标准《城市测量规范》（CJJ/T 8—2011）［S］．北京：中国建筑工业出版社，2012.